【改訂版】
逐条
海岸法
解説

藤川 眞行［監修］
海岸法制研究会［著］

大成出版社

はしがき（改訂版）

　令和2年8月に出版した『逐条 海岸法解説』については、お陰様で、実務の現場等で活用されているとお聞きしています。
　この度、出版社の方から、出版後の海岸行政をめぐる状況の変化や法令の改正等を踏まえ、改訂版の出版の依頼がありました。
　前書同様、本書が海岸行政に携わる方々や、海岸行政に関心がある方々に少しでもお役に立つことがあれば幸いに存じます。

> なお、前書同様、本文中の見解にわたる部分は、個人のものであり、また、原稿料を辞退していることを念のために申し添えます。実際に実務を行うに当たっては、その時々の法令、通知等をご確認ください。

令和7年4月

　　　　　　　　　　　　　　　　　　　　　　　　　　　藤川　眞行

はしがき

　「僕は、昭和30年（1955年）2月27日に初当選しました。その前に、昭和28年に立候補して、落選したんです、僕が28のとき。その落選中にやってきたのが13号台風（昭和28年9月24日〜26日）。現役の代議士らは車でやってきて、そしてずうっと見渡す。僕は、服や下着をベルトで頭に縛りつけて、首まで入ってずっと見舞いに行ったんだ。まあ、悲惨なものでした」

　　（出典：“海岸行政を振り返って”　元・衆議院議長　田村元 先生に聞く
　　　　聞き手　建設省河川局海岸室長　小林一朗 氏〈『海岸』平成11年・Vol.39所収〉）

　この発言は、海岸行政の推進に大きな貢献があった田村元 氏のものですが、「服や下着をベルトで頭に縛りつけて、首まで入ってずっと見舞いに行ったんだ」という、ちょっと想像が難しい言葉によって、かえって、その悲惨さが伝わってきます。これは、昭和28年9月に三重県、愛知県を襲った台風13号の被害の状況ですが、この極めて甚大な被害が、まさに、海岸法の制定に向けた大きな契機となり、縦割り行政の大きな壁を突破して、昭和31年に海岸法が制定されることとなりました。

　高潮被害については、海岸法制定後も、伊勢湾台風（昭和34年）、第2室戸台風（昭和36年）など、極めて甚大な被害が発生しましたが、その後、堤防等の海岸保全施設が着実に整備されたこともあって、近年は、昭和20年代から30年代の被害に比べると、被害の軽減が図られてきました。他方、津波被害については、海岸法制定後も、チリ地震津波（昭和35年）、日本海中部地震（昭和58年）、北海道南西沖地震（平成5年）と、ある程度の間隔をおいて、極めて甚大な被害が発生し、なんといっても、平成23年には、東日本大震災が発生しました。

　現下の海岸をめぐる状況を見ると、まず、地球温暖化の影響で猛烈な台風の発生頻度が高まるとともに、南海トラフ地震等の切迫性が叫ばれるなど、高潮、津波のリスクが高まっている差し迫った現実があります。また、我が国の高度成長期に整備されて堤防等の海岸保全施設の老朽化が急速に進展しているという切実な問題もあります。

他方、成熟社会にあって、国民の心の豊かさがこれまで以上に求められていますが、自然空間、公共空間のとして海岸の持つ価値を、地域の自治体・地域住民・NPO等と連携して、もっと高めていくことも喫緊の課題です。

　このような状況の中で、海岸行政に携わる者や、海岸行政に関わる者が、海岸行政の基本となる海岸法の内容を正確に理解して、その適切な運用や、活用を図っていくことは、これまでにも増して重要となってきているものと思われます。

　また、法制度論においては、「沿岸域総合管理法」といった構想も出されていますが（例えば、『沿岸域管理法制度論』三浦大介 著、(株)勁草書房 発行）、新たな法制度を構築するためには、海岸法の掘り下げた理解も必要となります。

　海岸法の解説書としては、昭和32年の『河川全集 海岸法』（建設省河川研究会 編、(株)港出版合作社 発行）、昭和62年の『海岸管理の理論と実務』（海岸法研究会 編著、(株)大成出版社 発行）がありますが、これらは、その当時において実務の参考となる大変バランスの取れた内容となっています。

　今般、『海岸管理の理論と実務』の出版元である(株)大成出版社の方から、当方に、出版後相当の年月を経て、その間、海岸法の2回にわたる大きな改正（平成11年、平成26年）、地方分権改革、行政法の一般制度の見直し、行政法理論の進化等があったことから、現時点で実務の参考となる新たな解説書が必要となっており、以前、道路法、下水道法、河川法の逐条解説に携わった者として、執筆・監修いただけないかとの打診がありました。

　筆者の能力を超える話であり、躊躇したわけですが、昨年（平成31年）の年初、国土交通省水管理・国土保全局水政課の松原英憲 課長が、東京大学で行った海岸法の講義後、縁あって大変高名な行政法の大家を交え、海岸法制について意見交換していたこと、筆者の現在の職場（平成30年7月～令和2年7月）は、宅建業法の普及啓発等を行っている（一財）不動産適正取引推進機構ですが、宅建業法の要事項説明のうち重要な位置を占める「法令制限」の中で、根拠法の一つたる海岸法の解説書がないことは、不動産取引の観点からも問題であることから、着手することとしました。

　執筆・監修の方針としては、『河川全集 海岸法』、『海岸管理の理論の実務』の蓄積を参考にするとともに、その後の法改正の部分については、改正担当者の解説を参考にしつつ、さらに、最近の正統的な行政法理論を踏まえ、個人的

見解は極力抑制しながら、実務として活用できるような書籍となるよう最大限の配慮を行いました。ただ、はたして成功しているか否かは、読者の評価を待つしかありません。

いずにしても、本書が、海岸行政に携わる方々、海岸行政に関心のある方々に少しでもお役に立つことがあれば、幸いに存じます。

最後になりますが、執筆・監修に当たっていろいろご教示を頂いた、国土交通省水管理・国土保全局水政課の松原英憲 課長、海岸室の岸田弘之 元室長（現・（一財）全国建設研修センター専務理事）、齋藤博之 前々室長、小島優 前室長、田中敬也 現室長、齊藤雅博 同室法規係長ほか海岸室の皆様方に、心より御礼を申し上げます。なお、当然のことながら、本書の中で見解にわたる部分は、個人のものです。

また、本書の執筆・監修は、家庭等で行ったため、家族には、いささかならず迷惑をかけました。妻 麗（うらら）、8才の娘 明理（あかり）には、感謝の言葉を述べたいと思います。

なお、本出版については、原稿料を辞退していることを念のため申し添えます。

「御食（みけ）つ国　志摩の海人（あま）ならし　真熊野（まくまの）の　小舟（おぶね）に乗りて　沖へ漕ぎ見ゆ」
（萬葉集　大伴家持）

令和2年春永（はるなが）、伊勢志摩の穏やかな海岸の景色を眺めつつ

藤川　眞行

目　次

はしがき

第1部　序　論

1．海岸行政をめぐる状況 …………………………………………………1
2．海岸法制定の経緯 ………………………………………………………4
3．海岸法の改正経緯 ………………………………………………………5
4．海岸法の概要……………………………………………………………12
5．関係する法律の概要……………………………………………………14

第2部　解説編

《序　章》………………………………………………………………………23

《本　章》（逐条解説）………………………………………………………27

第一章　総　則（第一条～第四条）………………………………………27
第二章　海岸保全区域に関する管理（第五条～第二十四条）…………67
第三章　海岸保全区域に関する費用（第二十五条～第三十七条）……204
第三章の二　海岸保全区域に関する管理等の特例（第三十七条の二）……233
第三章の三　一般公共海岸区域に関する管理及び費用（第三十七条の三～
　　　　　　第三十七条の八）……………………………………………236
第四章　雑　則（第三十八条～第四十条の五）…………………………259
第五章　罰　則（第四十一条～第四十三条）……………………………280

第3部　関係資料

○海岸法（昭和31年5月12日　法律第101号）……………………………284
○海岸法（制定時）…………………………………………………………315
○海岸事業　補助率等一覧（令和6年4月現在）…………………………333
○海岸保全区域等に係る海岸の保全に関する基本的な方針（令和2年11月）…336

【参考文献】……………………………………………………………………351

　　　　　注）本書の法令の内容は、令和7（2025）年4月1日時点のものである。

第1部 序 論

1．海岸行政をめぐる状況

　我が国は、四方を海に囲まれた島国である。それも、急峻な山脈を擁し、可住地面積は、3割にも満たない。明治維新後の、あるいは戦後の我が国の海洋国家としての発展は、専ら、沿岸部の都市を中心に行われ、これらの地域に莫大な人口、資本が集積し、国民生活、経済活動の拠点となった。

　他方、我が国は、台風、地震の常襲地帯であり、世界の中でも、有数の災害大国と言われる。

　このため、ひとたび、巨大な台風、巨大な海洋型の地震等が襲うと、沿岸部の高潮、津波による被害は、甚大なものとなる。昭和以降の極めて甚大な津波災害、高潮災害を見ると、次の表のとおりであるが、高潮被害については、特に、昭和20年代〜昭和30年代に巨大台風による極めて甚大な被害が発生したこと、津波被害については、ある程度の間隔をおいて、極めて甚大な被害が発生していること、が分かる。

【図表1：昭和以降の極めて甚大な高潮災害・津波災害】

発災日	災害名	被災地域	人的被害	物的被害
昭和2（1927）年9月13日	九州西部・東京地方風水害	九州西部、関東	死者・行方不明者439人	損壊2,211戸
昭和8（1933）年3月3日	昭和三陸地震津波	三陸沿岸	死者・不明者3,064人	流失4,034戸 倒壊1,817戸
昭和9（1934）年9月21日	室戸台風	近畿地方	死者・行方不明者3,036人	全・半壊 9万2,750戸
昭和17（1942）年8月27日	周防灘台風	九州〜中国	死者・行方不明者1,158人	全・半壊・流出 102,374戸
昭和19（1944）年12月7日	東南海地震（三重県沖）	東海道沖	死者・不明者1,223人	全壊17,599戸 半壊36,520戸 流失3,129戸
昭和20（1945）年9月17日	枕崎台風	九州〜東北	死者・行方不明者3,756人	全・半壊・流出 88,037戸

昭和21(1946)年12月21日	南海地震 (和歌山県沖)	静岡県から九州沿岸	死者1,443人	全壊11,591戸 半壊23,487戸 流出1,451戸
昭和24(1949)年8月31日	キティ台風	中部〜北海道	死傷者160人	全・半壊161,263戸
昭和25(1950)年9月3日	ジェーン台風	四国以北 (特に大阪)	死者・行方不明者593人	全壊・流出19,131戸 半壊101,792戸
昭和26(1951)年10月14日	ルース台風	全国 (特に山口)	死傷者973人	全・半壊359,391戸
昭和28(1953)年9月25日	台風第13号	全国 (特に東海・近畿)	死傷者578人	全・半壊582,273戸
昭和34(1959)年9月27日	伊勢湾台風	全国 (九州を除く)	死者5,697人 行方不明者501人	全壊36,135戸 半壊113,052戸 流失5,703戸
昭和35(1960)年5月23日	チリ地震津波	太平洋沿岸各地	死者・不明者142人	全壊1,500余戸 半壊2千余戸
昭和36(1961)年9月16日	第2室戸台風	全国 (特に近畿)	死傷者202人	全・半壊883,565戸
昭和58(1983)年5月26日	日本海中部地震 (秋田県沖)	日本海沿岸各地	死者104人	全壊934戸 半壊2,115戸 流失52戸
平成5(1993)年7月12日	北海道南西沖地震	北海道南西沖	死者202人 不明者28人	全壊509戸 半壊214戸
平成23(2011)年3月11日	東日本大震災	東日本の太平洋岸を中心に	死者15,900人 行方不明者2,525人	全壊12万2,050戸 半壊28万3,988戸
令和6(2024)年1月1日	能登半島地震	能登半島を中心に	死者228名 行方不明者2人	全壊6,461戸 半壊23,336戸

(注) 内閣府政策統括官(防災担当)の最近の資料等を基に紙幅が許す範囲で掲載した。

　台風については、令和5年3月に、IPCC(国連の気候変動に関する政府間パネル)から、AR6統合報告書が出されたが、地球温暖化が地球環境に与える影響はこれまでの想定より増大するとされており、例えば、台風については、日本の南海上で猛烈な台風が発生する頻度が高まることも予想される。
　また、津波については、東日本大震災で未曾有の被害が発生したが、本地震以降、我が国は地震の活動期に入ったとの指摘もある中で、令和6年1月には、能登半島地震が発生し、東日本大震災以来の大津波警報が発令された。南海ト

ラフ地震等の発生の切迫性もつとに言われているところである。

　堤防等の海岸保全施設については、戦後、国の財政措置が徐々に整備され、海岸法の制定以降は、全国的に、計画的な整備が推進され、比較的発生頻度が高い災害には、一定の対応が図られてきたが、以上のように高潮災害、津波災害のリスクが高まる中で、現在、堤防等の海岸保全施設の意義について再認識すべき時期に来ていると言えよう。

　そして、高度成長期に整備した施設の老朽化の急速な進展という問題に適切に対応しつつ、ハードとソフト（高潮ハザードマップの策定等）の適切な連携にも留意しながら、次の巨大災害に向けて、計画的な備えを行っておくことが、何よりも肝要である。

　他方、海岸については、高潮、津波等の被害からの防護という観点だけでなく、365日、日々の地域における重要な自然空間、公共空間としての意義が、益々高まっている。

　この点については、平成11年の海岸法の改正で、法の目的の中に、従来の「海岸の防護」に加え、「海岸環境の整備と保全」、「公衆の海岸の適正な利用」が追加され、海岸保全基本計画について関係住民からの意見聴取手続きが導入されるとともに、地域に密着している市町村による部分的な管理制度が創設された。また、平成26年度の海岸法の改正では、NPO、ボランティア団体、自治会等が海岸管理に参画できる海岸協力団体制度が創設された。

　国民の心の豊かさが益々求められる成熟社会にあって、海岸が、自然空間、公共空間としてより充実したものとなるよう、様々な制度の一層の活用も図りつつ、現場において地道な取組みが着実に進められることが強く求められている。

　加えて、海岸行政では、以上のような「災害に対する防護としての観点」、「地域における自然空間としての観点」、「地域における公共空間としての観点」は、実務の実践において往々にして対立する場面も生じ、その調整は容易でないという大きな課題もある。

　しかし、それは、まさに、海岸行政が、複数の重いミッションを担っている醍醐味でもあり、海岸行政に携わる者としては、大きなビジョンを描きながらも、「新たな技術」、「充実されてきた法的ツール」、「説明責任と対話」を最大限活用しつつ、足もとの個別具体的な課題に一歩一歩取り組んでいくしか道は

ないと言えよう。

2．海岸法制定の経緯

　戦後、毎年のように台風が来襲したが、堤防等の海岸保全施設の整備水準は低く、先に述べたように、巨大台風となると、沿岸部では甚大な被害が生じることとなった。

　政府としては、昭和25年度から、災害復旧費に改良費を加え、再度災害の防止を図る高潮対策事業や、既存の海岸堤防等の改良・補強を図る海岸堤防修築事業を開始したが、海岸に関する法制はなく、国有財産法、港湾法、漁港法や、条例によって、部分的な対応が取られるにとどまっていた。

　日本経済の発展に伴い沿岸部の土地利用が増大することに伴い、国土保全の見地から、海岸の管理のあり方や財政措置等を明確化する、海岸に関する法制の制定が一層求められるようになった。旧建設省では、昭和25年11月頃から、海岸保全法案の立案に着手し、翌26年2月頃、内閣法制局の審査をほぼ終えることとなった。

　しかしがら、国会に提出すべく、各省の意見を求めたところ、干拓、港湾等の海岸に関係する行政を所管する農林省、旧運輸省からから所管問題で意見が出て、国会提出は断念された。

　昭和28年2月には、参議院法制局で、旧建設省の原案をもとに検討された海岸保全法案が議員提案として、国会に提出されたが、審議未了で、これも成案に至らなかった。

　このような中で、昭和28年9月に、潮岬を通過し伊勢湾を横断した台風13号は、三重県、愛知県の海岸を中心に極めて甚大な被害が発生し、海岸に関する法制の制定に向けた機運が大きく高まることとなった。

　旧建設省では、関係省庁の協議が整わなかった海岸保全法案に代わる法案の検討に、昭和30年夏頃から着手し、各省調整の紆余曲折を経て、最終的には、農林省、旧運輸省、旧建設省の3省の共管法として、政府原案が決定され、昭和31年の国会（第24回）に提案された。以前、審議未了となった海岸保全法案との違いは、以下のとおりである。

　　①　名称を、「海岸保全法」から「海岸法」とした。

　　②　海岸保全法案では、海岸の保全の事務は、地方公共団体の事務とし、

市町村を第1次的な海岸管理者としていたが、海岸法案では、海岸の管理は、国の事務とし、海岸管理者は、国の機関事務を行う者としての都道府県知事等とした。
③ 国の直轄工事に関する規定を設けた。
④ 海岸保全法案では、地方公共団体に対し補助することができる旨の簡潔な規定しかなかったが、海岸法案では、国の費用負担の義務と負担の範囲・負担率が規定された。
⑤ 農林省、旧運輸省、旧建設省の所管区分が明確化され、これに応じた海岸管理者の主体が規定された。

国会に提案された後、海岸法の施行までの経緯は、以下のとおりである。
　　昭和31年3月27日　衆議院に提案
　　　　　　4月6日　衆議院建設委員会通過
　　　　　　4月10日　衆議院本会議可決
　　　　　　4月24日　参議院建設委員会通過
　　　　　　4月25日　参議院本会議可決、成立
　　　　　　5月12日　海岸法（昭和31年法律101号）の公布
　　　　　　11月7日　海岸法施行令（昭和31年政令332号）の公布
　　　　　　11月10日　海岸法施行規則（昭和31年農林省・運輸省・建設省令1号）の公布
　　　　　　　　　　海岸法の施行

3．海岸法の改正経緯

昭和31年に海岸法が制定された以降の海岸法の主な改正は、以下のとおりである。

・地すべり等防止法（昭和33年3月31日法律30号）附則14条による改正
　「工事原因者の工事の施行」、「海岸管理者の附帯工事の施行」、「原因者負担金」、「附帯工事の海岸管理者の費用負担」の規定において、他の工事が、地すべり防止工事の場合には、条項の重複適用を避けるため、海岸法の該当条項ではなく、地すべり等防止法の該当条項（それぞれ、「地すべり防止担当都道府県知事の附帯工事の施行」、「工事原因者の工事の施行」、「附帯工

の地すべり防止担当都道府県の費用負担」、「原因者負担金」）が適用されるように改正された。
- 国税徴収法の施行に伴う関係法律の整理等に関する法律（昭和34年4月20日法律第148号）82条による改正

　　強制徴収ができる負担金等や延滞金の先取特権の順位を、国税、地方税に次ぐものとするように改正された。
- 海岸法の一部を改正する法律（昭和35年3月30日法律13号）のよる改正

〈1次改正〉

　　昭和34年9月の伊勢湾台風の被害から復旧を図るための伊勢湾等高潮対策事業を主務大臣が直轄施行できるとしたことを契機として、海岸保全施設の災害復旧工事で規模が著しく大であるもの等について、主務大臣が、海岸管理者に代わって、災害復旧工事を施行できるように改正された。
- 治水特別会計法（昭和35年3月31日法律40号）附則14項による改正

　　治水特別会計の設置に伴い、負担金の納付の規定（法29条）を一部適用しないように改正された。
- 行政不服審査法の施行に伴う関係法律の整理等に関する法律（昭和37年9月15日法律161号）244条による改正

　　行政不服審査法の制定に伴い、所要の規定（法39条、法39条の2）を設けるように改正された。
- 地方自治法の一部を改正する法律（昭和38年6月8日法律99号）附則29条による改正

　　地方自治法で、分担金徴収条例の制定・改正には公聴会の開催を要するとの規定が削除されたことに伴い、当該規定を準用する規定を削除するように改正された。
- 河川法施行法（昭和39年7月10日法律168号）49条による改正

　　河川法の制定に伴い、河川法と整合性のある文言となるように改正された。
- 海岸法の一部を改正する法律（昭和41年3月28日法律10号）　〈2次改正〉

　　気象・海象上の条件が共通である一連の海岸で、一体的に整備する必要があり、かつ、事業量、事業効果等が著しく大きいと認められる地域を特定し、これらの地域において実施する海岸保全施設に関する工事に要する費用の国の負担率を3分の2に引き上げることとし（いわゆる特定海岸制度、209頁

参照)、主務大臣の直轄工事の国の負担率の2分の1の規定について、ただし書き規定を設け、政令で定める地域に係るものの国の負担率は3分の2とするように改正された。
・動力炉・核燃料開発事業団法（昭和42年7月20日法律73号）附則31条による改正

法10条2項の許可に代わる協議が認められる主体として、原子燃料公社が除かれるように改正された。
・急傾斜地の崩壊による災害の防止に関する法律（昭和44年7月1日法律57号）附則6項による改正

「工事原因者の工事の施行」、「原因者負担金」の規定において、他の工事が、急傾斜地崩壊防止工事の場合には、条項の重複適用を避けるため、海岸法の該当条項ではなく、「急傾斜地の崩壊による災害の防止に関する法律」の該当条項（それぞれ、「急傾斜地崩壊防止工事担当都道府県の附帯工事の施行」、「附帯工事の急傾斜地崩壊防止工事担当都道府県の費用負担」）が適用されるように改正された。
・利率等の表示の年利建て移行に関する法律（昭和45年4月1日法律13号）22条による改正

海岸管理者が徴収することができる延滞金の計算の基礎を「100円につき1日4銭」から「年14.5％」に改められるように改正された。
・許可、認可等の整理に関する法律（昭和45年6月1日法律111号）43条による改正

主務大臣の権限の一部を、政令で定められるところにより、地方支分部局の長に委任することができるように改正された。
・公害等調整委員会設置法（昭和47年6月3日法律52号）附則9条による改正

「土地調整委員会」を「公害等調整委員会」に改められるように改正された。
・農林省設置法の一部を改正する法律（昭和53年7月5日法律87号）附則12条による改正

「農林大臣」を「農林水産大臣」に改められるように改正された。
・たばこ事業法等の施行に伴う関係法律の整備等に関する法律（昭和59年8月10日法律71号）43条による改正

法10条2項の許可に代わる協議が認められる主体として、日本専売公社が

除かれるように改正された。
- 日本電信電話株式会社法及び電気通信事業法の施行に伴う関係法律の整備等に関する法律（昭和59年12月25日法律87号）40条による改正

  法10条2項の許可に代わる協議が認められる主体として、日本電信電話公社が除かれるように改正された。
- 国の補助金等の整理及び合理化並びに臨時特例等に関する法律（昭和60年5月18日法律37号）40条による改正

  昭和60年度における主務大臣の直轄工事の国の負担率の特例（カット）を定めるように改正された。
- 地方公共団体の事務に係る国の関与等の整理、合理化等に関する法律（昭和60年7月12日法律90号）38条による改正

  国の関与の縮小を図るため、海岸法の関係大臣・主務大臣の関与について所要の見直しが行われるように改正された。
- 国の補助金等の臨時特例等に関する法律（昭和61年5月8日法律46号）36条による改正

  昭和61年度～昭和63年度における主務大臣の直轄工事の国の負担率の特例（カット）を定めるように改正された。
- 日本国有鉄道改革法等施行法（昭和61年12月4日法律93号）127条による改正

  法10条2項の許可に代わる協議が認められる主体として、日本国有鉄道が除かれるように改正された。
- 日本電信電話株式会社の株式の売払収入の活用による社会資本の整備の促進に関する特別措置法の実施のための関係法律の整備に関する法律（昭和62年9月4日法律87号）19条による改正

  いわゆるNTT無利子貸付制度が整備されるように改正された。
- 国の補助金等の整理及び合理化並びに臨時特例等に関する法律（平成元年4月10日法律22号）31条による改正

  昭和63年度までの主務大臣の直轄工事の国の負担率の特例（カット）を平成2年度まで延長するように改正された。
- 国の補助金等の臨時特例等に関する法律（平成3年3月30日法律15号）25条による改正

  平成3年度～平成5年度における主務大臣の直轄工事の国の負担率の特例

（カット）を昭和61年度と同様になるように改正された。
- 国の補助金等の整理及び合理化等に関する法律（平成5年3月31日法律88号）17条・附則4項による改正

　平成5年度から、国の負担率が恒久化されることに伴い、主務大臣の直轄工事の国の負担率が3分の2とするように改正された。
- 海岸法の一部を改正する法律（平成11年5月28日法律54号）　〈3次改正〉

　海岸管理において、防護、環境、利用の調和のとれた取組みが推進されるよう、以下のとおり、海岸管理の制度全体の見直しが行われるように改正された。

　① 「海岸の防護」に加え、「海岸環境の整備・保全」、「公衆の海岸の適正な利用」を法の目的に追加
　② 海岸管理のための計画制度の見直し（海岸保全基本方針制度、海岸保全基本計画制度の創設）
　③ 一般公共海岸制度の創設
　④ 市町村長による部分的な管理制度の創設
　⑤ 主務大臣による海岸保全区域の管理制度の創設
　⑥ 総合的な視点に立った海岸管理のための新たな措置の創設（海岸保全施設としての砂浜等の位置づけ明確化、海岸保全上支障のなる一定行為の禁止、簡易代執行制度の創設、維持に係る原因者施行・原因者負担制度の創設　等）
- 地方分権の推進を図るための関係法律の整備等に関する法律（平成11年7月16日法律87号）420条による改正

　地方分権改革一括法の制定に伴い、以下のとおり、所要の見直しが行われるように改正された。

　① 法定受託事務と自治事務の区分の明記
　② 国の関与の縮小を図るための関係大臣の関与の見直し
　③ 緊急時における主務大臣の指示制度の創設
　④ 自治事務に係る審査請求の規定の削除
　⑤ 国有の公共海岸の海岸管理者に対する無償貸付けのみなし規定の創設
　⑥ 公共海岸について、国有の海浜に加え、公有の海浜を追加
- 中央省庁等改革関係法施行法（平成11年12月22日法律160号）1101条による

改正

　　中央省庁等改革に伴い、運輸大臣、建設大臣が、国土交通大臣に改められるように改正された。
・漁港法の一部を改正する法律（平成12年5月19日法律78号）附則12条による改正

　　漁港法の改正に伴い、海岸保全区域の指定に当たっての協議先について所要の見直しが行われるように改正された。
・漁港法の一部を改正する法律（平成13年6月29日法律92号）附則17条による改正

　　漁港法の改正に伴い、漁港法が、漁港漁場整備法に改められるように改正された。
・日本電信電話株式会社の株式の売払収入の活用による社会資本の整備の促進に関する特別措置法等の一部を改正する法律（平成14年2月8日法律1号）67条による改正

　　いわゆるNTT無利子貸付制度について、修繕工事も貸付対象に含める等の見直しが行われたが、それらに対応できるように改正された。
・特別会計に関する法律（平成19年3月31日法律23号）附則286条による改正

　　特別会計に関する法律の制定に伴い、治水特別会計が、社会資本整備事業特別会計の業務勘定に改められるように改正された。
・排他的経済水域及び大陸棚の保全及び利用の促進のための低潮線の保全及び拠点施設の整備等に関する法律（平成22年6月2日法律41号）附則6条による改正

　　「排他的経済水域及び大陸棚の保全及び利用の促進のための低潮線の保全及び拠点施設の整備等に関する法律」（低潮線保全法）の制定に伴い、低潮線保全法に基づく特定離島港湾区域について、港湾区域等に準じた取扱いとなるように改正された。
・港湾法及び特定外貿埠頭の管理運営に関する法律の一部を改正する法律（平成23年3月31日法律9号）附則8条による改正

　　港湾法の改正に伴い、重要港湾が、国際戦略港湾・国際拠点港湾・重要港湾に改められるように改正された。
・地域の自主性及び自立性を高めるための改革の推進を図るための関係法律の

整備に関する法律（平成23年5月2日法律37号）34条による改正

　　国の関与の縮小を図るため、国が費用の一部を負担する工事を施行するに当たっての主務大臣の承認を、同意付き協議に改められるように改正された。
・特別会計に関する法律等の一部を改正する等の法律（平成25年11月22日法律76号）附則23条による改正

　　特別会計に関する法律の改正に伴い、所要の見直しが行われるように改正された。
・海岸法の一部を改正する法律（平成26年6月11日法律61号）　〈4次改正〉

　　東日本大震災の経験を踏まえ、南海トラフ地震等に備えるとともに、高度成長期に整備された堤防等の海岸保全施設の老朽化に対応するため、以下のとおり、所要の見直しが行われるように改正された。
　　① 減災機能を有する堤防等の海岸保全施設への位置づけ、協議会制度の創設
　　② 水門・陸閘(こう)等の操作規則等の策定制度の創設
　　③ 海岸保全施設の維持・修繕基準の明記
　　④ 座礁船舶の撤去命令制度の創設
　　⑤ 海岸協力団体制度の創設
・行政不服審査法の施行に伴う関係法律の整備等に関する法律（平成26年6月13日法律69号）286条による改正

　　新たな行政不服審査法の制定に伴い、所要の規定（法39条の2）が設けられるように改正された。
・民法の一部を改正する法律の施行に伴う関係法律の整備等に関する法律（平成29年6月2日法律45号）326条による改正

　　民法（債権関係）の改正に伴い、負担金等、延滞金の時効消滅について、「5年間行わないとき」から、「これらを行使することができる時から5年間行使しないとき」に改められるよう改正された。
・漁業法等の一部を改正する等の法律（平成30年12月14日法律95号）附則44条による改正

　　漁業法の改正に伴い、所要の見直しが行われるように改正された。
・刑法等の一部を改正する法律の施行に伴う関係法律の整理等に関する法律（令和4年法律68号）372条による改正〈令和7年6月1日施行〉

懲役刑と禁錮刑が一本化される刑法の改正に伴い、所要の見直しが行われるように改正された。
・漁港漁場整備法及び水産業協同組合法の一部を改正する法律（令和5年法律34号）附則5条による改正
　漁港漁場整備法の法律の題名が漁港及び漁場の整備等に関する法律に改められことに伴い、所要の見直しが行われるように改正された。

4．海岸法の概要

　累次の改正を経た現在の海岸法の内容については、第2部　解説編で解説を行うが、海岸法の概要と、海岸法が適用される海岸の状況は、以下のとおりである。

【図表2：海岸法の概要】

1. 海岸法（昭和31年法律第101号）の目的
   津波、高波、波浪その他海水又は地盤の変動による被害から海岸を防護するとともに、海岸環境の整備と保全及び公衆の海岸の適切な利用を図り、もって国土の保全に資するため、海岸管理者、一般公共海岸区域、海岸保全区域、海岸保全施設、費用負担等について定めたものである。

2. 海岸法の概要
   ・海岸保全基本方針の策定 → 作成主体：主務大臣
   ・海岸保全基本計画の策定 → 作成主体：都道府県知事

   海岸保全区域の指定
   (1) 海岸保全区域：防護すべき海岸に係る一定の区域を指定
   (2) 指定される区域
       ① 陸側は満潮時の水際線から50m以内
       ② 海側は干潮時の水際線から50m以内
       ①、②とも地形、地質、潮位、潮流等の状況により、50mを越えて指定できる
   (3) 指定権者：都道府県知事

管理	行為の制限等	海岸保全施設の新設、改良、災害復旧	海岸管理者以外の者が施行する海岸保全施設
①管理主体：海岸管理者 ②土地等の立入 ③海岸保全区域台帳の調整 ④費用負担	①行為の許可 ・土地の占用　・土地の採掘 ・土地の掘削、盛土、切土 ②占用料等の徴収 ③監督処分、損失補償 ④海岸保全施設等の損傷、汚損の禁止 ⑤自動車、船舶等の乗入れ、放置の禁止（注）	①施行主体 ・海岸管理者 ・国（国土保全上特に重要） ②費用負担 ③損失補償	①設計、実施計画の承認 ②監督

   一般公共海岸区域の管理
   ① 一般公共海岸区域：公共海岸のうち、海岸保全区域を除いた区域
   ② 管理主体：海岸管理者
   ③ 行為の制限：土地の占用、土石の採取、土地の掘削・盛土・切土
       施設又は工作物の損傷又は汚損、自動車・船舶等の乗入れ・放置（注）

   主務大臣による管理
   国土保全上極めて重要であり、かつ、地理的条件及び社会的状況により都道府県知事が管理することが著しく困難又は不適当な海岸で政令で指定したものに係る海岸保全区域の管理

（注）海岸の保全上特に必要があると認めて海岸管理者が指定した区域に限る

（出典：国土交通省資料）

【図表3：海岸法が適用される海岸の状況】

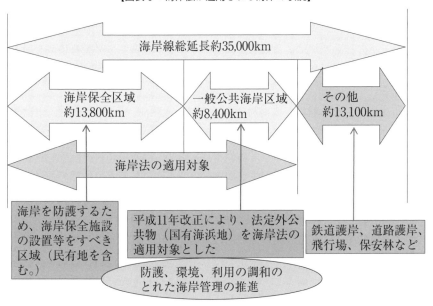

※延長については、令和6年3月31日現在
（出典：国土交通省資料）

5．関係する法律の概要

　海岸管理者等は、海岸法に基づき、海岸保全区域、一般公共海岸区域の管理を行うことになるが、海岸管理者等が行う管理を行うに当たって、関係する法律として、

① 水防法（昭和24年法律193号）
② 津波防災地域づくりに関する法律（平成23年法律123号）
③ 「排他的経済水域及び大陸棚の保全及び利用の促進のための低潮線の保全及び拠点施設の整備等に関する法律」（低潮線保全法。平成22年法律41号）、
④ 「美しく豊かな自然を保護するための海岸における良好な景観及び環境並びに海洋環境の保全に係る海岸漂着物等の処理等の推進に関する法律」（海岸漂着物処理推進法。平成21年法律82号）

がある。それぞれの法律の概要は、以下のとおりである。

① 水防法（昭和24年法律193号）

　水防法は、水防（洪水、雨水出水〈内水〉、津波、または高潮に際し、水災を警戒・防御し、これによる被害を軽減すること）に関し、必要な措置を講じることにより、水防を適切に実施し、もつて、公共の安全を保持することを目的とする。

　水防法には、水防組織（市町村の水防責任、水防団、水防計画等）、水防活動（水位情報の通知・周知、浸水想定区域の指定、ハザードマップの策定、地下街・要配慮者利用施設に係る計画の策定、水防に関する措置等）等の規定があるが、海岸管理者等に最も関係があるのは、高潮に係る水位情報の通知・周知、浸水想定区域の策定の規定である。

（都道府県知事が行う高潮に係る水位情報の通知・周知）

　都道府県知事は、都道府県の区域内にある海岸で、高潮により相当な損害を生ずるおそれがあるものとして指定したものについて、高潮特別警戒水位（警戒水位を超える水位であって、高潮による災害の発生を特に警戒すべき水位）を定め、海岸の水位がこれに達したときは、その旨を水位を示して、直ちに、

【図表4-1：水防法の概要】

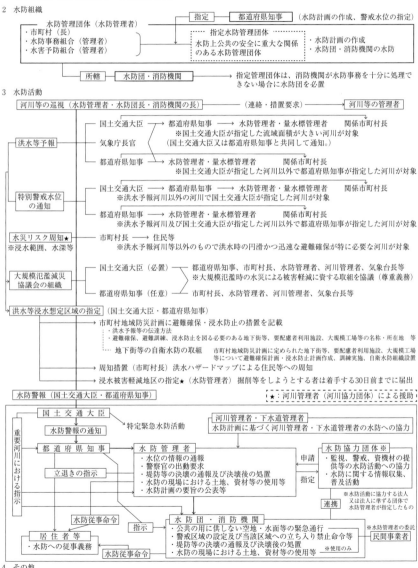

(出典：国土交通省資料)

【図表4-2:平成27年の水防法の概要】

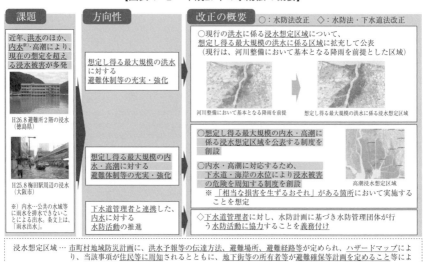

(出典:国土交通省資料)

水防管理者等に通知するとともに、必要に応じ、報道機関の協力を求めて、一般に周知させなければならない(同法13条の3)。
(高潮浸水想定区域の指定)
　都道府県知事は、同法13条の3の規定により指定した海岸について、高潮時の円滑かつ迅速な避難を確保し、または浸水を防止することにより、水災による被害の軽減を図るため、当該海岸について想定し得る最大規模の高潮による氾濫が発生した場合に浸水が想定される区域を、高潮浸水想定区域として指定する(エリア、想定される水深等を明らかにする。)ものとする(同法14条の3第1項)。また、都道府県知事は、指定をしたときは、公表するとともに、関係市町村の長に通知しなければならない(同法14条の3第3項)。
　海岸管理者等においては、水防法のこれらの規定も踏まえ、海岸保全区域・一般公共海岸区域において、適切な海岸管理を行っていくことが求められる。

② 津波防災地域づくりに関する法律(平成23年法律123号)
　津波防災地域づくりに関する法律は、津波防災地域づくりに関し、必要な措

置を講ずることにより、津波防災地域づくりを総合的に推進し、津波による災害から国民の生命・身体・財産の保護を図り、もって、公共の安全を保持することを目的とする。

　津波防災地域づくりに関する法律には、国土交通大臣の基本指針の策定、市町村の推進計画の作成、都道府県知事の津波浸水想定の設定、推進計画区域での特別の措置、津波防護施設の管理、津波災害警戒区域での警戒避難体制の整備、津波災害特別警戒区域における一定の開発行為、建築物の建築等の制限に関する措置等の規定があるが、海岸管理者等に最も関係があるのは、都道府県知事の津波浸水想定の設定の規定である。
（都道府県知事の津波浸水想定の設定）
　都道府県知事は、基本指針に基づき、かつ、基礎調査の結果を踏まえ、津波浸水想定（津波があった場合に想定される浸水の区域・水深）を設定するものとする（同法8条1項）。

【図表5：津波防災地域づくりに関する法律の概要】

目的	将来起こりうる津波災害の防止軽減のため、全国で活用可能な一般的な制度を創設し、ハード・ソフトの施策を組み合わせた「多重防御」による「津波防災地域づくり」を推進。

基本指針（国土交通大臣）

津波浸水想定の設定
都道府県知事は、基本指針に基づき、**津波浸水想定**（津波により浸水するおそれがある土地の区域及び浸水した場合に想定される水深）を設定し、公表する。

推進計画の作成
市町村は、基本指針に基づき、かつ、津波浸水想定を踏まえ、**津波防災地域づくりを総合的に推進するための計画**（推進計画）を作成することができる。

特例措置
（推進計画区域内における特例）

津波防災住宅等建設区の創設	津波避難建築物の容積率規制の緩和	都道府県による集団移転促進事業計画の作成	一団地の津波防災拠点市街地形成施設に関する都市計画

津波防護施設の管理等
都道府県知事又は市町村長は、盛土構造物、閘門等の**津波防護施設**の新設、改良その他の管理を行う。

津波災害警戒区域及び津波災害特別警戒区域の指定
・都道府県知事は、警戒避難体制を特に整備すべき土地の区域を、津波災害警戒区域として指定することができる。
・都道府県知事は、警戒区域のうち、津波災害から住民の生命及び身体を保護するために一定の開発行為及び建築を制限すべき土地の区域を、津波災害特別警戒区域として指定することができる。

（出典：国土交通省資料）

都道府県知事は、津波浸水想定(発生頻度は極めて低いものの、発生すれば甚大な被害をもたらす最大クラスの津波〈いわゆるレベル2の津波〉を想定)を設定しようとする場合に、必要があると認めるときは、関係する海岸管理者等の意見を聴くものとする(同法8条3項)。

都道府県知事は、津波浸水想定を設定したときは、速やかに、国土交通大臣に報告し、かつ、関係市町村長に通知するとともに、公表しなければならない(同法8条4項)。

海岸管理者等においては、津波防災地域づくりに関する法律のこれらの規定も踏まえ、海岸保全区域・一般公共海岸区域において、適切な海岸管理を行っていくことが求められる。

③ 低潮線保全法(平成22年法律41号)、

低潮線保全法は、我が国の排他的経済水域(EEZ)・大陸棚が、天然資源の探査・開発、海洋環境の保全等の活動の場として重要であることに鑑み、排他的経済水域等の保持を図るために必要な「低潮線」(注)の保全と、離島における拠点施設の整備等に関し、必要な措置を講じることにより、排他的経済水域等の保全・利用の促進を図り、もって、我が国の経済社会の健全な発展と国民生活の安定向上に寄与することを目的としている。

　(注) 低潮線とは、海の干満により海面がもっとも低くなったときの陸地と水面との境界である。領海の12海里(約22km)や、排他的経済水域(EEZ)の200海里(約370km)の起点となる。

低潮線保全法には、国の基本計画の策定、低潮線保全区域の指定・海底の掘削等の行為規制、特定離島における拠点施設の整備等の規定があるが、海岸管理者等に最も関係があるのは、低潮線保全区域における行為規制の規定である。

低潮線保全区域では、海底の掘削、土砂の採取、施設・工作物の新設・改築等をしようとする者は、原則として、国土交通大臣の許可を受けなけらばならず、国土交通大臣は、申請内容が低潮線の保全に支障を及ぼすおそれがないと認める場合でなければ許可してはならない、とされている(低潮線保全法5条)。なお、海岸法の同等の許可(海岸法8条1項、37条の5)を受けた者は、許可を要しない(低潮線保全法6条1項)。

低潮線保全区域は、平成23年6月に、185区域が指定されている。

【図表6：低潮線保全法の概要】

目的

排他的経済水域及び大陸棚が天然資源の探査及び開発、海洋環境の保全その他の活動の場として重要であることにかんがみ、低潮線の保全及び拠点施設の整備等に関する基本計画の策定、低潮線保全区域において必要な規制、並びに特定の離島を拠点とする排他的経済水域及び大陸棚の保全及び利用に関する活動に必要となる港湾の施設に関し必要な事項を定めることにより、排他的経済水域及び大陸棚の保全及び利用の促進を図り、もって我が国の経済社会の健全な発展及び国民生活の安定向上を図る。

概要 〈基本計画〉

★低潮線の保全及び拠点施設の整備等に関する施策の推進のための基本計画の策定

低潮線の保全及び拠点施設の整備等に関する基本的な方針、低潮線の保全を図るために行う措置に関する事項、特定離島における拠点施設の整備の内容等を定める。

〈低潮線保全区域〉

★低潮線保全区域の指定

排他的経済水域等の限界を画する基礎となる低潮線等の周辺の水域で保全を図る必要があるものを区域指定。

★行為規制

低潮線保全区域内において海底の掘削等低潮線の保全に支障を及ぼすおそれがある行為をしようとする者は国土交通大臣の許可を受けなければならない。

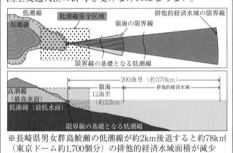

※長崎県男女群鮫瀬の低潮線が約2km後退すると約78k㎡（東京ドーム約1,700個分）の排他的経済水域面積が減少

〈特定離島における拠点施設の整備〉

★特定離島の指定

地理的条件、社会的状況及び施設整備状況等から周辺の排他的経済水域等の保全及び利用を促進することが必要な離島を特定離島として指定。

★特定離島港湾施設の建設等

基本計画に定める国の事務又は事業の用に供する港湾の施設を国土交通大臣が建設、改良及び管理するとともに、当該施設周辺の一定の水域の占用等を規制。

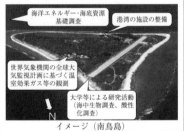

イメージ（南鳥島）

（出典：内閣官房等資料）

　低潮線保全法では、このように低潮線の保全のために必要な規制が設けられているが、自然侵食による低潮線の後退・損壊は、低潮線背後の海岸の損壊と一体となっている場合がほとんどである。このため、低潮線の保全を図るためには、海岸管理者等において、海岸法に基づき、海岸保全区域を指定し、海岸保全施設等を整備するなど、低潮線保全行政と海岸行政が一体となった取組みが求められる。

④　海岸漂着物処理推進法（平成21年法律82号）

　海岸漂着物処理推進法は、海岸の良好な景観・環境、海洋環境の保全を図る上で、海岸漂着物等が深刻な影響を及ぼしている現状や、海岸漂着物等が大規模な自然災害の場合に大量に発生していることに鑑み、必要な事項を定め、海岸漂着物対策を総合的・効果的に推進し、もって、現在・将来の国民の健康で文化的な生活の確保に寄与することを目的としている。

　海岸漂着物処理推進法には、基本理念や、国・地方公共団体・事業者・国民の責務の明確化、国の基本方針・都道府県の地域計画の策定、海岸管理者等の処理の責任、その他海岸漂着物に関する事項等の規定があるが、海岸管理者等に最も関係があるのは、海岸管理者等の処理の責任に関する規定である。

　海岸管理者等の処理の責任に関する規定は、以下のとおりである。

　１）海岸管理者等は、管理する海岸の土地について、清潔が保たれるように、海岸漂着物等（海岸漂着物、海岸に散乱しているごみ等の汚物・不要物）の処理のため、必要な措置を講じなければならない（同法17条１項）。

　２）都道府県は、海岸管理者等により、海岸漂着物等の円滑な処理が推進されるよう、必要な技術的な助言その他の援助をすることができる（同法17条４項）。

　３）都道府県知事は、海岸漂着物の多くが他の都道府県の区域から流出したものであることが明らかであると認めるときは、海岸管理者等の要請に基づき、または意見を聴いて、当該他の都道府県の知事に対し、海岸漂着物の処理、そのほか必要な事項に関して協力を求めることができる（同法18条１項）。

　海岸管理者等においては、海岸漂着物処理推進法のこれらの規定も踏まえ、海岸保全区域・一般公共海岸区域において、適切な海岸管理を行っていくことが求められる。

【図表7：海岸漂着物処理推進法の概要】

目的
海岸における良好な景観及び環境並びに海洋環境を保全するため、海岸漂着物の円滑な処理及び発生の抑制を図る。

基本理念
○総合的な海岸環境の保全・再生 ○責任の明確化と円滑な処理の推進 ○3R推進等による海岸漂着物等の発生の効果的な抑制 ○海洋環境の保全（マイクロプラスチック対策含む）○多様な主体の適切な役割分担と連携の確保 ○国際協力の推進

基本方針・地域計画の策定等 　国の基本方針 ▶ 都道府県の地域計画（海岸漂着物対策推進協議会）

海岸漂着物等の円滑な処理
(1)処理の責任等
①海岸管理者は、海岸漂着物等（漂流ごみ・海底ごみを除く）の処理のため必要な措置を講じなければならない。
②海岸管理者でない海岸の占有者等は、その土地の清潔の保持に努めなければならない。
③市町村は、必要に応じ、海岸管理者等に協力しなければならない。等
(2)地域外からの海岸漂着物への対応
①都道府県知事は、海岸漂着物の多くが他の都道府県の区域から流出したものであることが明らかであると認めるときは、他の都道府県の知事に対し、海岸漂着物の処理その他必要な事項に関して協力を求めることができる。
②環境大臣は、①の協力の求めに関し、必要なあっせんを行うことができる。
③外務大臣は、国外からの海岸漂着物により地域の環境保全上支障が生じていると認めるときは、必要に応じ外交上適切に対応する。等
(3)漂流ごみ・海底ごみの円滑な処理の推進
国及び地方公共団体は、地域住民の生活・経済活動に支障を及ぼす漂流ごみ等の円滑な処理の推進を図るよう努めなければならない。

海岸漂着物等の発生の抑制
国及び地方公共団体は、①発生状況・発生原因に係る定期的な調査、②市街地、河川、海岸等における不法投棄防止に必要な措置③土地の適正な管理に関する必要な助言及び指導に努める。

マイクロプラスチック対策
①事業者は、通常の用法に従った使用の後に河川等に排出される製品へのマイクロプラスチックの使用の抑制や廃プラスチック類の排出の抑制に努めなければならない。②政府は、最新の科学的知見・国際的動向を勘案し、海域におけるマイクロプラスチックの抑制のための施策の在り方について速やかに検討を加え、その結果に基づいて必要な措置を講ずるものとする。

民間団体等との連携の強化・表彰 　**環境教育・普及啓発等** 　**調査研究等** 　**国際的な連携の確保・国際協力の推進**

財政上の措置
①政府は、海岸漂着物対策を推進するために必要な財政上の措置を講じなければならない。
②政府は、離島その他の地域において地方公共団体が行う海岸漂着物の処理に要する経費について、特別の配慮をする。
③政府は、民間の団体等の活動の促進を図るため、財政上の配慮を行うよう努める。

（出典：環境省資料）

第2部　解説編

《序　章》

　本論の逐条解説に入る前に、その前提として、海岸を中心に、道路・河川も含め、公共物の法的位置づけの変遷を概観しておくことが便宜であるので、以下に、簡潔に述べることとする。

① 明治期

　明治政府は、明治5年の田畑永代売買の禁止の解除や、地券（壬申地券）の発行により、原則的に土地の測量は行われなかったものの、近代的な土地所有権制度をとりあえず確立した。しかし、道路、河川、海岸等の公共物の土地の取扱いは、明確でなかった。

　なお、「公共物」（行政法学においては、伝統的に、「公共用物」と呼ばれる。）とは、行政が直接に公の用に供する有体物（「公物」と呼ばれる。）のうち、直接公衆により使用されるものである。これに対し、「公用物」とは、「公物」のうち、庁舎等の行政主体自身が利用するものである。

　そこで、明治政府は、明治6年の旧地所名称区別の制定を経て、最終的には、明治7年に、「地所名称区別」（明治7年11月7日、太政官布告1204号）を制定することとなった。この布告では、全国の土地が官有地と民有地に区分され、さらに、官有地は第1種～第4種に、民有地は第1種～第3種に区分された。そして、この区分において、「山岳丘陵林藪原野河海湖沼池沢溝渠堤塘道路田畑屋敷等其他民有地ニアラサルモノ」は、官有地の第3種とされた。このことをもって、行政実務上は、道路、河川、海岸等の公共用物は、官有地（国有）になった、とされる。

　なお、上記の官有地の第3種の例示では、「海」とあるだけなので、海岸は明示されていないが、地租条例取扱心得書（明治17年4月5日、大蔵省号外）に、網干場、鰯干場、浜地等が民地とされる記述があるので、そのような例外的なものを除き、海の一部として官有地の第3種に区分された、とされる。

　その後、明治政府は、地所名称区分に基づき、民有地の確認、測量を行い、壬申地券に代わる改正地券を発行することとしたが、民有地の確証がないとし

て民有地とされないことも多かったため、申請により再度審査して、民有地と判定できるものは、私人に下げ戻す処分（下戻処分）を行った。ただし、明治33年6月30日までに申請がなく、民有地と認定されなかった土地は、脱落地として官有地として取り扱われることとなった。このため、上記の網干場、鰯干場、浜地等であっても、この時までに民有地と認定されなかったものは、脱落地として官有地となったことになる。

公物管理法（公物の機能管理に関する法制）ではないが、公物の財産管理に関する法制として、明治23年に、官有財産規則（明治23年11月25日、勅令275号）が制定された。官有財産規則では、官有財産は、「国ノ所有ニ属スル土地、森林、原野、営造物、家屋、船舶及其ノ附属物」とされ、「官有財産ハ主管ノ各省大臣之ヲ管理ス」とされている。

② 大正期～昭和初期初め

その後、公物管理法として、まず、明治29年には、旧河川法（明治29年4月8日、法律71号）が制定された。旧河川法では、旧河川法が<u>適用</u>される河川は、主務大臣・地方行政庁が認定した河川で、旧河川法が<u>準用</u>される河川は、準用河川とされた。これら以外の官有地である河川（水路）は、旧河川法が適用・準用がない、いわゆる法定外公共物となった。

次に、大正8年には、旧道路法（大正8年4月10日、法律58号）が制定された。旧道路法では、道路法が適用される道路は、国道、府県道、郡道、市道、町村道の5種とされた。これが以外の官有地である道路（里道）は、旧道路法の適用がない、法定外公共物となった。

また、大正10年には、明治23年に制定された官有財産規則に代わって、旧国有財産法（大正10年法律43号）が制定された。旧国有財産法では、「官有財産」に代えて「国有財産」という言葉が使用され、国有財産は、「公共用財産」、「公用財産」、「営林財産」、「雑種財産」に分類されて、それぞれに対応した財産管理が規定されている。また、管理については、雑種財産以外の国有財産は、各省大臣が、雑種財産は大蔵大臣が管理するとされている。

以上のように、道路、河川、海岸等の公共物の土地と民有地の区分については、明治の早い段階での取組みにより、概ね明確化が図られるようになった。また、明治29年の旧河川法、大正10年の旧道路法の制定など、公物管理法が徐々

に整備されるようになった。

　しかしながら、海岸に関する公物管理管理法は、戦後に至るまで制定されず、海岸（国有海浜地）は、原則として、法定外公共物という取扱いであった。なお、大正11年4月20日の「公有水面埋立ニ関スル取扱方ノ件」（内務省通牒）に基づき、海岸に係る陸地と、海面（水面）との境界については、春分と秋分における満潮位の位置である、とされることとなった。

③　戦後における海岸法の制定

　海岸については、「第1部　序論　2．海岸法制定の経緯」で述べたとおり、昭和31年に、公物管理法たる海岸法（昭和31年法律101号）が制定された。この海岸法で、海岸の防護のために、防護すべき海岸に係る一定の区域を海岸保全区域として指定し、海岸管理者等は、海岸保全区域内で、堤防等の海岸保全施設を整備するとともに、占用や一定の行為に対する規制措置等を講じる海岸保全区域の制度が創設された。

　このことにより、海岸保全区域内（これまで法定外公共物であった国有海浜地のうち海岸保全区域となった部分と、海岸の防備のため規制措置等が必要とされ海岸保全区域となった民有地部分）は、海岸法に基づく管理が行われ、その他の国有海浜地は、これまでどおり、原則として、法定外公共物として、管理が行われることとなった。

　なお、法定外公共物全般に関する管理法の検討については、昭和28年、38年、44年の3回にわたって、旧建設省を中心に法案の検討が行われたが、政府部内の調整がつかず、成案に至らなかった。ちなみに、昭和23年には、大正10年に制定された旧国有財産法に代わって、現行の国有財産法（昭和23年法律73号）が制定された。国有財産法では、国有財産を、「行政財産」と「普通財産」（従来の「雑種財産」）に区分し、さらに、行政財産を、「公用財産」、「公共福祉財産」、「皇室用財産」、「企業用財産」にしており、この段階では、公共用財産の位置づけがなくなっているが（GHQから、道路、河川等を国有とするのは封建的であるとの強い主張があった。）が、平成28年の改正で、「公共福祉財産」を「公共用財産」に代えて、復活している。また、道路法、河川法については、新憲法の内容も踏まえ、規定の詳細化・合理化を図る観点から、昭和27年には、旧道路法に代わって、現行の道路法（昭和27年法律180号）が制定され、また、

昭和39年には、旧河川法に代わって、現行の河川法（昭和39年法律167号）が制定されている。

④　平成11年の海岸法改正、平成11年の地方分権一括法の制定

　平成11年の海岸法改正では、海岸法の目的として、「海岸の防備」に、「海岸環境の整備・保全」、「公衆の海岸の適正な利用」が加えられ、海岸保全区域の制度に加え、新たに、一般公共海岸区域の制度が創設された。

　このことにより、これまで、法定外公共物であった国有海浜地が、一般公共海岸区域として、海岸法に基づく管理が行われることとなり、法定外公共物である国有海浜地は、消滅した。なお、一般公共海岸区域の制度は、海岸保全区域のように民有地は含まれないので、我が国の海岸で海岸法の対象とならないものは、原則として、海岸保全区域に指定されていない民有地である。

　平成11年の地方分権改革一括法では、法定外公共物である里道、水路については、基本的に、国有財産であったのを市町村に譲与することとし、機能管理と財産管理を一体として行うように措置されたが（詳細については、36〜37頁参照）、公物管理法がないという意味で、引き続き、法定外公共物である。他方、先に述べたとおり、国有海浜は、原則として、海岸法の対象となったため、法定外公共物という範疇はないこととなる。その意味で、海岸は、道路、河川等のほかの公共物と比較して、包括的に、公物管理法に位置づけのある、めずらしい公共物と言える。

《本　章》（逐条解説）

【法律】

第一章　総則
（目的）
第一条　この法律は、津波、高潮、波浪その他海水又は地盤の変動による被害から海岸を防護するとともに、海岸環境の整備と保全及び公衆の海岸の適正な利用を図り、もつて国土の保全に資することを目的とする。

【解説】
1　本条は、海岸法の目的に関する規定である。
2　本条では、海岸法は、津波、高潮、波浪、そのほか海水・地盤の変動による被害から「海岸を防護する」とともに、「海岸環境の整備と保全」、「公衆の海岸の適正な利用」を図り、もって、「国土の保全に資すること」を目的とする、とされている。
　　「海岸の防護」、「海岸環境の整備・保全」、「公衆の海岸の適正な利用」が直接的な目的であり、「国土の保全に資すること」が究極的な目的である。
3　直接的な目的の一つである「海岸の防護」については、海水・地盤の変動による被害に対するものであり、海水の変動は、津波、高潮、波浪といった異常な状態における海水の変動だけでなく、通常の状態における海水の変動でも被害を生じる場合があるため、そのような海水の変動も含まれる。また、地盤の変動は、地震、地すべり等の自然現象による地盤の変動だけでなく、地下水の汲上げによる地盤の沈下等の人為的な要因による地盤の変動も含まれる。
4　直接的な目的の一つである「海岸環境の整備と保全」、「公衆の海岸の適正な利用」は、平成11年の海岸法の改正で追加されたものである。
　　背景としては、環境意識や、心の豊かさの要求の高まりにもかかわらず、国民共有の財産としての海岸の機能（例：白砂青松に代表される優れた自然環境や、動植物の生息する自然空間としての機能、海洋性レクリエーションの場としての機能）が往々にして損なわれることがあり、様々な問題が生じてき

たことから、海岸管理に、環境と利用の観点を明確に位置付けて、総合的かつ適正な海岸管理を積極的に推進することが必要となってきたことがある。

「海岸環境」とは、海と陸が接する地帯としての海岸の特性に由来する自然環境と、その自然環境と人間との関わりにおける生活環境の両者を含むものであり、例えば、生態系に関する環境や、親水・景観に関する環境がある。

「海岸環境の整備・保全」の具体的な取組みとしては、例えば、生態系に関しては、砂浜の侵食からの保全・復元、海岸における動植物の生息地の保全・復元、人工化された海岸環境の多様性の回復等があり、また、親水・景観に関しては、白砂青松の海岸の保全・創出、陸と海が調和した海浜景観の維持、景観に適した海岸保全施設の整備がある。

「公衆の海岸の適正な利用」とは、人々に、国民共有の財産である海岸が適正に利用されることをいう。

「公衆の海岸の適正な利用」を図る具体的な取組としては、例えば、公衆の海岸利用に伴う問題を解決するため、占用や一定の行為に対する必要な規制を行うこと、利便施設を整備することがある。

5　海岸法の究極的な目標は、「国土の保全に資すること」であるが、国土の保全を法律の目的としている法律としては、例えば、河川法、急傾斜地の崩壊による災害の防止に関する法律、地すべり等防止法等、様々な法律がある。対象範囲の広範性、国土保全における位置づけ等を踏まえると、海岸法は、国土保全を目的とする法律群の中において、極めて重要な法律の一つであると言って過言ではない。

6　海岸法の目的は、法律の目的を一般的に規定しているにとどまらず、海岸法の各条項の解釈・運用に当たって、重要な意味を有する。例えば、法2条の2の海岸保全基本方針の策定、法2条の3の海岸保全基本計画の策定、法3条の海岸保全区域の指定、法5条・37条の2・37条の3に基づいて行う海岸管理者の具体的な海岸管理に当たっては、該当条項の文言だけでなく、法律の目的も踏まえる必要がある。また、海岸法に基づく政省令の制定・改正に当たっても、該当条項の文言だけでなく、法律の目的も踏まえる必要がある。

なお、平成11年の海岸法の目的規定の改正に伴い、法3条2項、法7条2項だけは、「海岸の保全」という文言が「海岸の防護」に変更されたが、これは、当該条項の従前の「海岸の保全」は、「海岸の防護」、「海岸環境の整

備と保全」、「公衆の海岸の適正な利用」のうち、「海岸の防護」だけを意味していたためである。

【法律】

（定義）

第二条　この法律において「海岸保全施設」とは、第三条の規定により指定される海岸保全区域内にある堤防、突堤、護岸、胸壁、離岸堤、砂浜（海岸管理者が、消波等の海岸を防護する機能を維持するために設けたもので、主務省令で定めるところにより指定したものに限る。）その他海水の侵入又は海水による侵食を防止するための施設（堤防又は胸壁にあつては、津波、高潮等により海水が当該施設を越えて侵入した場合にこれによる被害を軽減するため、当該施設と一体的に設置された根固工又は樹林（樹林にあつては、海岸管理者が設けたもので、主務省令で定めるところにより指定したものに限る。）を含む。）をいう。

2　この法律において、「公共海岸」とは、国又は地方公共団体が所有する公共の用に供されている海岸の土地（他の法令の規定により施設の管理を行う者がその権原に基づき管理する土地として主務省令で定めるものを除き、地方公共団体が所有する公共の用に供されている海岸の土地にあつては、都道府県知事が主務省令で定めるところにより指定し、公示した土地に限る。）及びこれと一体として管理を行う必要があるものとして都道府県知事が指定し、公示した低潮線までの水面をいい、「一般公共海岸区域」とは、公共海岸の区域のうち第三条の規定により指定される海岸保全区域以外の区域をいう。

3　この法律において「海岸管理者」とは、第三条の規定により指定される海岸保全区域及び一般公共海岸区域（以下「海岸保全区域等」という。）について第五条第一項から第四項まで及び第三十七条の二第一項並びに第三十七条の三第一項から第三項までの規定によりその管理を行うべき者をいう。

【関係省令】

（砂浜の指定）

第一条　海岸法（昭和三十一年法律第百一号。以下「法」という。）第二条第一項の規定により海岸管理者が行う砂浜の指定は、砂浜の敷地である土地の区域を指定して行うものとする。

（樹林の指定）

第一条の二　法第二条第一項の規定により海岸管理者が行う樹林の指定は、当該海岸管理者が堤防又は胸壁（以下この条において「堤防等」という。）の損傷等を軽減するため植栽又は保育する樹林の敷地である土地（当該堤防等の敷地である土地又はこれに接する土地であつて当該堤防等の法尻からおおむね二十メートル以内のものに限る。）の区域を指定して行うものとする。

（公共海岸から除かれる土地）
第一条の三　法第二条第二項の他の法令の規定により施設の管理を行う者がその権原に基づき管理する土地は、次の各号に掲げるものとする。
　一　砂防法（明治三十年法律第二十九号）第二条の規定により指定された土地
　二　軌道法（大正十年法律第七十六号）第三条に規定する運輸事業の用に供されている土地
　三　土地改良法（昭和二十四年法律第百九十五号）第九十四条に規定する土地改良財産たる土地
　四　漁港及び漁場の整備等に関する法律（昭和二十五年法律第百三十七号）第六条第一項から第四項までの規定により市町村長、都道府県知事又は農林水産大臣が指定した漁港の区域のうち海岸保全区域に指定されていない土地
　五　港湾法（昭和二十五年法律第二百十八号）第二条第五項に規定する港湾施設（同条第六項の規定により港湾施設とみなされたものを含む。）の用に供されている土地及び同法第三十七条第一項に規定する港湾隣接地域のうち海岸保全区域に指定されていない土地
　六　森林法（昭和二十六年法律第二百四十九号）第二十五条第一項に規定する保安林又は同法第四十一条に規定する保安施設地区
　七　道路法（昭和二十七年法律第百八十号）第十八条第一項の規定により決定された道路の区域の土地
　八　空港法（昭和三十一年法律第八十号）第四条第一項各号に掲げる空港及び同法第五条第一項に規定する地方管理空港の用に供されている土地
　九　都市公園法（昭和三十一年法律第七十九号）第二条第一項に規定する都市公園の用に供されている土地
　十　地すべり等防止法（昭和三十三年法律第三十号）第三条第一項に規定する地すべり防止区域の土地
　十一　河川法（昭和三十九年法律第百六十七号）第六条第一項に規定する河川区域の土地
　十二　急傾斜地の崩壊による災害の防止に関する法律（昭和四十四年法律第五十七号）第三条第一項に規定する急傾斜地崩壊危険区域の土地

十三　鉄道事業法（昭和六十一年法律第九十二号）第二条第一項に規定する鉄道事業の用に供されている土地

（地方公共団体が所有する海岸の土地に係る公共海岸の指定及び公示等）

第一条の四　法第二条第二項の規定により都道府県知事が行う地方公共団体が所有する公共の用に供されている海岸の土地に係る公共海岸の指定は、当該土地が当該都道府県が所有する土地以外の土地の場合にあつては、当該土地を所有する地方公共団体からの申出により行うものとする。

2　法第二条第二項の規定により指定された公共海岸の土地又は水面の公示は、次の各号の一以上により当該公共海岸の土地又は水面の区域を明示して、公報に掲載して行うものとする。

一　市町村、大字、字、小字及び地番
二　一定の地物、施設、工作物又はこれらからの距離及び方向
三　平面図

3　（略）

【解説】

1　本条は、本法で用いられる主要な用語の定義に関する規定である。

2　本条1項では、「海岸保全施設」の定義を規定しているが、「海岸保全施設」とは、海岸保全区域（法3条参照）内にある

　・堤防、突堤、護岸、胸壁、離岸堤、
　・砂浜（海岸管理者が、消波等の海岸を防護する機能を維持するために設けたもので、主務省令で定めるところにより指定したものに限る。）
　・そのほか海水の侵入や、海水による侵食を防止するための施設（堤防・胸壁にあっては、津波、高潮等により海水が当該施設を越えて侵入した場合に、被害を軽減するため、当該施設と一体的に設置された根固工・樹林〈樹林にあっては、海岸管理者が設けたもので、指定したものに限る。〉を含む。）

をいう、とされている。

3　前記の砂浜に関する規定は、平成11年の海岸法の改正で設けられ、砂浜が海岸保全施設となることが明確化されたものであるが、平成26年の海岸法の改正で「主務省令で定めるところにより」という文言が追加されて、海岸管理者の指定方法が省令（1条）で規定されるなど実務でより活用できるよう

【図表 8 : 用語の解説】

【堤防】
　堤防は、土を盛り上げて小山をつくり、この表面をコンクリートなどでコーティングした構造物（施設）をいう。
　堤防は、高潮や波浪、さらには津波が陸上部に侵入してこないようにつくられる構造物で、また、波の力で海岸が削られることからも防いでいる。

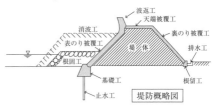

【突堤】
　突堤は、一般的には金の延べ棒のような形をしていて、海岸線に直角方向に設置される。このような突堤は、普通 1 基だけでなく、一定の間隔で数本から数十本設置し、砂が流されるのをくいとめる。また、突堤と突堤の間に流された砂を捕まえて逃げにくくする機能を持っているので、砂浜が広くなるという効果もある。

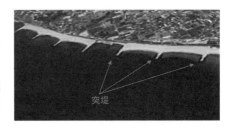

【護岸】
　護岸は、つくられる目的は堤防と同じであるが、堤防のように新たに小山を築くのではなく、今ある海岸線をコンクリートなどでコーティングしたものをいう。

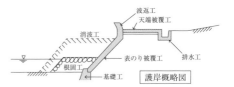

【胸壁】
　胸壁は、漁港、港湾等の施設が存在し、海岸線付近に堤防、護岸等を設置することが難しい場合に、漁港等の背後に設置する構造物をいう。
　津波、高潮や波浪による海水が陸上部に侵入するのを防いでいる。

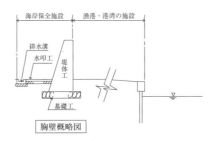

【離岸堤】
　離岸堤は、沖合いに海岸線と平行に作られる構造物で、その効果は 2 つある。
　1 つは、波を消す機能、あるいは波の勢いを弱める機能で陸上部への波の侵入を食い止める効果がある。もう 1 つは、海岸の砂が波で沖にとられるのを防ぎ、背後に砂をためる効果がある。

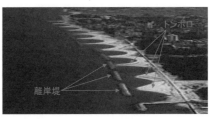

（出典：国土交通省資料）

に対応が図られた。

4　前記の根固工・樹林に関する規定は、平成26年の海岸法の改正で追加されたものであるが、背景としては、東日本大震災における甚大な被害がある。具体的には、東日本大震災においては、海岸保全施設の設計の基準となっている津波高を超える巨大な津波が堤防等を破壊し、または堤防等を越流し、背後地に甚大な被害が生じるという事態が発生した。

　このような事態を踏まえ、政府の中央防災会議（「東北地方太平洋沖地震を教訓とした地震・津波対策に関する専門調査会　報告」（平成23年9月28日））では、今後の津波対策の構築に当たって、「発生頻度は極めて低いものの、発生すれば甚大な被害をもたらす最大クラスの津波」（いわゆるレベル2の津波）と「最大クラスの津波に比べ発生頻度は高く、津波高は低いものの大きな被害をもたらす津波」（いわゆるレベル1の津波）の2つのレベルの津波を想定する必要があるとし、今後の海岸保全施設の整備に当たっては、引き続き、比較的発生頻度の高い一定程度（数十年から数百年に一度程度）の津波高、すなわち、レベル1の津波に対して整備を進めていくことが求められるが、設計の基準となる津波高を超えた場合でも施設の効果が粘り強く発揮できるような構造物（「粘り強い構造の海岸保全施設」）の技術開発を進め、整備していくことが必要である、とされた。

　前記の「粘り強い構造の海岸保全施設」の具体的な効果としては、例えば、浸水までの時間を遅らせることにより避難のためのリードタイムを長くする効果、浸水量が減ることにより浸水面積や浸水深を低減し、浸水被害を軽減する効果や、施設が全壊に至らず一部残存した場合の迅速な復旧による二次被害のリスクを低減する効果がある。

　本条1項で列記されている施設のうち、「粘り強い構造の海岸保全施設」となり得るものとしては、堤防・胸壁があるが、堤防・胸壁と一体的に設置された根固工・樹林は、津波・高潮等により海水が当該堤防・胸壁を越えて浸入した場合に、洗掘や越流の抑制等により当該堤防・胸壁の安定性を強化し、堤防・胸壁を粘り強い構造とするものである。

　平成26年の海岸法の改正では、本条1項に、「（堤防又は胸壁にあつては、津波、高潮等により海水が当該施設を越えて侵入した場合にこれによる被害を軽減するため、当該施設と一体的に設置された根固工又は樹林（〜（略）〜）

を含む。)」を追加し、これら根固工・樹林は海岸保全施設であることを明確化した。

　なお、他に、「粘り強い構造の海岸保全施設」として、津波防波堤（「海岸保全施設の技術上の基準を定める省令」（平成16年農林水産省・国土交通省令1号）9条に規定するもの）と、それと一体的に設置される根固工等があるが、これらは、平成26年の海岸法の改正前から、「その他海水の侵入又は海水による侵食を防止するための施設」で読まれてきたものであるため、堤防・胸壁と一体的に設置された根固工・樹林のように、追加することはしていない。

　ちなみに、「発生頻度は極めて低いものの、発生すれば甚大な被害をもたらす最大クラスの津波」（いわゆるレベル2の津波）が、海岸保全施設等を乗り越えて内陸に浸入する場合に、その浸水の拡大を防止するために内陸部に設ける施設として、津波防災地域づくりに関する法律（平成23年法律123号、同法2条10項、18条〜52条）に基づく津波防護施設がある。津波防護施設とは、盛土構造物・護岸・胸壁・閘門（海岸保全施設、港湾施設、漁港施設、河川管理施設、保安施設事業施設は除く。）である。津波防護施設の新設・改良等の管理は、原則として都道府県知事が行うものとされている。

5　本条1項の「砂浜」、「樹林」については、ほかの海岸保全施設と異なり、どの範囲が海岸保全施設に当たるのか明確でないため、海岸管理者が、具体的に指定することとされている。

　「砂浜」の指定方法については、省令（1条）で、海岸管理者が、砂浜の敷地である土地の区域を指定して行うものとする、とされている。

　「樹林」の指定方法については、省令（1条の2）で、海岸管理者が、堤防・胸壁の損傷等を軽減するため植栽・保育する樹林の敷地である土地（当該堤防・胸壁の敷地である土地、またはこれに接する土地であって、当該堤防・胸壁の法尻から概ね20m以内のもの、に限る。）の区域を指定して行うものとする、とされている。

6　本条2項では、「公共海岸」と「一般公共海岸区域」の定義を規定しているが、「公共海岸」とは、

・国、または地方公共団体が所有する公共の用に供されている海岸の土地（他の法令の規定により、施設の管理を行う者がその権原に基づき管理

する土地として、主務省令で定めるものを除く。また、地方公共団体が所有する公共の用に供されている海岸の土地にあっては、都道府県知事が、指定・公示した土地に限る。）

・上記と一体として管理を行う必要があるものとして、都道府県知事が指定し、公示した低潮線までの水面

をいう、とされ、また、「一般公共海岸区域」とは、公共海岸の区域のうち、海岸保全区域（法3条参照）以外の区域をいう、とされている。

「公共海岸」と「一般公共海岸区域」の定義は、平成11年の海岸法の改正で、これまで海岸法に位置づけられていなかった、法定外公共物たる国有海浜地を、海岸法に位置づけるに当たって、設けられたものである。

7　そもそも、法定外公共物とは、道路、河川、海浜地等の「公共物」のうち、道路法、河川法・下水道法、海岸法等の個別の公物管理法の適用、または準用がされないものである。なお、「公共物」（行政法学においては、伝統的に、「公共用物」と呼ばれる。）とは、行政が直接に公の用に供する有体物（「公物」と呼ばれる。）のうち、直接公衆により使用されるものである。これに対し、「公用物」とは、「公物」のうち、庁舎等の行政主体自身が利用するものである。

法定外公共物については、平成11年の地方分権改革前は、明治7年11月7日の「地所名称区別」（太政官布告120号）で、「山岳丘陵林藪原野河海湖沼池沢溝渠堤塘道路田畑屋敷等其他民有地ニアラサルモノ」を官有地（3種）としたことをもって、行政実務上、原則として、国有財産（国有財産の区分では公共用財産）とされ、具体的には、皇居外苑・新宿御苑（旧厚生省・旧環境庁・環境省所管）等の例外を除き、内務省事務を承継した旧建設省の所管する公共用財産とされた。なお、海浜地については、上記布告には、そのような文言はないが、「海」とあることから、民有地として扱われた網干場、鰯干場、浜地、舟揚場等の例外的なもの以外は、海の一部として官有地に区別された、とされた。

法定外公共物たる旧建設省所管の公共用財産については、その「財産管理」は、国有財産法に基づき、旧建設省から委任を受けた都道府県知事が行っていたが（機関委任事務）、他方、維持保全等の管理（いわゆる「機能管理」）については、市町村等（国有海浜地は、基本的に都道府県）が行っていると

いう実態があった。このため、機能管理の権限の法的根拠をどこに求めるかをはじめ、様々な法的問題が指摘されていた（例えば、「法定外公共物法制の改革」塩野宏　著・『法治主義の諸相』所収494頁以下、「法定外公共用物とその管理権」塩野宏　著・『行政組織法の諸問題』所収328頁以下参照）。

　このようなことから、「平成11年の地方分権改革一括法」では、機関委任事務自体が廃止されることに伴い、法定外公共物たる里道（いわゆる赤線）、水路（いわゆる青線）については、その管理は、自治事務（法定受託事務〈国等から法令によって委託される事務〉以外の事務）とされた上で、「財産管理」と「機能管理」の主体を一致させる観点から、国から市町村へ譲与（対価なしで渡すこと）されることとなった。なお、譲与の対象となるものは、現に公共の用に供されている里道・水路であり、公共物としての機能を喪失しているもの等は、国が普通財産として直接管理することとなった。

　他方、法定外公共物たる国有海浜地については、「海岸の防護」、「海岸環境の整備・保全」、「公衆の海岸の適正な利用」の観点から、管理や費用に関する統一的なルール（法37条の3～38条の8）を導入する必要等があることから、「平成11年の海岸法の改正」で、法定外公共物たる国有海浜地は、海岸法の枠組みの中に位置づけられることとなり、「法定外」公共物たる国有海浜地はなくなることとなった。

　なお、法律としては、「平成11年の海岸法の改正」と、「平成11年の地方分権改革一括法（海岸法改正を含む。）」は、それぞれ別の法改正であり、公布は、前者が平成11年5月28日、後者は、同年7月16日であるが、施行は、原則として、平成12年4月1日で同日である。

8　「公共海岸」の定義については、平成11年の海岸法の改正で、国有海浜地（海岸保全区域内の国有海浜地と、従前の法定外公共物たる国有海浜地）を対象とする概念として設けられた。さらに、平成11年の地方分権改革一括法による海岸法改正で、国有海浜地の管理が国の機関委任事務でなく、基本的に自治事務になったことに伴い、必要な場合には、国有海浜地でない公有海浜地も、公共海岸の対象としても問題がないため、必要な場合に公有海浜地も対象とするように改正され、最終的に、現行の本条2項のとおりとなった。

9　本条2項のカッコ書き内の「他の法令の規定により施設の管理を行う者がその権原に基づき管理する土地として主務省令で定めるものを除」くことに

ついては、高度な機能管理が必要となる施設の管理者が権原に基づき管理する土地は、公共海岸から除いても、海岸法の目的に照らして支障がないと考えられるためである。具体的には、省令（1条の3）で、以下の土地が公共海岸から除外されている。

① 砂防指定地
② 軌道事業用地
③ 土地改良財産たる土地
④ 漁港区域（海岸保全区域外）の土地
⑤ 港湾施設用地・港湾隣接地域（海岸保全区域外）の土地
⑥ 保安林・保安施設地区
⑦ 道路区域の土地
⑧ 拠点空港（成田国際・中部国際・関西国際・大阪国際、東京国際その他の国管理空港等）・地方管理空港の用地
⑨ 都市公園用地
⑩ 地すべり防止区域の土地
⑪ 河川区域の土地
⑫ 急傾斜地崩壊危険区域の土地
⑬ 鉄道事業用地

　本条2項のカッコ書き内の「地方公共団体が所有する公共の用に供されている海岸の土地にあつては、都道府県知事が～指定し、公示した土地に限る。」とは、国有でない公有海浜地を公共海岸とすることについては、都道府県知事が必要性を判断し、指定・公示することとしたものである。

　都道府県が当該土地を所有していない場合には、省令（1条の4第1項）で、所有する地方公共団体からの申出により、これを行うものとされ、都道府県知事の権原の確保について一定の対応がなされている。

10　公共海岸の水面部分の範囲については、本条2項で、土地（陸地部分）と一体として管理を行う必要があるものとして、都道府県知事が指定し、公示した「低潮線」までの水面とされている。なお、陸地と水面との境界については、上述のとおり、大正11年4月20日の「公有水面埋立ニ関スル取扱方ノ件」（内務省通牒）に基づき、<u>春分と秋分における満潮位の位置</u>である、とされる。

公共海岸の陸地部分については、国・地方公共団体が所有する、公共の用に供されている、といった限定があるので、その範囲は比較的明確であるが、水面部分については、その範囲は明確ではない。

　そもそも、「海岸」について、海岸法上、明確な定義を置いていないが、海岸法制定時の国会審議時には、物理的に存在する日本の海岸線すべてを対象にしているが、定義を法律上明確にすることは難しいため、一般的な常識を待つこととすると説明されている。

　常識的には、海岸とは、海と陸の相接する地帯（広辞苑）であり、海水浴等で海岸を利用する一般人の考え方としては、少なくとも、低潮線（<u>海水面が最も低くなったときの陸地と水面との境界</u>）までは、海岸に含まれるものと解される。

　このため、水面については、土地（陸地部分）と一体として管理を行う必要がある低潮線までの水面を対象とし、さらに、広大な干潟が存在している場合があること等を考慮して、その範囲を知事が具体的に指定し、公示した部分としている。

11　公共海岸の土地（陸地部分）、または水面の公示方法については、省令（1条の4第2項）で、次の一つ以上で、当該公共海岸の土地・水面の区域を明示して、公報に掲載して行うものとする、とされている。
　　① 市町村・大字・字・小字・地番
　　② 一定の地物・施設・工作物、またはこれらからの距離・方向
　　③ 平面図

12　「一般公共海岸区域」の定義については、本条2項で、公共海岸の区域のうち、「海岸保全区域」（法3条参照）以外の区域をいう、とされている。

　一般公共海岸区域は、平成11年の海岸法の改正前は、法定外公共物として、都道府県等が個別の公物管理法に基づかず機能管理していた国有海浜地を、海岸法の中に位置づけ、管理や費用に関する統一的なルール（法37条の3～38条の8）を導入するに当たって、設けられた概念である。

　一般公共海岸区域は、これまで法定外公共物として緩やかな管理が行われてきた区域であるので、「海岸の防護」、「海岸環境の整備・保全」、「公衆の海岸の適正な利用」の3つの観点から機能管理が行われることは、海岸保全区域と同様であるが、これまでの管理水準、実務面での対応可能性、社会的

要請等を踏まえ、管理水準は、海岸保全区域と比べ、相応程度にとどまるものになると考えられる。

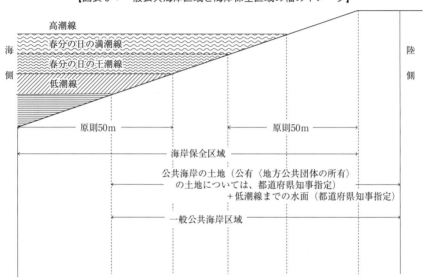

【図表9：一般公共海岸区域と海岸保全区域の幅のイメージ】

(出典：国土交通省資料)

13　本条3項では、海岸法において「海岸管理者」とは、海岸保全区域、一般公共海岸区域のそれぞれにおいて、法5条1項～4項（海岸保全区域の管理）、法37条の2第1項（海岸保全区域の主務大臣の直轄管理）、法37条の3第1項～第3項（一般公共海岸区域の管理）の規定により、管理を行うべき者をいう、とされている。

　海岸管理者が行う管理とは、海岸保全区域内の海岸保全施設の新設・改良・維持・修繕等や、一般公共海岸区域の維持等といった事実行為だけでなく、海岸保全区域内、一般公共海岸区域内の占用や一定の行為に関する行政処分等も含まれ、いわば、海岸法の目的（「海岸の防護」、「海岸環境の整備・保全」、「公衆の海岸の適正な利用」）のために行われる一切の行為である。

【法律】

（海岸保全基本方針）

第二条の二　主務大臣は、政令で定めるところにより、海岸保全区域等に係る海岸の保全に関する基本的な方針（以下「海岸保全基本方針」という。）を定めなければならない。

2　主務大臣は、海岸保全基本方針を定めようとするときは、あらかじめ関係行政機関の長に協議しなければならない。

3　主務大臣は、海岸保全基本方針を定めたときは、遅滞なく、これを公表しなければならない。

4　前二項の規定は、海岸保全基本方針の変更について準用する。

【関係政令】

（海岸保全基本方針に定める事項等）

第一条　海岸法（以下「法」という。）第二条の二第一項の海岸保全基本方針に定める事項は、次のとおりとする。

一　海岸の保全に関する基本的な指針

二　一の海岸保全基本計画を作成すべき海岸の区分

三　海岸保全基本計画の作成に関する基本的な事項

2　海岸保全基本方針は、津波、高潮等による災害の発生の防止、多様な自然環境の保全、人と自然との豊かな触れ合いの確保、海岸利用者の利便の確保等を総合的に考慮して定めるものとする。

3　海岸保全基本方針は、環境基本法（平成五年法律第九十一号）第十五条第一項に規定する環境基本計画と調和するものでなければならない。

【解説】

1　本条は、海岸保全基本方針に関する規定である。平成11年の海岸法の改正で設けられた。

　平成11年の海岸法の改正で、海岸法の目的に、これまでの「海岸の防護」に加えて、「海岸環境の整備・保全」、「公衆の海岸の適正な利用」が追加されたこと、一般公共海岸区域の創設により海岸法の対象海岸が大幅に増加したこと等により、海岸管理において質・量ともに大きな変化が生じたことから、広域的な方針を指示する必要性や、海岸行政関係機関の間で海岸管理に

関する考え方を共有する必要性が、これまで以上に高まってきた。

　また、海岸の防護については、全国的に海岸侵食が顕在化し、全国的な観点から、海岸侵食に対する基本原則を提示することが求められるようになった。

　さらに、平成11年の海岸法の改正前の地方分権推進委員会における議論で、いわゆる通達行政から、国の方針を法律上明確な位置づけを持って地方公共団体に提示できる仕組みに切り替えていくべき旨の指摘が行われた。

　このようなことから、主務大臣が、全国的な観点から海岸保全全般にわたる基本方針を定めることとし、平成11年の海岸法の改正で、本条が追加された。

2　本条1項では、主務大臣（農林水産大臣、国土交通大臣の共同）は、海岸保全区域と一般公共海岸区域に係る、海岸の保全に関する基本的な方針（海岸保全基本方針）を定めなければならない、とされている。

　海岸保全基本方針の記載事項については、政令（1条1項）で、以下のとおりとする、とされている。

　① 海岸の保全に関する基本的な指針
　② 一の海岸保全基本計画を作成すべき海岸の区分
　③ 海岸保全基本計画の作成に関する基本的な事項

　海岸保全基本方針の内容については、政令（1条2項、3項）で、津波、高潮等による災害の発生の防止、多様な自然環境の保全、人と自然との豊かな触れ合いの確保、海岸利用者の利便の確保等を総合的に考慮して定めるものとする、とされ、また、環境基本法（平成5年法律第91号）15条1項に規定する環境基本計画と調和するものでなければならない、とされている。

　海岸保全基本方針は、海岸保全区域と一般公共海岸区域に係る海岸について、「海岸の防護」、「海岸環境の整備・保全」、「公衆の海岸の適正な利用」の調和のとれた海岸の保全に関する基本的な方針を、全国的観点から定めるものであり、今後の海岸行政の基本方針となるとともに、都道府県知事が海岸保全基本計画（法2条の3参照）を策定するに当たっての方向性を示すものである。

3　本条2項では、海岸保全基本方針を定めようとするときは、事前に、関係行政機関の長（環境大臣、文部科学大臣）に協議しなければならない、とさ

れ、また、本条3項では、海岸保全基本方針を定めたときは、遅滞なく、公表しなければならない、とされている。

4　本条4項では、海岸保全基本方針を変更する場合も、新たに策定する場合と同様の対応が必要であるため、本条2項、3項の規定を準用する、とされている。

5　海岸保全基本方針については、平成11年の海岸法の改正を受けて、平成12年5月16日に策定された（農林水産省・運輸省・建設省告示3号）。平成27年2月2日には、平成26年の海岸法の改正を受けて、変更され（農林水産省・国土交通省告示1号）、また、令和2年11月20日には、海岸保全を、過去のデータに基づきつつ気候変動による影響を明示的に考慮した対策へ転換するため、変更されている（農林水産省・国土交通省告示1号）。

　なお、現在の海岸保全基本計画については、48〜53頁を参照のこと。

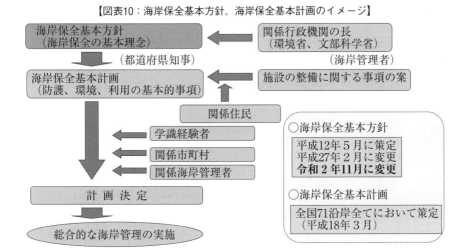

【図表10：海岸保全基本方針、海岸保全基本計画のイメージ】

【法律】

（海岸保全基本計画）

第二条の三　都道府県知事は、海岸保全基本方針に基づき、政令で定めるところにより、海岸保全区域等に係る海岸の保全に関する基本計画（以下「海岸保全基本計画」という。）を定めなければならない。

2　都道府県知事は、海岸保全基本計画を定めようとする場合において必要があると認めるときは、あらかじめ海岸に関し学識経験を有する者の意見を聴かなければならない。

3　都道府県知事は、海岸保全基本計画を定めようとするときは、あらかじめ関係市町村長及び関係海岸管理者の意見を聴かなければならない。

4　都道府県知事は、海岸保全基本計画のうち、海岸保全施設の整備に関する事項で政令で定めるものについては、関係海岸管理者が作成する案に基づいて定めるものとする。

5　関係海岸管理者は、前項の案を作成しようとする場合において必要があると認めるときは、あらかじめ公聴会の開催等関係住民の意見を反映させるために必要な措置を講じなければならない。

6　都道府県知事は、海岸保全基本計画を定めたときは、遅滞なく、これを公表するとともに、主務大臣に提出しなければならない。

7　第二項から前項までの規定は、海岸保全基本計画の変更について準用する。

【関係政令】

（海岸保全基本計画に定める事項）

第一条の二　法第二条の三第一項の海岸保全基本計画に定める事項は、次のとおりとする。

　一　海岸の保全に関する次に掲げる事項
　　イ　海岸の現況及び保全の方向に関する事項
　　ロ　海岸の防護に関する事項
　　ハ　海岸環境の整備及び保全に関する事項
　　ニ　海岸における公衆の適正な利用に関する事項
　二　海岸保全施設の整備に関する次に掲げる事項
　　イ　海岸保全施設の新設又は改良に関する次に掲げる事項

（1）　海岸保全施設を新設又は改良しようとする区域
　　　（2）　海岸保全施設の種類、規模及び配置
　　　（3）　海岸保全施設による受益の地域及びその状況
　　ロ　海岸保全施設の維持又は修繕に関する次に掲げる事項
　　　（1）　海岸保全施設の存する区域
　　　（2）　海岸保全施設の種類、規模及び配置
　　　（3）　海岸保全施設の維持又は修繕の方法
（関係海岸管理者が案を作成すべき事項）
第一条の三　法第二条の三第四項の規定により関係海岸管理者が案を作成すべき海岸保全施設の整備に関する事項は、前条第二号に掲げる事項とする。

【解説】
1　本条は、海岸保全基本計画に関する規定である。平成11年の海岸法の改正で設けられた。
　海岸保全基本計画の策定事務は、都道府県知事が、海岸行政の総括責任者たる立場として行うものであり、国土の保全上の観点から重要な事務であるため、法定受託事務とされている（法40条の4第1項1号参照）。
2　平成11年の海岸法改正前の海岸法では、都道府県知事が「海岸保全施設の整備に関する基本計画」を策定する制度（改正前23条）があったが、以下のような問題点があるとされた。
　①　「海岸環境の整備・保全」、「公衆の海岸の適正な利用」の観点が含まれていないとともに、「海岸の防護」の観点についても、施設の整備水準（外力）に関する内容が不足している。
　②　主流となっている面的防護方式（離岸堤・人工リーフ等の沖合施設の整備、砂浜の養浜、緩傾斜堤防等の整備を複数組み合わせることによる海岸の防護方式）による海岸保全については、その内容が多様化すると同時に、利害関係者の範囲も拡大するため、具体的な整備内容に対する地域住民等の関心も高くなっており、施設の整備・管理を行う海岸管理者の計画策定に対する積極的な関与がなければ、適切かつ円滑な計画策定が難しい。
　③　「海岸保全施設の整備に関する基本計画」の策定手続においては、地

域住民の意向の反映等、計画の客観性・透明性を確保する手続が欠けている。

このため、従前の「海岸保全施設の整備に関する基本計画」の策定制度（改正前23条）が廃止され、「海岸保全基本計画」の策定制度（本条）が新たに設けられた。

【図表11：面的防護方式のイメージ】

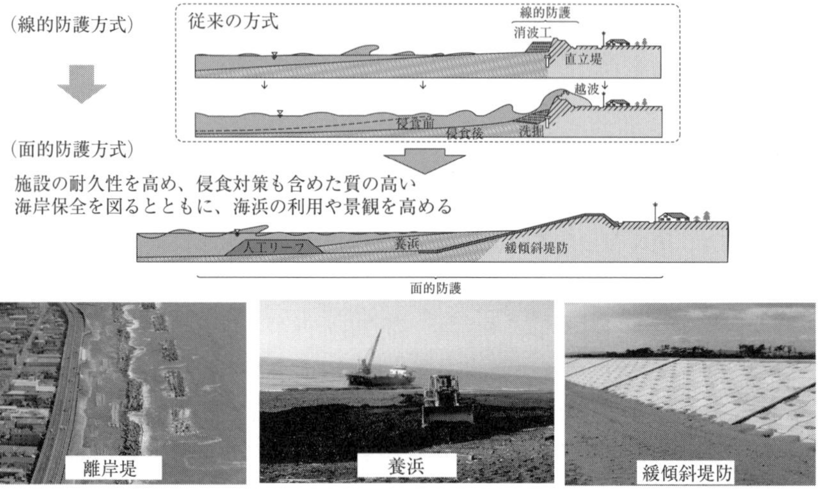

（出典：国土交通省資料）

3　本条1項では、都道府県知事は、海岸保全基本方針に基づき、海岸保全区域と一般公共海岸区域に係る海岸の保全に関する基本計画（海岸保全基本計画）を定めなければならない、とされている。

海岸保全基本計画の記載事項については、政令（1条の2）で、以下のとおりとされている。

　①　海岸の保全に関する事項
　　イ　海岸の現況・保全の方向に関する事項
　　ロ　海岸の防護に関する事項
　　ハ　海岸環境の整備・保全に関する事項
　　ニ　海岸における公衆の適正な利用に関する事項
　②　海岸保全施設の整備に関する事項

イ　海岸保全施設の新設・改良に関する事項
　　　a　海岸保全施設を新設・改良しようとする区域
　　　b　海岸保全施設の種類・規模・配置
　　　c　海岸保全施設による受益の地域・その状況
　　ロ　海岸保全施設の維持・修繕に関する事項
　　　a　海岸保全施設の存する区域
　　　b　海岸保全施設の種類・規模・配置
　　　c　海岸保全施設の維持・修繕の方法
　本条4項では、海岸保全基本計画の記載事項のうち、上記②の海岸保全施設の整備に関する事項については、その具体性・実効性を確保するため、都道府県知事は、関係海岸管理者が作成する案に基づいて定めるものとする、とされ、また、本条5項では、関係海岸管理者は、当該案の作成に当たって必要があると認めるときは、事前に、公聴会の開催など関係住民の意見を反映させるために必要な措置を講じなければならない、とされている。
　「公聴会の開催など関係住民の意見を反映させるために必要な措置」については、関係海岸管理者が、案の内容や、海岸・地域の状況等を踏まえ、公聴会を開催するか、説明会を開催するか等、適宜判断すべきものである。また、この過程においては、関係海岸管理者は、保有する情報をできるだけ関係住民に提供することが重要となると考えられる。
　「意見を反映させるための必要な措置を講じる」ことについては、必ずしも意見に応じて案の内容を変更することを義務付けているものではないが、関係海岸管理者は、関係住民の意見を十分検討した上で、最終的に、案をどのような内容にすべきか判断する必要がある。

4　本条2項では、都道府県知事は、海岸保全基本計画を定めようとする場合で、必要があると認めるときは、事前に、海岸に関し学識経験を有する者の意見を聴かなければならない、とされ、また、本条3項で、都道府県知事は、海岸保全基本計画を定めようとするときは、事前に、関係市町村長と関係海岸管理者の意見を聴かなければならない、とされている。
　本条2項、3項の手続きは、案の作成過程でなく、案が固まった段階で行われるものである。学識経験者からの意見の聴き方については、個別に意見を聴く方法のほか、委員会等を設置して意見を聴く方法もある。

5 本条6項では、都道府県知事は、海岸保全基本計画を定めたときは、遅滞なく、これを公表するとともに、主務大臣に提出しなければならない、とされている。

6 本条7項では、海岸保全基本計画を変更する場合も、新たに策定する場合と同様の対応が必要であるため、本条2項〜6項の規定を準用する、とされている。

7 現在の海岸保全基本計画（91沿岸）については、国土交通省のホームページで、全国の計画を見ることができる（ホームページアドレス〈http://www.mlit.go.jp/river/kaigan/main/coastplan/index.html〉参照）。

【図表12：海岸保全基本計画の一覧】

沿岸名	区域		都道府県名	基本計画（リンク）	策定日
	起点	終点			
北見	宗谷岬	知床岬	北海道	北見沿岸海岸保全基本計画（北海道）	R3.1
根室	知床岬	納沙布岬	北海道	根室沿岸海岸保全基本計画（北海道）	H28.3
十勝釧路	納沙布岬	襟裳岬	北海道	十勝釧路沿岸海岸保全基本計画（北海道）	H28.6
日高胆振	襟裳岬	地球岬	北海道	日高胆振沿岸海岸保全基本計画（北海道）	H28.6
渡島東	地球岬	恵山岬	北海道	渡島東沿岸海岸保全基本計画（北海道）	H28.6
渡島南	恵山岬	白神岬	北海道	渡島南沿岸海岸保全基本計画（北海道）	R2.3
後志檜山	白神岬	積丹岬	北海道	後志檜山沿岸海岸保全基本計画（北海道）	R2.3
石狩湾	積丹岬	雄冬岬	北海道	石狩湾沿岸海岸保全基本計画（北海道）	R2.3
天塩	雄冬岬	宗谷岬	北海道	天塩沿岸海岸保全基本計画（北海道）	R2.3
下北八戸	岩手県界	北海岬	青森県	下北八戸沿岸海岸保全基本計画（青森県）	H29.3
陸奥湾	北海岬	根岸	青森県	陸奥湾沿岸海岸保全基本計画（青森県）	H29.3
津軽	根岸	秋田県界	青森県	津軽沿岸海岸保全基本計画（青森県）	H29.3

第2部　解説編（第2条の3）　49

秋田	青森県界	山形県界	秋田県	秋田沿岸海岸保全基本計画（秋田県）	H28.2
山形	秋田県界	新潟県界	山形県	山形沿岸海岸保全基本計画（山形県）	H28.4
三陸北	青森県界	鮫ヶ崎	岩手県	三陸北沿岸海岸保全基本計画（岩手県）	H28.5
三陸南	鮫ヶ崎	黒崎（牡鹿半島）	岩手県	三陸南沿岸海岸保全基本計画（岩手県）	H28.5
			宮城県	三陸南沿岸海岸保全基本計画（宮城県）	H28.5
仙台湾	黒崎（牡鹿半島）	茶屋ヶ岬	宮城県	仙台湾沿岸海岸保全基本計画（宮城県）	H28.3
			福島県	仙台湾沿岸海岸保全基本計画（福島県）	H28.3
福島	茶屋ヶ岬	茨城県界	福島県	福島沿岸海岸保全基本計画（福島県）	H29.3
茨城	福島県界	千葉県界	茨城県	茨城沿岸海岸保全基本計画（茨城県）	H28.3
千葉東	茨城県界	洲崎	千葉県	千葉東沿岸海岸保全基本計画（千葉県）	R3.3
東京湾	洲崎	剣崎	千葉県	東京湾沿岸海岸保全基本計画（千葉県）	H28.9
			東京都	東京湾沿岸海岸保全基本計画（東京都）	R5.3
			神奈川県	東京湾沿岸海岸保全基本計画（神奈川県）	H28.3
伊豆小笠原諸島	―	―	東京都	伊豆小笠原諸島沿岸海岸保全基本計画（東京都）	H29.4
相模灘	剣崎	静岡県界	神奈川県	相模灘沿岸海岸保全基本計画（神奈川県）	H28.3
新潟北	山形県界	鳥ヶ首岬	新潟県	新潟北沿岸海岸保全基本計画（新潟県）	H28.8
佐渡	―	―	新潟県	佐渡沿岸海岸保全基本計画（新潟県）	H28.8
富山湾	鳥ヶ首岬	石川県界	新潟県	富山湾沿岸海岸保全基本計画（新潟県）	H28.8
			富山県	富山湾沿岸海岸保全基本計画（富山県）	H28.8

能登半島	富山県界	高岩岬	石川県	能登半島沿岸海岸保全基本計画（石川県）	H28.7
加越	高岩岬	越前岬	福井県	加越沿岸海岸保全基本計画（福井県）	H28.3
			石川県	加越沿岸海岸保全基本計画（石川県）	H28.7
伊豆半島	神奈川県界	大瀬崎	静岡県	伊豆半島沿岸海岸保全基本計画（静岡県）	H27.12
駿河湾	大瀬崎	御前崎	静岡県	駿河湾沿岸海岸保全基本計画（静岡県）	H27.12
遠州灘	御前崎	伊良湖岬	静岡県	遠州灘沿岸海岸保全基本計画（静岡県）	H27.12
			愛知県	遠州灘沿岸海岸保全基本計画（愛知県）	H27.12
三河湾・伊勢湾	伊良湖岬	神前岬	愛知県	三河湾・伊勢湾 沿岸海岸保全基本計画（愛知県）	H27.12
			三重県	三河湾・伊勢湾 沿岸海岸保全基本計画（三重県）	H27.12
熊野灘	神前岬	潮岬	三重県	熊野灘沿岸海岸保全基本計画（三重県）	H28.3
			和歌山県	熊野灘沿岸海岸保全基本計画（和歌山県）	H29.11
若狭湾	越前岬	京都府界	福井県	若狭湾沿岸海岸保全基本計画（福井県）	H28.3
丹後	福井県界	兵庫県界	京都府	丹後沿岸海岸保全基本計画（京都府）	H30.7
但馬	京都府界	鳥取県界	兵庫県	但馬沿岸海岸保全基本計画（兵庫県）	R3.9
紀州灘	潮岬	大阪府界	和歌山県	紀州灘沿岸海岸保全基本計画（和歌山県）	R5.6
大阪湾	和歌山県界	明石市東境界	兵庫県	大阪湾沿岸海岸保全基本計画（兵庫県）	R3.9
			大阪府	大阪湾沿岸海岸保全基本計画（大阪府）	R3.9
播磨	明石市東境界	岡山県界	兵庫県	播磨沿岸海岸保全基本計画（兵庫県）	R3.9
淡路	―	―	兵庫県	淡路沿岸海岸保全基本計画（兵庫県）	R3.9
鳥取	兵庫県界	島根県界	鳥取県	鳥取沿岸海岸保全基本計画（鳥取県）	R2.3

島根	鳥取県界	山口県界	島根県	島根沿岸海岸保全基本計画（島根県）	R3.3
隠岐	—	—	島根県	隠岐沿岸海岸保全基本計画（島根県）	H29.3
山口北	島根県界	下関市豊浦町南境界	山口県	山口北沿岸海岸保全基本計画（山口県）	H29.3
山口南	下関市豊浦町南境界	広島県界	山口県	山口南沿岸海岸保全基本計画（山口県）	H29.3
広島	山口県界	岡山県界	広島県	広島沿岸海岸保全基本計画（広島県）	R6.11
岡山	広島県界	兵庫県界	岡山県	岡山沿岸海岸保全基本計画（岡山県）	H30.3
讃岐阿波	三崎（三豊市）	孫崎（鳴門）	徳島県	讃岐阿波沿岸海岸保全基本計画（徳島県）	R2.9
			香川県	讃岐阿波沿岸海岸保全基本計画（香川県）	H27.12
紀伊水道西	孫崎（鳴門）	蒲生田岬	徳島県	紀伊水道西沿岸海岸保全基本計画（徳島県）	R2.9
海部灘	蒲生田岬	室戸岬	徳島県	海部灘沿岸海岸保全基本計画（徳島県）	R2.9
			高知県	海部灘沿岸海岸保全基本計画（高知県）	H29.3
土佐湾	室戸岬	足摺岬	高知県	土佐湾沿岸海岸保全基本計画（高知県）	R6.10
豊後水道東	足摺岬	佐田岬	高知県	豊後水道東沿岸海岸保全基本計画（高知県）	H29.3
			愛媛県	豊後水道東沿岸海岸保全基本計画（愛媛県）	H27.9
伊予灘	佐田岬	錨掛ノ鼻	愛媛県	伊予灘沿岸海岸保全基本計画（愛媛県）	H27.9
燧灘	錨掛ノ鼻	三崎（三豊市）	愛媛県	燧灘沿岸海岸保全基本計画（愛媛県）	H27.9
			香川県	燧灘沿岸海岸保全基本計画（香川県）	H27.12
玄界灘	佐賀県界	北九州市西境界	福岡県	玄界灘沿岸海岸保全基本計画（福岡県）	H28.3
豊前豊後	北九州市西境界	関崎	福岡県	豊前豊後沿岸海岸保全基本計画（福岡県）	H28.3

			大分県	豊前豊後沿岸海岸保全基本計画（大分県）	R3.3
豊後水道西	関崎	宮崎県界	大分県	豊後水道西沿岸海岸保全基本計画（大分県）	H28.3
日向灘	大分県界	鹿児島県界	宮崎県	日向灘沿岸海岸保全基本計画（宮崎県）	H27.3
大隅	宮崎県界	佐多岬	鹿児島県	大隅沿岸海岸保全基本計画（鹿児島県）	H30.3
鹿児島湾	佐多岬	長崎鼻（薩摩半島）	鹿児島県	鹿児島湾沿岸海岸保全基本計画（鹿児島県）	H30.3
薩摩	長崎鼻（薩摩半島）	大崎（長島）	鹿児島県	薩摩沿岸海岸保全基本計画（鹿児島県）	H30.3
薩南諸島	—	—	鹿児島県	薩南諸島沿岸海岸保全基本計画（鹿児島県）	H30.3
八代海	大崎（長島）	小松崎（天草下島）	熊本県	八代海沿岸海岸保全基本計画（熊本県）	H27.12
			鹿児島県	八代海沿岸海岸保全基本計画（鹿児島県）	H30.3
有明海	長崎鼻（天草下島）	瀬詰崎	熊本県	有明海沿岸海岸保全基本計画（熊本県）	H27.12
			佐賀県	有明海沿岸海岸保全基本計画（佐賀県）	H27.12
			福岡県	有明海沿岸海岸保全基本計画（福岡県）	H27.12
			長崎県	有明海沿岸海岸保全基本計画（長崎県）	H27.12
天草西	小松崎（天草下島）	長崎鼻（天草下島）	熊本県	天草西沿岸海岸保全基本計画（熊本県）	H27.12
橘湾	瀬詰崎	野母崎	長崎県	橘湾沿岸海岸保全基本計画（長崎県）	R4.12

西彼杵	野母崎	西海橋（西海市側）	長崎県	西彼杵沿岸海岸保全基本計画（長崎県）	R4.12
大村湾	西海橋（西海市側）	西海橋（佐世保市側）	長崎県	大村湾沿岸海岸保全基本計画（長崎県）	R4.12
松浦	西海橋（佐世保市側）	福岡県界	長崎県	松浦沿岸海岸保全基本計画（長崎県）	H27.12
			佐賀県	松浦沿岸海岸保全基本計画（佐賀県）	H27.12
五島・壱岐・対馬	—	—	長崎県	五島・壱岐・対馬沿岸海岸保全基本計画（長崎県）	R4.12
琉球諸島	—	—	沖縄県	琉球諸島沿岸海岸保全基本計画（沖縄県）	R5.3

（令和6年11月時点）

【図表13:海岸保全基本計画の「沿岸」の位置図】

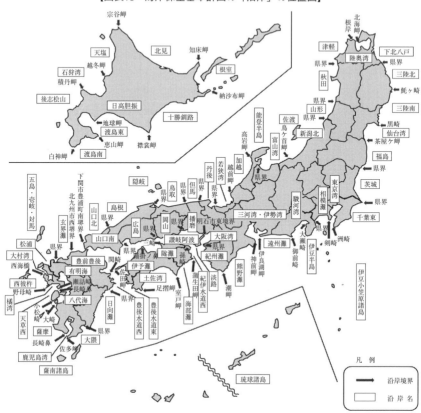

(出典:国土交通省資料)

【法律】

（海岸保全区域の指定）

第三条　都道府県知事は、海水又は地盤の変動による被害から海岸を防護するため海岸保全施設の設置その他第二章に規定する管理を行う必要があると認めるときは、防護すべき海岸に係る一定の区域を海岸保全区域として指定することができる。ただし、河川法（昭和三十九年法律第百六十七号）第三条第一項に規定する河川の河川区域、砂防法（明治三十年法律第二十九号）第二条の規定により指定された土地又は森林法（昭和二十六年法律第二百四十九号）第二十五条第一項若しくは第二十五条の二第一項若しくは第二項の規定による保安林（同法第二十五条の二第一項後段又は第二項後段において準用する同法第二十五条第二項の規定による保安林を除く。以下次項において「保安林」という。）若しくは同法第四十一条の規定による保安施設地区（以下次項において「保安施設地区」という。）については、指定することができない。

2　都道府県知事は、前項ただし書の規定にかかわらず、海岸の防護上特別の必要があると認めるときは、保安林又は保安施設地区の全部又は一部を、農林水産大臣（森林法第二十五条の二の規定により都道府県知事が指定した保安林については、当該保安林を指定した都道府県知事）に協議して、海岸保全区域として指定することができる。

3　前二項の規定による指定は、海岸法の目的を達成するため必要な最小限度の区域に限つてするものとし、陸地においては満潮時（指定の日の属する年の春分の日における満潮時をいう。）の水際線から、水面においては干潮時（指定の日の属する年の春分の日における干潮時をいう。）の水際線からそれぞれ五十メートルをこえてしてはならない。ただし、地形、地質、潮位、潮流等の状況により必要やむを得ないと認められるときは、それぞれ五十メートルをこえて指定することができる。

4　都道府県知事は、第一項又は第二項の規定により海岸保全区域を指定するときは、主務省令で定めるところにより、当該海岸保全区域を公示するとともに、その旨を主務大臣に報告しなければならない。これを廃止するときも、同様とする。

5　海岸保全区域の指定又は廃止は、前項の公示によつてその効力を生ずる。

【関係省令】
（地方公共団体が所有する海岸の土地に係る公共海岸の指定及び公示等）
第一条の四　（略）
2　法第二条第二項の規定により指定された公共海岸の土地又は水面の公示は、次の各号の一以上により当該公共海岸の土地又は水面の区域を明示して、公報に掲載して行うものとする。
　一　市町村、大字、字、小字及び地番
　二　一定の地物、施設、工作物又はこれらからの距離及び方向
　三　平面図
3　前項の規定は、法第三条第四項、第五条第八項及び第九項並びに第三十七条の三第四項の規定により行う公示について準用する。

【解説】
1　本条は、海岸保全区域の指定権者、指定範囲、手続に関する規定である。
　　海岸保全区域の指定事務は、都道府県知事が、海岸行政の総括責任者たる立場として行うものであり、国土の保全上の観点から重要な事務であるため、法定受託事務とされている（法40条の4第1項1号参照）。
2　本条1項では、都道府県知事は、海水・地盤の変動による被害から海岸を防護するため、海岸保全施設の設置、そのほか法2章に規定する管理を行う必要があると認めるときは、防護すべき海岸に係る一定の区域を、海岸保全区域として指定することができる、とされ、また、ただし書きで、河川区域等の区域は指定できない、とされている。
　　海岸保全区域を指定できる者は、当該海岸の区域を管轄する都道府県知事である。当該都道府県知事は、海岸保全区域の海岸管理者という立場ではなく、海岸保全基本計画を策定するのと同様に、海岸行政の総括責任者たる立場として行うものである。
　　なお、海岸は、道路等の人工公物と異なり、自然のままで公共の用に供される自然公物であるため、道路法のような供用開始行為はない。また、用途の廃止については、「自然公物の廃止は、有限で回復困難な資源を失うこと

を意味するので、環境保全の観点から、住民参加の下で慎重な事前手続きが行われなければならない。」、「自然公物の廃止は、可能な限り回避すべきであるが、どうしても避けられない場合には、代償措置（海岸埋立ての代償として人口渚の設置等）をとるべきである。」、との有力な見解がある（『行政法概説 Ⅲ 行政組織法／公務員法／公物法［第6版］』宇賀克也 著、641頁、参照）。ちなみに、公物に対して、私人が長く占有した場合に、取得時効が認められるか否かについては、最高裁判決（昭和51年12月24日）では、公物に公用廃止（黙示を含む。）が認められる場合に限って、私人の取得時効を認めており、自然の状態のままで直接公衆により使用されている海浜地は取得時効の対象とならないと解されている（同旨、札幌高裁判決〈昭和49年10月30日〉）。

3　海岸保全区域を指定できる海岸の区域は、海水・地盤による被害から海岸を防護するため、海岸保全施設の設置、占用や一定の行為に対する行政処分等を講じる必要のある海岸の区域である。国有地、公有地だけでなく、民有地も対象となる。ちなみに、海面下の土地（海水と一体となった土地）が私的所有権の対象となるか否かについては、法律上の明文の規定はないが、最高裁判決（昭和61年12月16日、いわゆる田原湾干潟訴訟上告審判決）では、海は、「古来より自然の状態のままで一般公衆の共同使用に供されてきたところのいわゆる公共用物であって、国の直接の公法的支配管理に服し、特定人による排他的支配の許されないものであるから、そのままの状態においては、所有権の客体となる土地に当たらない」と判示されている。

　海岸法の目的は、「海岸の防護」、「海岸環境の整備・保全」、「公衆の海岸の適正な利用」であり、海岸保全区域についても、その管理は、これら3つの観点から行われるものであるが、あくまで、海岸保全区域は、「海岸の防護」の観点から指定を行う区域となっている。

　海岸保全区域の管理の手段は、海岸保全施設の新設・改良・維持修繕等の事実行為だけでなく、占用や一定の行為に対する規制措置もあるため、事実行為を行う必要はないが、規制措置を講じる必要がある場合にも、指定することができる。

4　本条1項のただし書きでは、海岸保全区域を指定できない区域を規定している。

これは、海岸については、昭和31年の海岸法の制定前にも、海岸を対象とした様々な行政が行われていたが、特に、海岸を直接対象として、国土保全の見地から区域を定めて行政が行われている場合に、これらの区域と重複して海岸保全区域が指定されると、同一目的の行政が同一の区域内で重複して行われることとなり、不適当であるため、既にこれらの区域が指定されている場合には、当該区域は、海岸保全区域を指定できないこととしたものである。

　海岸保全区域が指定できない区域は、以下のとおりである。

① 河川区域（河川法3条1項に規定する河川〈1級河川、2級河川〉の河川区域）
② 砂防指定地（砂防法2条の規定により指定された土地）
③ 保安林（森林法25条1項、25条の2第1項前段・2項前段の規定による保安林）
④ 保安施設地区（森林法41条の規定による保安施設地区）

　このほか、海岸法には規定されていないが、以下の区域は、施設管理の見地から厳密な行為規制が行われているので、指定を行わないものとする、とされる（参考：「海岸法の施行について」〈昭和31年11月10日、事務次官通達一3参照〉）。

① 国際空港（成田・東京国際・中部・関西・大阪）・地方管理空港の用地
② 鉄道事業用地
③ 軌道事業用地

5　本条2項では、海岸保全区域を指定できない場合の特例が規定されている。

　保安林・保安施設地区は、原則として海岸保全地区は指定できないが、保安林・保安施設地区の指定は、国土保全の目的だけに行われるのでなく、火災の防備、魚つき、航行の目標の保存、公衆の保健、名所・旧跡の風致の保存といった他の目的で行われることもある。そのような場合には、国土保全の見地から、海岸保全区域を指定しても、なんら行政が重複化することはない。

　このため、本条2項では、都道府県知事は、本条1項のただし書きの規定にかかわらず、

　・海岸の防護上特別の必要があると認めるときは、保安林・保安施設地区

の全部、または一部を、
・農林水産大臣（森林法25条の2の規定により都道府県知事が指定した保安林については、当該保安林を指定した都道府県知事）に協議して、
・海岸保全区域として指定することができる、

とされている。

なお、森林法でも、海岸保全区域には、保安林・保安施設地区を指定することはできないとするとともに、国土保全以外の目的のために特別の必要があるときは、農林水産大臣は、海岸管理者に協議して、指定することができる、とされている（森林法25条1項・2項、25条の2第1項・2項）。

6　海岸保全区域の指定は、民有地でも行うことができ、指定されると、一定の行為に対する規制措置が講じられることになるが、公益と私益のバランスを図り、私人の権利制限は必要最小限にとどめる必要がある。

このため、本条3項では、
・指定は、海岸法の目的を達成するため、必要な最小限度の区域に限つてするものとし、
・陸地においては、満潮時（指定の日の属する年の春分の日における満潮時をいう。）の水際線から、また、水面においては、干潮時（指定の日の属する年の春分の日における干潮時をいう。）の水際線から、それぞれ50mを超えてしてはならない、とされ、また、
・ただし書きで、地形・地質・潮位・潮流等の状況により必要やむを得ないと認められるときは、それぞれ50mを超えて指定することができる、

とされている。

指定の範囲は、上限の数値を示しているのであって、この範囲内であっても、必要最小限度の範囲で指定する必要がある。

海岸保全区域の限界の基準を、指定の日に属する年度の春分の日としたのは、当該日の潮位の干満の差が最大であり、毎年その潮位にほとんど変動がないからである。

ちなみに、一般公共海岸区域の水面の限界については、公共海岸の定義（法2条2項）によるので、陸地と一体として管理を行う必要がある低潮線（海水面が最も低くなったときの陸地と海水面との境界）までであり、海岸保全区域の水面の限界と異なることに留意する必要がある。

本条3項のただし書きでは、地形・地質・潮位・潮流等の状況により必要やむを得ないと認められるときは、それぞれ50mを超えて指定することができるとされているが、これは、海岸の状況は様々であって、一律に取り扱うことが困難な場合があることに鑑みて、設けられた特例である。

例えば、海岸保全施設が水際線より50mを超えるところに設置されている場合、設置される計画がある確定している場合や、海岸の侵食が甚だしく海岸の保全上必要がある場合がある。

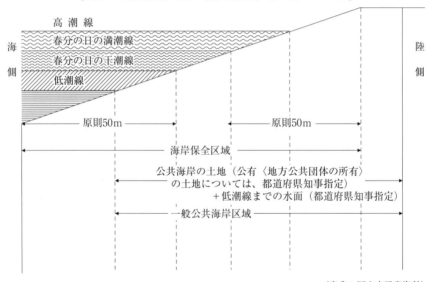

【図表14：海岸保全区域と一般公共海岸区域の幅のイメージ】

(出典：国土交通省資料)

7　本条4項では、都道府県知事は、海岸保全区域を指定するときは、当該海岸保全区域を公示するとともに、その旨を主務大臣に報告しなければならない（廃止するときも、同様）、とされている。

公示の方法については、省令（1条の4第2項、3項）で、以下のうち一つ以上の方法で、土地・水面の区域を明示して、公報に掲載して行うものとする、とされている。

① 市町村・大字・字・小字・地番

② 一定の地物・施設・工作物、またはこれらからの距離・方向
　　③ 平面図
8　本条5項では、海海岸保全区域の指定・廃止は、本条4項の公示によって効力を生ずる、とされている。
　海岸保全区域については、占用や一定の行為に対する規制措置が講じられるため、指定・廃止は、当該区域内の私人の権利義務に影響を及ぼすものであることから、対外的な周知措置がなければ、私人は不測の損害を被る恐れがある。
　このため、本条5項では、海岸保全区域の指定・廃止は、その公示がなければ、効力が発生しないこととしている。指定の公示を行う前に、私人の権利を制限する行政処分を行うと、当該行政処分は違法となる。

【法律】

(指定についての協議)

第四条　都道府県知事は、港湾法(昭和二十五年法律第二百十八号)第二条第三項に規定する港湾区域(以下「港湾区域」という。)、同法第三十七条第一項に規定する港湾隣接地域(以下「港湾隣接地域」という。)若しくは同法第五十六条第一項の規定により都道府県知事が公告した水域(以下この条及び第四十条において「公告水域」という。)、排他的経済水域及び大陸棚の保全及び利用の促進のための低潮線の保全及び拠点施設の整備等に関する法律(平成二十二年法律第四十一号)第九条第一項の規定により国土交通大臣が公告した水域(以下この条及び第四十条において「特定離島港湾区域」という。)又は漁港及び漁場の整備等に関する法律(昭和二十五年法律第百三十七号)第六条第一項から第四項までの規定により市町村長、都道府県知事若しくは農林水産大臣が指定した漁港の区域(以下「漁港区域」という。)の全部又は一部を海岸保全区域として指定しようとするときは、港湾区域又は港湾隣接地域については港湾管理者に、公告水域については公告水域を管理する都道府県知事に、特定離島港湾区域については国土交通大臣に、漁港区域については漁港管理者に協議しなければならない。

2　港湾管理者が港湾区域について前項の規定による協議に応じようとする場合において、当該港湾が港湾法第二条第二項に規定する国際戦略港湾、国際拠点港湾又は重要港湾であるときは、港湾管理者は、あらかじめ国土交通大臣に協議しなければならない。

【解説】

1　本条は、港湾区域・港湾隣接地域・公告水域、特定離島港湾区域、漁港区域に海岸保全区域を重複して指定する場合の手続に関する規定である。

2　本条1項では、都道府県知事は、
　・港湾区域(港湾法2条3項に規定する港湾区域)、
　・港湾隣接地域(同法37条1項に規定する港湾隣接地域)、
　・公告水域(同法56条1項の規定により、都道府県知事が公告した水域)、

・特定離島港湾区域（排他的経済水域及び大陸棚の保全及び利用の促進のための低潮線の保全及び拠点施設の整備等に関する法律」〈低潮線保全法〉9条1項の規定により国土交通大臣が公告した水域）、または
・漁港区域（漁港及び漁場の整備等に関する法律6条1項～4項の規定により市町村長・都道府県知事・農林水産大臣が指定した漁港の区域）

の全部、または一部を海岸保全区域として指定しようとするときは、
・港湾区域・港湾隣接地域については、港湾管理者に、
・公告水域については、公告水域を管理する都道府県知事に、
・特定離島港湾区域については、国土交通大臣に、
・漁港区域については、漁港管理者に

協議しなければならない、とされている。

3　法3条のとおり、河川区域、砂防指定地、保安林・保安施設地区には、原則として、海岸保全区域を重複して指定することはできないが、上記の港湾区域等の区域については、重複して指定することを原則としているのは、港湾区域等の指定の目的や当該区域で行われる管理が、河川区域等のものと異なり、海岸保全区域のものと一致しないためである。

例えば、法の目的については、
・海岸法の目的は、「海岸を防護するとともに、海岸環境の整備・保全、公衆の適正な利用を図り、もって国土の保全に資すること」

であるのに対して、
・港湾法（「港湾区域」、「港湾隣接地域」、「公告水域」を規定する。）の目的は、「交通の発達と、国土の適正な利用・均衡ある発展に資するため、環境の保全に配慮しつつ、港湾の秩序ある整備・適正な運営を図るとともに、航路を開発し、保全すること」であり、
・低潮線保全法（「特定離島港湾区域」を規定する。）の目的は、「～排他的経済水域等の保全・利用に関する活動の拠点として重要な離島における拠点施設の整備等に関し、基本計画の策定、～特定離島港湾施設の建設等の措置を講ずることにより、排他的経済水域等の保全・利用の促進を図り、もって我が国の経済社会の健全な発展・国民生活の安定向上に寄与すること」であり、
・漁港及び漁場の整備等に関する法律（「漁港区域」を規定する。）の目的

は、「水産業の健全な発展・これによる水産物の供給の安定を図るため、環境との調和に配慮しつつ、漁港漁場整備事業を総合的・計画的に推進し、漁港の維持管理を適正にし、もつて国民生活の安定・国民経済の発展に寄与し、あわせて豊かで住みよい漁村の振興に資すること」である。

もっとも、港湾法、低潮線保全法、漁港法に基づく管理においても、国土保全の観点が全くないとはいえず、例えば、その工事においては海岸保全施設の工事に類似した工事が行われ、区域における規制についても海岸保全区域と類似した規制が行われるが、国土保全の観点は、海岸保全区域におけるものよりも強いものではない。

このようなことから、海岸保全区域を重複して指定することを原則としたのである。

なお、一般公共海岸区域（海岸保全区域以外の公共海岸の区域）については、一般公共海岸区域における管理水準を踏まえ、海岸保全区域と異なり、一定の施設管理者が権原に基づき管理する土地は、そもそも一般公共海岸区域の対象から除外されている（法2条2項参照）。

ちなみに、前記の「港湾区域」・「港湾隣接地域」・「港湾管理者」、「公告水域」、「特定離島港湾区域」、「漁港区域」・「漁港管理者」の意義は、以下のとおりである。

・港湾区域：港湾管理者が、港湾区域として定めるものである。国際戦略港湾、国際拠点港湾、重要港湾港、避難港であって都道府県が港務局・一部事務組合の設立に加わっているものについては、国土交通大臣の同意を要し、その他の避難港については、予定港湾区域を地先水面とする地域の都道府県知事の同意を要する（港湾法4条4項、33条2項）。なお、港湾区域は水域であって、陸域は含まれない（港湾法2条3項）。

・港湾隣接区域：港湾区域に隣接する地域であって、港湾管理者が指定する区域である（港湾法37条1項）。港湾隣接区域は、港湾区域外100m以内で、港湾区域・港湾区域に隣接する地域を保全するために必要最小限度の範囲に限られる（港湾法37条の2第1項）。港湾隣接区域を指定しようとするときは、事前に、期日・場所・指定しようとする地域を公告して、公聴会を開き、利害関係を有する者に指定に関する意見を述べる機会を与えなければならない（港湾法37条の2第2項）。

- 港湾管理者：地方公共団体（一部事務組合等を含む。港湾法33条の規定による。）、独立した法人格のある港務局（港湾法２章１節の規定により設立される。現状では、新居浜港のみ）
- 公告水域：港湾区域の定めのない港湾（港湾管理者がいない港湾）で、予定する水域を地先水面とする地域の都道府県知事が定めて公告した水域である（港湾法56条１項）。
- 特定離島港湾区域：特定離島港湾施設がある港湾において、港湾の利用・保全上、特に必要があると認めて国土交通大臣が水域を定めるものである（低潮線保全法９条１項）。
- 漁港区域：原則として、以下の漁港の区分により、以下の者が、漁港の指定に当たって定めるものである（漁港及び漁場の整備等に関する法律６条１項〜４項、例外として、５項、６項）。なお、「漁港」とは、「天然又は人工の漁業根拠地となる水域及び陸域並びに施設の総合体」（漁港及び漁場の整備等に関する法律２条）であるため、港湾区域と違って、陸域を含む。
    - 第１種漁港（利用範囲が地元の漁業を主とするもの）で、その区域が一の市町村の区域に限られるもの：市町村長が、関係地方公共団体の意見を聴いて、定める。
    - 第１種漁港で、その区域が２以上の市町村の区域にわたるもの、第２種漁港（利用範囲が第１種漁港よりも広く、第３種漁港に属しないもの）：都道府県知事が、関係地方公共団体の意見を聴いて、定める。
    - その区域が２以上の都道府県の区域にわたる第１種漁港・第２種漁港：前記の二つの定めにかかわらず、農林水産大臣が、水産政策審議会の議を経、かつ、関係地方公共団体の意見を聴いて、定める。
    - 第３種漁港（利用範囲が全国的なもの）、第４種漁港（離島等の辺地にあって漁場の開発、漁船の避難上特に必要なもの）：農林水産大臣が、水産政策審議会の議を経、かつ、関係地方公共団体の意見を聴いて、定める。
- 漁港管理者：原則として、以下の漁港の区分により、以下の者である（漁港及び漁場の整備等に関する法律25条１項、例外として、２項）。

- ・第1種漁港で、所在地が一つの市町村に限られるもの：当該漁港の所在地の市町村
- ・第1種漁港以外の漁港で所在地が一つの都道府県に限られるもの：当該漁港の所在地の都道府県
- ・前記二つの漁港以外の漁港：農林水産大臣が、水産政策審議会の議を経て定める基準に従い、かつ、関係地方公共団体の意見を聴いて、当該漁港の所在地の地方公共団体のうちから告示で指定する一つの地方公共団体

4　本条2項では、港湾管理者が、港湾区域について本条1項の規定による協議に応じようとする場合で、当該港湾が港湾法2条2項に規定する国際戦略港湾・国際拠点港湾・重要港湾であるときは、港湾管理者は、事前に、国土交通大臣に協議しなければならない、とされている。

　協議については、以前は、「同意を保なければならない」と規定されていたが、平成11年の地方分権改革一括法による海岸法改正で、国の関与を最小限とする観点から、協議に変更された。

【法律】

第二章　海岸保全区域に関する管理

（管理）

第五条　海岸保全区域の管理は、当該海岸保全区域の存する地域を統括する都道府県知事が行うものとする。

2　前項の規定にかかわらず、市町村長が管理することが適当であると認められる海岸保全区域で都道府県知事が指定したものについては、当該海岸保全区域の存する市町村の長がその管理を行うものとする。

3　前二項の規定にかかわらず、海岸保全区域と港湾区域若しくは港湾隣接地域又は漁港区域とが重複して存するときは、その重複する部分については、当該港湾区域若しくは港湾隣接地域の港湾管理者の長又は当該漁港の漁港管理者である地方公共団体の長がその管理を行うものとする。

4　第一項及び第二項の規定にかかわらず、港湾区域若しくは港湾隣接地域又は漁港区域に接する海岸保全区域のうち、港湾管理者の長又は漁港管理者である地方公共団体の長が管理することが適当であると認められ、かつ、都道府県知事と当該港湾管理者の長又は漁港管理者である地方公共団体の長とが協議して定める区域については、当該港湾管理者の長又は漁港管理者である地方公共団体の長がその管理を行うものとする。

5　前四項の規定にかかわらず、海岸管理者を異にする海岸保全区域相互にわたる海岸保全施設で一連の施設として一の海岸管理者が管理することが適当であると認められるものがある場合において、第四十条第二項の規定による関係主務大臣の協議が成立したときは、当該協議に基きその管理を所掌する主務大臣の監督を受ける海岸管理者がその管理を行うものとする。

6　市町村の長は、海岸管理者との協議に基づき、政令で定めるところにより、当該市町村の区域に存する海岸保全区域の管理の一部を行うことができる。

7　都道府県知事は、第二項の規定による指定をしようとするときは、あ

らかじめ当該市町村長の意見をきかなければならない。
8　都道府県知事は、第二項の規定により指定をするとき、又は第四項の規定により協議して区域を定めるときは、主務省令で定めるところにより、これを公示するとともに、その旨を主務大臣に報告しなければならない。これを変更するときも、同様とする。
9　市町村長は、第六項の規定により協議して海岸保全区域の管理を行うときは、主務省令で定めるところにより、これを公示しなければならない。これを変更するときも、同様とする。
10　第二項に規定する指定並びに第四項及び第六項に規定する協議は、前二項の公示によつてその効力を生ずる。

【関係政令】
（市町村の長が行うことができる管理）
第一条の四　法第五条第六項の規定により市町村の長が行うことができる管理は、法第四十条の四第一項第一号に規定する事務以外のものとする。
2　法第五条第六項の規定により市町村の長が海岸保全区域の管理の一部を行う場合においては、法中海岸保全区域の管理に関する事務であつて法第四十条の四第一項第一号に規定する事務以外のものに係る海岸管理者に関する規定は、市町村の長に関する規定として市町村の長に適用があるものとする。

【関係省令】
（地方公共団体が所有する海岸の土地に係る公共海岸の指定及び公示等）
第一条の四　（略）
2　法第二条第二項の規定により指定された公共海岸の土地又は水面の公示は、次の各号の一以上により当該公共海岸の土地又は水面の区域を明示して、公報に掲載して行うものとする。
　一　市町村、大字、字、小字及び地番
　二　一定の地物、施設、工作物又はこれらからの距離及び方向
　三　平面図
3　前項の規定は、法第三条第四項、<u>第五条第八項及び第九項</u>並びに第三十七条の三第四項の規定により行う公示について準用する。

【解説】
1　本条は、海岸保全区域の管理の主体に関する規定である。

海岸保全区域の「管理」には、原則として、海岸保全施設の新設・改良・維持・修繕等といった事実行為だけでなく、海岸保全区域内の占用や一定の行為に対する行政処分等も含まれる。

海岸保全区域の管理事務のうち、海岸保全施設に関する工事に係る事務は、国土の保全上の観点から重要な事務であるため、法定受託事務とされる一方、それ以外の事務は、日常的な管理事務であるため、自治事務とされている（法40条の4参照）。

2　本条1項では、海岸保全区域の管理は、当該海岸保全区域の存する地域を統括する都道府県知事が行うものとする、とされている。

これは、海岸法の制定前の海岸管理の実態等を踏まえ、原則として、都道府県知事が管理を行うとしたものである。

3　本条2項では、本条2項の規定にかかわらず、市町村長が管理することが適当である場合も考えられることから、適当と認められる海岸保全区域で、都道府県知事が指定したものについては、当該海岸保全区域の存する市町村長が管理を行うものとする、とされている。

本条7項では、都道府県知事は、上記の指定をしようとするときは、事前に、市町村長の意見をきかなければならない、とされている。

本条8項では、都道府県知事は、上記の指定をするときは、公示するとともに、その旨を主務大臣に報告しなければならない（変更するときも同様）、とされている。

公示の方法については、政令（1条の4第2項、3項）で、以下の一つ以上により、区域を明示して、公報に掲載して行うものとする、とされている。

①　市町村・大字・字・小字・地番
②　一定の地物・施設・工作物、またはこれらからの距離・方向
③　平面図

本条10項では、上記の指定は、公示によって効力が生じる、とされている。

4　本条3項では、本条1項、2項の規定にかかわらず、
・海岸保全区域と港湾区域、港湾隣接地域、または漁港区域とが重複するときは、
・重複する部分については、港湾区域・港湾隣接地域の港湾管理者の長、または漁港の漁港管理者である地方公共団体の長が、管理を行うものと

する、

とされている。

　これは、港湾区域・港湾隣接地域、漁港区域は、港湾法、漁港及び漁場の整備等に関する法律に基づき、港湾管理者、漁港管理者が港湾行政、漁港行政の観点から管理を行っているため、これら区域と重複する海岸保全区域の管理は、港湾管理者の長、漁港管理者である地方公共団体の長に委任することが、事務を執行する上で、便宜であるためである。

　なお、公告水域の管理は、港湾法56条の規定により、都道府県知事が行うことになっているため、港湾区域・港湾隣接地域と異なり、本条のような特例規定は置かれていない。

【図表15：海岸保全区域の管理者とその管理延長】

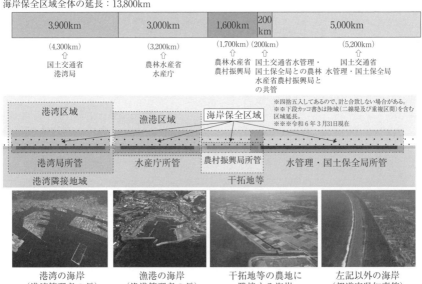

（出典：国土交通省資料）

5　本条4項では、本条1項、2項の規定にかかわらず、

　　・港湾区域、港湾隣接地域、または漁港区域に接する海岸保全区域のうち、港湾管理者の長、または漁港管理者である地方公共団体の長が管理する

ことが適当であると認められ、かつ、
・都道府県知事と港湾管理者の長、または漁港管理者である地方公共団体の長とが協議して定める区域については、
・当該港湾管理者の長、または漁港管理者である地方公共団体の長がその管理を行うものとする、
とされている。
　港湾区域等の幅が狭い場合や、港湾隣接地域の指定がされていない場合には、海岸保全区域の幅と港湾区域等の幅が一致しないで、海岸保全区域の一部が港湾区域等からはみ出す場合があるが、このような場合には、当該部分は、港湾区域等と一体的に港湾管理者等の長に管理させることが適当である場合が多い。このため、このような規定が設けられた。
　本条8項では、都道府県知事は、上記の協議をして区域を定めるときは、公示するとともに、その旨を主務大臣に報告しなければならない（変更するときも同様）、とされている。
　公示の方法については、政令（1条の4第2項、3項）で、以下の一つ以上により、区域を明示して、公報に掲載して行うものとする、とされている。
① 市町村・大字・字・小字・地番
② 一定の地物・施設・工作物、またはこれらからの距離・方向
③ 平面図
　本条10項では、上記の協議は、公示によって効力が生じる、とされている。
6　本条5項では、本条1項〜4項の規定にかかわらず、
・海岸管理者を異にする海岸保全区域相互にわたる海岸保全施設で、
・一連の施設として、一つの海岸管理者が管理することが適当であると認められるものがある場合に、
・法40条2項の規定による関係主務大臣の協議が成立したときは、当該協議に基き、管理を所掌する主務大臣の監督を受ける海岸管理者がその管理を行うものとする、
とされている。
　これは、海岸保全施設の中には、海岸管理者を異にする海岸保全区域にわたって設置されていたり、新設することが必要である場合があり、このような海岸保全施設の管理は、一つの海岸管理者が行うことが経済的にも、技術

的にも便宜であるため、このような規定が設けられたものである。

　管理の内容については、関係主務大臣の協議によって、具体的に定められる。

　なお、この特例は、主務大臣を異にする海岸保全区域にわたる管理の特例であるため、同一の主務大臣がその管理を所掌する海岸保全区域で、海岸管理者を異にする場合には、適用されない。

7　本条6項では、市町村長は、海岸管理者との協議に基づき、市町村の区域にある海岸保全区域の管理の一部を行うことができる、とされている。

　市町村長の管理については、本条2項で、都道府県知事の指定により、市町村の長が、海岸保全施設の工事を含めて、包括的な管理を行うことができることになっているが、技術的に高度で、財政的に負担の重い海岸保全施設の工事を伴った管理を市町村が行うことは難しく、活用には相当の制約がある。

　他方、海岸管理のうち、占用や一定の行為に対する行政処分等の事務は、広域的な利害調整を伴うような性質のものではなく、また、海岸の日常管理は、地域に密着した行政主体である市町村が参画する方が適当な場合も考えられる。

　このようなことから、平成11年の海岸法の改正で、本条6項が追加され、市町村長は、海岸管理者との協議に基づき、市町村の区域にある海岸保全区域の管理の一部を行うことができる、こととされた。

　市町村長が行うことができる管理は、政令（1条の4第1項）で、「法40条の4第1項1号に規定する法定受託事務」ではない事務（自治事務）とされており、海岸保全施設に関する工事に係る事務は対象外となっている。

　市町村長が、本条6項の規定により管理の一部を行う場合には、当該市町村長は、「海岸管理者」ではない（法2条3項参照）。ただし、政令（1条の4第2項）で、この場合、海岸管理者に関する規定は、市町村長に適用があるとされている。

　本条9項では、市町村長は、上記の協議をして海岸保全区域の管理を行うときは、これを公示しなければならない（変更するときも同様）、とされている。

　公示の方法については、政令（1条の4第2項、3項）で、以下の一つ以

上により、区域を明示して、公報に掲載して行うものとする、とされている。
① 市町村・大字・字・小字・地番
② 一定の地物・施設・工作物、またはこれらからの距離・方向
③ 平面図

本条10項では、上記の協議は、公示によって効力が生じる、とされている。

【法律】

(主務大臣の直轄工事)

第六条　主務大臣は、次の各号の一に該当する場合において、当該海岸保全施設が国土の保全上特に重要なものであると認められるときは、海岸管理者に代つて自ら当該海岸保全施設の新設、改良又は災害復旧に関する工事を施行することができる。この場合においては、主務大臣は、あらかじめ当該海岸管理者の意見をきかなければならない。
一　海岸保全施設の新設、改良又は災害復旧に関する工事の規模が著しく大であるとき。
二　海岸保全施設の新設、改良又は災害復旧に関する工事が高度の技術を必要とするとき。
三　海岸保全施設の新設、改良又は災害復旧に関する工事が高度の機械力を使用して実施する必要があるとき。
四　海岸保全施設の新設、改良又は災害復旧に関する工事が都府県の区域の境界に係るとき。
2　主務大臣は、前項の規定により海岸保全施設の新設、改良又は災害復旧に関する工事を施行する場合においては、政令で定めるところにより、海岸管理者に代つてその権限を行うものとする。
3　主務大臣は、第一項の規定により海岸保全施設の新設、改良又は災害復旧に関する工事を施行する場合においては、主務省令で定めるところにより、その旨を公示しなければならない。

【関係政令】

(海岸管理者の権限の代行)

第一条の五　法第六条第二項の規定により主務大臣が海岸管理者に代わつて行う権限は、次の各号に掲げるものとする。
一　法第二条第一項の規定により砂浜又は樹林の指定をすること。
二　法第二条の三第四項（同条第七項において準用する場合を含む。）の規定により海岸保全施設の整備に関する案を作成し、及び同条第五項（同条第七項において準用する場合を含む。）の規定により必要な措置を講ずること。
三　法第七条第一項又は第八条第一項の規定による許可を与えること。
四　法第八条の二第一項各号列記以外の部分若しくは同項第三号又は第三条の二

一項第二号の規定により区域若しくは物件又は行為の指定をすること。
五　法第十条第二項の規定により同項に規定する者と協議すること。
六　法第十二条第一項又は第二項に規定する処分をし、又は措置を命ずること。ただし、同条第二項第三号に該当する場合においては、同項に規定する処分をし、又は措置を命ずることはできない。
七　法第十二条第三項の規定により必要な措置を命ずること。
八　法第十二条第四項の規定により必要な措置を自ら行い、又はその命じた者若しくは委任をした者にこれを行わせること。
九　法第十二条第五項の規定により除却に係る海岸保全施設以外の施設又は工作物（除却を命じた同条第一項及び第三項の物件を含む。次号及び第三条の三から第三条の八までにおいて「他の施設等」という。）を保管し、及び法第十二条第六項の規定により公示すること。
十　法第十二条第七項の規定により他の施設等を売却し、及びその代金を保管し、同条第八項の規定により他の施設等を廃棄し、又は同条第九項の規定により売却した代金を売却に要した費用に充てること。
十一　法第十二条の二第一項から第三項までの規定により損失の補償について損失を受けた者と協議し、及び損失を補償すること。
十二　法第十三条第一項本文の規定により海岸保全施設に関する工事を行うことを承認し、又は同条第二項の規定により法第十条第二項に規定する者と協議すること。
十三　法第十四条の二第一項の規定により操作規則を定め、及び同条第三項（同条第四項において準用する場合を含む。）の規定により関係市町村長の意見を聴くこと。
十四　法第十四条の三第一項（同条第五項において準用する場合を含む。）の規定により操作規程を承認し、及び同条第三項（同条第五項において準用する場合を含む。）の規定により関係市町村長の意見を聴き、又は同条第四項（同条第五項において準用する場合を含む。）の規定により法第十条第二項に規定する者と協議すること。
十五　法第十五条の規定により海岸保全施設に関する工事を施行させること。
十六　法第十六条第一項の規定により海岸管理者が管理する海岸保全施設その他の施設又は工作物（以下この号及び第三条において「海岸保全施設等」という。）に関する工事又は海岸保全施設等の維持（海岸保全区域内の公共海岸の維持を含む。）を施行させること。
十七　法第十七条第一項の規定により他の工事を施行すること。

十八　法第十八条第一項の規定により他人の占有する土地若しくは水面に立ち入り、若しくは特別の用途のない他人の土地を材料置場若しくは作業場として一時使用し、又はその命じた者若しくはその委任を受けた者にこれらの行為をさせること。

十九　法第十八条第七項並びに同条第八項において準用する法第十二条の二第二項及び第三項の規定により損失の補償について損失を受けた者と協議し、及び損失を補償すること。

二十　法第十九条の規定により、損失の補償について損失を受けた者と協議し、及び補償金を支払い、又は補償金に代えて工事を行うことを要求し、並びに協議が成立しない場合において収用委員会に裁決を申請すること。

二十一　法第二十条第一項の規定により報告若しくは資料の提出を求め、又はその命じた者に海岸保全施設に立ち入り、これを検査させること。

二十二　法第二十一条第一項又は第二項の規定により必要な措置を命ずること。

二十三　法第二十一条第三項並びに同条第四項において準用する法第十二条の二第二項及び第三項の規定により損失の補償について損失を受けた者と協議し、及び損失を補償すること。

二十四　法第二十一条の二の規定により勧告し、又は公表すること。

二十五　法第二十一条の三第一項又は第二項の規定により必要な措置を命ずること。

二十六　法第二十一条の三第三項並びに同条第四項において準用する法第十二条の二第二項及び第三項の規定により損失の補償について損失を受けた者と協議し、及び損失を補償すること。

二十七　法第二十二条第一項の規定により漁業権の取消し、変更又はその行使の停止を都道府県知事に求め、並びに同条第二項並びに同条第三項において準用する漁業法（昭和二十四年法律第二百六十七号）第百七十七条第二項、第三項前段、第四項から第八項まで、第十一項及び第十二項の規定により損失を補償すること。

二十八　法第二十三条第一項の規定により必要な土地を使用し、土石、竹木その他の資材を使用し、若しくは収用し、車両その他の運搬具若しくは器具を使用し、若しくは工作物その他の障害物を処分し、又は同条第二項の規定によりその付近に居住する者若しくはその現場にある者を業務に従事させること。

二十九　法第二十三条第三項並びに同条第四項において準用する法第十二条の二第二項及び第三項の規定により損失の補償について損失を受けた者と協議し、及び損失を補償すること。

三十　法第二十三条第五項の規定により損害を補償すること。

三十一　法第二十三条の三の規定により、海岸協力団体の指定をし、及び当該海岸協力団体の名称等を公示し、又は海岸協力団体による届出を受理し、及び当該届

出に係る事項を公示すること。
三十二　法第二十三条の五の規定により、報告を求め、必要な措置を講ずべきことを命じ、又は海岸協力団体の指定を取り消し、及びその旨を公示すること。
三十三　法第二十三条の六の規定により情報の提供又は指導若しくは助言をすること。
三十四　法第二十三条の七の規定により海岸協力団体と協議すること。
三十五　法第三十条の規定により他の工作物の効用を兼ねる海岸保全施設の新設又は改良に関する工事に要する費用の負担について当該他の工作物の管理者と協議すること。
三十六　法第三十八条の二の規定により法の規定による許可又は承認に海岸の保全上必要な条件を付すること。
2　前項に規定する主務大臣の権限は、法第六条第三項の規定に基づき公示された工事の区域（前項第二十八号から第三十号までに掲げる権限にあつては、主務大臣が海岸管理者の意見を聴いて定め、主務省令で定めるところにより公示した区域を除く。）につき、同条第三項の規定に基づき公示された工事の開始の日から当該工事の完了又は廃止の日までに限り行うことができるものとする。ただし、前項第九号から第十一号まで、第十九号、第二十号、第二十三号、第二十六号、第二十七号（法第二十二条第二項並びに同条第三項において準用する漁業法第百七十七条第二項、第三項前段、第四項から第八項まで、第十一項及び第十二項の規定により損失を補償する部分に限る。）、第二十九号、第三十号及び第三十五号に掲げる権限は、当該工事の完了又は廃止の日の後においても行うことができる。
3　主務大臣は、第一項第一号、第三号から第八号まで、第十二号、第十四号から第十六号まで、第二十二号、第二十四号、第二十五号、第三十一号、第三十二　号、第三十四号又は第三十五号に掲げる権限を行つた場合においては、遅滞なく、その旨を海岸管理者に通知しなければならない。

【関係省令】
（主務大臣の行う直轄工事等の公示）
第一条の五　海岸法施行令（昭和三十一年政令第三百三十二号。以下「令」という。）第一条の五第二項の規定による主務大臣が海岸管理者の意見を聴いて定めた区域の公示は、官報に掲載して行うものとする。
2　主務大臣は、前項の区域の全部又は一部を変更し、又は廃止した場合においては、前項の規定に準じてその旨を公示するものとする。
（主務大臣の行う直轄工事の公示）
第二条　法第六条第三項の規定による海岸保全施設の新設、改良又は災害復旧に関す

る工事の施行の公示は、次の各号に掲げる事項を官報に掲載して行うものとする。
　一　工事の区域
　二　工事の種類
　三　工事開始の日
２　主務大臣は、前項の工事の全部又は一部を完了し、又は廃止した場合においては、前項の規定に準じてその旨を公示するものとする。

【解説】
1　本条は、主務大臣の直轄工事に関する規定である。
2　海岸保全施設に関する工事については、法5条の規定により、海岸管理者が施行することとなっているが、工事の規模が著しく大である場合等においては、海岸管理者がその工事を施行することは困難・不適当である場合が多い。

　このため、本条1項では、主務大臣は、以下の一つに該当する場合で、当該海岸保全施設が国土の保全上特に重要なものであると認められるときは、海岸管理者に代って、自ら海岸保全施設の新設・改良・災害復旧に関する工事を施行することができる、とされ、また、この場合には、主務大臣は、事前に、海岸管理者の意見をきかなければならない、とされている。

　①　海岸保全施設の新設・改良・災害復旧に関する工事の規模が、著しく大であるとき
　②　海岸保全施設の新設・改良・災害復旧に関する工事が、高度の技術を必要とするとき
　③　海岸保全施設の新設・改良・災害復旧に関する工事が、高度の機械力を使用して実施する必要があるとき
　④　海岸保全施設の新設・改良・災害復旧に関する工事が、都府県の区域の境界に係るとき

　本条1項の規定により主務大臣が施行することができるのは、海岸保全施設の新設・改良・災害復旧に関する工事である。すなわち、主務大臣は、海岸保全施設の補修、維持等を行うことはできず、新設・改良・災害復旧の工事が完了した場合には、当該海岸保全施設を海岸管理者に速やかに引き渡さなければならない。

3　本条2項では、主務大臣は、本条1項の規定により海岸保全施設の新設・

改良・災害復旧に関する工事を施行する場合には、政令で定めるところにより、海岸管理者に代って、その権限を行うものとする、とされている。
　主務大臣が海岸管理者に代わって行う権限は、政令（施行令1条の5第1項）で、以下のとおりとなっている。
① 　海岸保全施設としての砂浜、樹林の指定（法2条1項関係）
② 　海岸保全基本計画のうち海岸保全施設の整備に関する案、変更案の作成、関係住民の意見を反映させるために必要な措置の実施（法2条の3第4項、5項、7項関係）
③ 　海岸保全区域内における、占用の許可、一定の行為を行う許可（法7条1項、法8条1項関係）
④ 　海岸保全区域内における、禁止区域、禁止物件、禁止行為の指定（法8条の2第1項関係）
⑤ 　上記③の許可の相手方が国・地方公共団体の場合における許可に代わる協議（法10条2項関係）
⑥ 　監督処分としての必要な処分、措置の実施(法12条1項、2項関係)。ただし、海岸の保全以外の理由に基づく処分、措置（法12条2項3号）は対象外
⑦ 　監督処分としての必要な措置の実施（法12条3項関係）
⑧ 　上記⑥、⑦の場合で、過失なくして相手方が確知することができないときの自らによる実施、命じた者・委任した者へ実施させること（法12条4項関係）
⑨ 　上記⑧の場合に除却する海岸保全施設以外の施設・工作物の保管、保管に係る公示（法12条5項、6項関係）
⑩ 　上記⑨の場合で、返還することができない場合等における売却、代金の保管、買受人がいない場合等における破棄、売却代金の売却費用への充当（法12条7項～9項関係）
⑪ 　監督処分について損失補償を要する場合における損失を受けた者との協議、損失の補償（法12条の2第1項～3項関係）
⑫ 　海岸管理者以外の者の施行する海岸保全施設に関する工事の承認、国・地方公共団体の場合における承認に代わる協議(法13条1項、2項関係)
⑬ 　操作施設の操作規則（変更を含む。）の策定、関係市町村長からの意

見聴取（法14条の2第1項、3項、4項関係）
⑭ 海岸管理者以外が策定する操作施設の操作規則（変更を含む。）の承認、関係市町村長からの意見聴取、国・地方公共団体の場合における承認に代わる協議（法14条の3第1項、3項～5項関係）
⑮ 兼用工作物について他の工作物管理者へ工事を施行させること（法15条関係）。なお、工事のみで、維持は対象外
⑯ 原因者工事等について、原因者へ工事等を施行させること（法16条1項関係）
⑰ 附帯工事を施行すること（法17条1項関係）
⑱ 調査・測量、工事のためやむを得ない必要がある場合における他人の占有する土地・水面への立入り、特別の用途のない他人の土地の一時使用、命じた者・委任した者へ立入り等をさせること（法18条1項関係）
⑲ 上記⑱の場合における損失を受けた者との協議、損失の補償（法18条7項、8項関係）
⑳ 海岸保全施設の新設・改良に伴う損失補償（みぞ・かき等の補償）についての損失を受けた者との協議、補償金の支払い、補償金に代える工事の要求、協議が成立しない場合における収用委員会への裁決申請（法19条関係）
㉑ 他の管理者への報告・資料提出の要求、命じた者へ海岸保全施設への立入り・検査をさせること（法20条1項関係）
㉒ 他の管理者の管理する海岸保全施設が海岸管理者の承認を受けなかった場合等における必要な措置の命令（法21条1項、2項関係）
㉓ 上記㉒で損失補償が必要な場合（法21条2項）における損失を受けた者との協議、損失の補償（法21条3項、4項関係）
㉔ 他の管理者の管理する操作施設についての操作規定の策定・変更の勧告、公表（法21条の2関係）
㉕ 他の管理者の管理する操作施設についての必要な措置の命令（法21条の3第1項、2項）
㉖ 上記㉕で損失補償が必要な場合（法21条の3第2項）における損失を受けた者との協議、損失の補償（法21条の3第3項、4項）
㉗ 海岸保全施設に関する工事を行うため特に必要があるときにおける都

道府県知事への漁業権の取消し・変更等の要求、損失の補償（法22条1項〜3項関係）
㉘ 災害時における土地等の使用・収用、車両等の使用、工作物等の処分、付近居住者・現場にある者への業務従事命令（法23条1項、2項関係）
㉙ 上記㉘の土地等の使用・収用・処分についての損失を受けた者との協議、損失の補償（法23条3項、4項関係）
㉚ 上記㉘の業務従事により、死亡・負傷等した場合における損害の補償（法23条5項関係）
㉛ 海岸協力団体の指定、海岸協力団体の名称等の公示等（法23条の3項関係）
㉜ 海岸協力団体からの報告徴収、海岸協力団体への必要な措置の命令、指定の取消し・公示（法23条の5関係）
㉝ 海岸協力団体への情報提供、指導・助言（法23条の6関係）
㉞ 海岸協力団体との、占用の許可（法7条1項）、一定の行為を行う許可（法8条1項）に代わる協議（法23条の7関係）
㉟ 兼用工作物の費用負担についての他の工作物の管理者との協議（法30条関係）
㊱ 海岸法の規定による許可・承認に海岸の保全上必要な条件を付すること（法38条の2関係）

　以上のように、主務大臣の権限代行の範囲には、直轄工事を施行するため直接必要な附帯工事の施行、調査のための立入り等だけではなく、直轄工事施行中の海岸保全区域における占用の許可、一定の行為を行う許可、監督処分までも含まれている。

　これは、主務大臣が直轄工事を施行する海岸保全区域においては、主務大臣が行政処分までも代行して工事の円滑化を図るとともに、工事を施行する者と処分を行う者とを極力同一の者とし、統一のとれた行政を実施しようとするためである。

　主務大臣が権限を行使できる場所的な範囲は、政令（1条の5第2項）で、本条3項の規定により公示された工事の区域（上記㉘〜㉚の権限にあっては、主務大臣が海岸管理者の意見を聴いた上で公示〈官報告示〉した区域は除かれる。）である。

時間的な範囲は、政令（1条の5第2項）で、公示された工事の開始の日から工事の完了・廃止の日まで、ただし、例外的に、上記⑨〜⑪、⑲、⑳、㉓、㉖、㉗（法22条1項の漁業権の取消し・変更等の命令を除く。）、㉙、㉚、㉟の権限は、完了・廃止の日の後でも行うことができる、とされている。

主務大臣が管理者に代わって行政処分（上記①、③〜⑧、⑫、⑭〜⑯、㉒、㉔、㉕、㉛、㉜、㉞、㉟）を行った場合には、政令（1条の5第3項）で、遅滞なく、その旨を海岸管理者に通知しなければならない、とされている。

4　本条3項では、主務大臣は、本条1項の規定により海岸保全施設の新設・改良・災害復旧に関する工事を施行する場合には、その旨を公示しなければならない、とされている。

公示の方法については、省令（2条）で、以下の事項を官報に掲載して行うものとする（工事の全部、または一部の完了・廃止時も同様）、とされている。

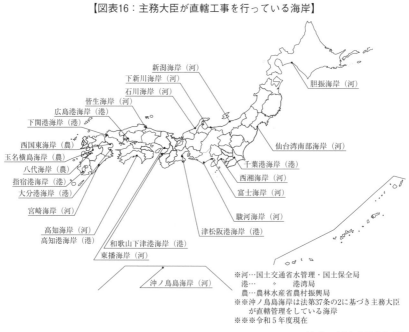

【図表16：主務大臣が直轄工事を行っている海岸】

（出典：国土交通省資料）

① 工事の区域
　　② 工事の種類
　　③ 工事開始の日
5　主務大臣が、海岸法以外の法律に基づき、海岸管理者に代わって、海岸保全施設の災害復旧工事等を行うことができる場合としては、以下のものがある。
　　① 東日本大震災に係る特定災害復旧等海岸工事（東日本大震災による被害を受けた公共土木施設の災害復旧事業等に係る工事の国等による代行に関する法律〈平成23年法律33号〉7条）
　　② 福島復興再生に係る復興海岸工事（福島復興再生特別措置法〈平成24年法律25号〉13条）
　　③ 福島認定特定復興再生拠点区域復興再生計画に基づく海岸保全施設の新設・改良に関する工事（福島復興再生特別措置法〈平成24年法律25号〉17条の12）
　　④ 大規模災害からの復興に係る特定災害復旧等海岸工事（大規模災害からの復興に関する法律〈平成25年法律55号〉48条）

第2章 海岸保全区域に関する管理

【法律】

（海岸保全区域の占用）

第七条　海岸管理者以外の者が海岸保全区域（公共海岸の土地に限る。）内において、海岸保全施設以外の施設又は工作物（以下次条、第九条及び第十二条において「他の施設等」という。）を設けて当該海岸保全区域を占用しようとするときは、主務省令で定めるところにより、海岸管理者の許可を受けなければならない。

2　海岸管理者は、前項の規定による許可の申請があつた場合において、その申請に係る事項が海岸の防護に著しい支障を及ぼすおそれがあると認めるときは、これを許可してはならない。

【関係省令】

（海岸保全区域の占用の許可）

第三条　法第七条第一項の規定による許可を受けようとする者は、次の各号に掲げる事項を記載した申請書を海岸管理者に提出しなければならない。

　一　海岸保全区域の占用の目的
　二　海岸保全区域の占用の期間
　三　海岸保全区域の占用の場所
　四　施設又は工作物の構造
　五　工事実施の方法
　六　工事実施の期間

【解説】

1　本条は、海岸保全区域における占用に関する規定である。
2　そもそも、本条の対象地域の要件となっている「公共海岸」とは、国、地方公共団体が所有する公共の用に供されている海岸の土地であり（法2条2項）、直接公衆により使用されるものである。

　行政法学では、古くから、行政が直接に公の用に供する有体物（「公物」と呼ばれる。）のうち、直接公衆により使用されるものを、「公共用物」と呼び（実務的には、一般的に、「公共物」と呼ばれる。）、様々な分析が行われてきたところであるが、公共用物の使用関係については、通常、一般使用（自由使用）を基本として、これとの対比において、さらに、許可使用、特許使

用（特別使用）に整理され、具体的には、以下の内容を持つとされてきた。もっとも、近年の行政法学では、これら区分が相対化されてきており、そのことにも留意すべきであろう。（『行政法 Ⅲ　行政組織法［第5版］』塩野宏著、425頁以下、『行政法概説 Ⅲ　行政組織法／公務員法／公物法［第6版］』宇賀克也 著、656頁以下、参照）

① 一般使用（自由使用）：一般使用とは、何らの意思表示を要せず、公物を利用することが公衆に認められている場合をさす。公共用物の利用の基本的あり方として位置づけられる。ただし、これは完全な自由を意味するものではなく、法律、公物管理者の定める制限に服することがある。

② 許可使用：許可使用とは、基本的には、自由使用のカテゴリーに入るものであるが、あらかじめ行為禁止を定め、申請に基づく許可によって、禁止の解除をするという制度の下での使用である。

③ 特許使用（特別使用）：特許使用とは、公物管理者から、特別の使用権を設定されて、公物を使用することをいう。自由使用ではなく、当該公物について、特定人に特定の排他的利用を認めるのである。ただし、その場合でも、公共用物であるが故にその排他性には限界がある。

3　本条1項では、海岸管理者以外の者が、海岸保全区域（公共海岸の土地に限る。）内において、海岸保全施設以外の施設・工作物を設けて、海岸保全区域を占用しようとするときは、海岸管理者の許可を受けなければならない、とされている。

　この海岸管理者の許可は、上記③の「特許使用（特別使用）」の許可であり、特定人に特定の排他的利用を認めることである。

　なお、海岸管理者以外の者が、国・地方公共団体（港務局を含む。）である場合には、法10条2項の規定により、許可ではなく、事前に、海岸管理者に協議することで足りる。

4　本条1項では、占用許可の対象を、「海岸保全区域（公共海岸の土地に限る。）内」とし、全ての海岸保全区域でなく、公共海岸の土地に限定している。

　この規定は、平成11年の海岸法の改正で整備されたものであるが、それより前は、「海岸保全区域（水面及び海岸管理者以外の者がその権原に基づき

管理する土地を除く。）内」となっていた。なお、陸地と水面との境界については、大正11年4月20日の「公有水面埋立ニ関スル取扱方ノ件」（内務省通牒）に基づき、春分と秋分における満潮位の位置である、とされる。

　平成11年の海岸法の改正で、占用許可の対象は、「海岸保全区域（公共海岸の土地に限る。）」となったが、「公共海岸」の定義（法2条2項参照）については、平成11年の地方分権一括法による海岸法の改正を経て、

　・国・地方公共団体が所有する公共の用に供されている海岸の土地
　・上記と一体として管理を行う必要があるものとして、都道府県知事が指定し公示した低潮線までの水面

となり、占用許可の対象が最終的に確定している。

　従前の「水面〜を除く」の見直しについては、平成11年の海岸法の改正により、「海岸」の概念が整理され、水際線までをその対象としたためである。

　また、従前の「〜海岸管理者以外の者がその権原に基づき管理する土地を除く」については、私有地等の海岸管理者の権限がない土地まで、海岸管理者の占用許可の権限を設けることは、私有地等に係る財産権の内在的な制約といえず、適当でなかったためである。さらに、私有地に加え、公有地（都道府県、市町村の所有地）も占用許可の対象外とされていたが、これは、平成11年の地方分権改革法による海岸法の改正前は、海岸保全区域の管理事務は、都道府県知事が国の機関となって事務を行う機関委任事務であったため、都道府県知事の立場は、地方公共団体の長の立場と異なっていたためである。この点については、海岸保全区域の管理事務が、平成11年の地方分権一括法による海岸法の改正で、機関委任事務から、原則として（工事を除き）、自治事務になったことで、国有地に限定する必要がなくなったことから、現在は、公有地も公共海岸に指定されれば、占用許可の対象となることに見直されている。

5　本条1項の「工作物」とは、通常、土地に固定された物的設備をいうが、他方、「施設」とは、物的設備と同じような意味であるがそれより広く、物に加えて、人によって運営される事業活動全体を意味する。なお、施設には、道路、運動場、ゴルフ場、海水浴場の脱衣場、自動販売機、簡易なレストラン、売店等のほか、杭や縄等で囲った物置場や耕作の用に供する田畑等も含まれる、とされる。

なお、施設・工作物を設けて、土地を排他的・独占的に継続して使用する場合には許可が必要であるが、漁具、漁獲物の干場等のような簡易、軽微、一時的なものについては、許可は必要がない、とされる。

6　占用許可の申請については、省令（3条）で、以下の事項を記載した申請書を、海岸管理者に提出しなければならない、とされている。
　　① 　海岸保全区域の占用の目的
　　② 　海岸保全区域の占用の期間
　　③ 　海岸保全区域の占用の場所
　　④ 　施設・工作物の構造
　　⑤ 　工事実施の方法
　　⑥ 　工事実施の期間

7　本条2項では、占用許可について、申請内容が海岸の防護に著しい支障を及ぼすおそれがあると認めるときは、許可してはならない、とされている。

　一般的に、占用許可については、特定の人に利益を与える行政処分であり、個人の権利を制限し、義務を課す行政処分と異なり、比較的、裁量性が高いものとされているが、海岸の防護に著しい支障を及ぼすおそれがあると認める場合は、裁量はなく、許可してはならない。

　その他の占用許可の基準については、海岸法上、特に規定は設けられていないが、海岸法の目的（「海岸の防護」、「海岸環境の整備・保全」、「公衆の海岸の適正な利用」）や、公共海岸たる土地の公共的性格に、十分留意の上、適切な判断を行うことが求められる。特に、堅固な工作物等で、占用期間が長期にわたるものについては、海岸保全施設や公共海岸の用途を廃止すべきかどうか等も含め検討する必要がある、とされる。

　いずれにしても、個別の事案ごとに、様々な事情を総合的に勘案して判断することになるが、具体的な考え方として、『海岸管理の理論と実務』（海岸法研究会 編著）で示されているものを、以下に掲載することとする。

　なお、最高裁判例として、海岸保全区域ではないが、一般公共海岸区域の占用不許可処分を違法としたものがある（240～242頁参照）。

(1)　占用を許可することができない事例
　　設置しようとする施設自体が海岸保全施設に支障を与える場合や公共海岸

の一般公衆の利用を防げるような場合には許可をすることができない。

〈例〉 ① 海岸保全施設の維持管理及び構造等に支障を及ぼすような占用

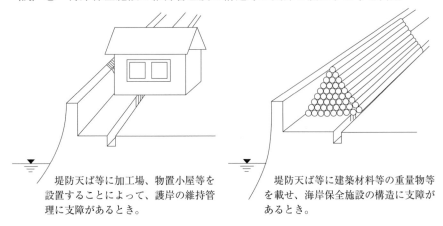

堤防天ば等に加工場、物置小屋等を設置することによって、護岸の維持管理に支障があるとき。

堤防天ば等に建築材料等の重量物等を載せ、海岸保全施設の構造に支障があるとき。

② 一般公衆の利用を阻害するような占用

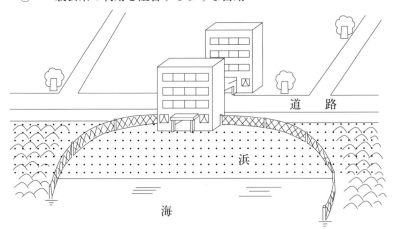

特定の者が柵等を設け、一般公衆の立入りを阻むとき。

③ 海岸保全施設の整備計画に支障を及ぼすような占用

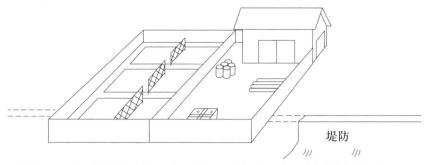

材料置場、運動場等を設置することによって、海岸保全施設の整備計画を阻害するとき。

(2) 占用を許可することができる事例

海岸の保全上支障がなく、かつ、一般公衆の利用を阻害しない範囲で工作物等を設置するような場合には許可することができる。

〈例〉① 夏場における浜茶屋等の設置の場合

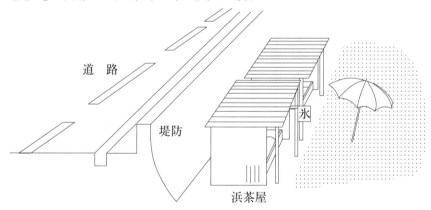

夏場における浜茶屋等は、海水浴場としての利用を増進するものであるため設置させることができる。

② 公共海岸の一部に仮設的な観測小屋、漁具倉庫等を設置する場合

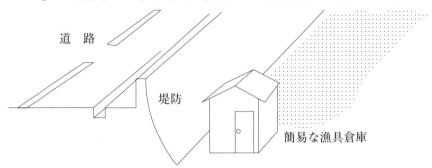

観測小屋や漁具倉庫に限らず、その占用が公共海岸の一部であって、かつ、その部分を占用しても一般公衆の利用を阻害せず、また、占用しようとする施設が海岸の利用になじむものについては設置させることができる。

③ 海岸保全施設に下水道、排水管等を埋設する場合

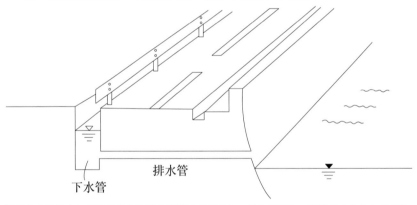

埋設させる場合には海岸保全施設の構造に支障のない場合に限り、設置させることができる。なお、取壊しとなる部分については原因者工事として復旧させることとなる。

④ 海岸保全施設を横断して道路等を整備する場合

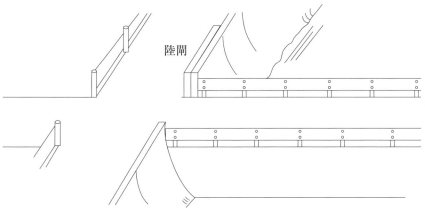

陸閘等を設置させるなど保全上の設置を講じた上で占用を認める。
なお、陸閘等については海岸管理者に帰属させる。

(3) 占用許可ではなく普通財産等とした上で処分すべき事例

　海岸の保全上支障のない施設の設置であって、かつ、その設置に係る海岸保全施設又は公共海岸を海岸の保全を図るための公共用財産として存置しておく必要がない場合には、その設置に係る海岸保全施設又は公共海岸を用途廃止し、普通財産等とした上で処分することとなる。
　なお、当該処分に係る区域が海岸の保全上明らかに不要と認められる場合には、海岸保全区域を廃止することが適当と考えられる。

〈例〉① 堤防背後の公共海岸地にホテルやレストラン等を設置する場合で、海岸保全上支障がなく、また、公共海岸として存置しておく必要がない場合

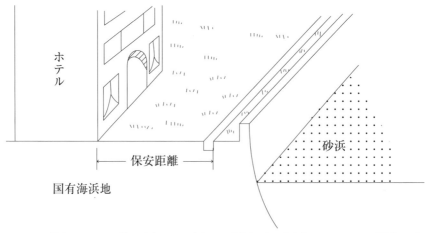

ホテル敷地については普通財産として売却又は貸付処分。道路敷については、所管換、所属替等。

② 海岸保全施設のない広大な公共海岸の一部にホテルやレストラン等を設置する場合で、その設置に係る公共海岸を普通財産として処分しても、海岸保全上支障がなく、かつ、公共海岸全体からみてその用途又は目的を阻害しない場合

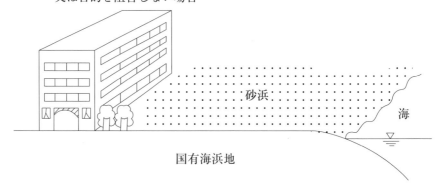

③ 埋立に伴う道路等の整備で代替施設を設置し、既設の海岸保全施設を道路敷や公園敷とする場合

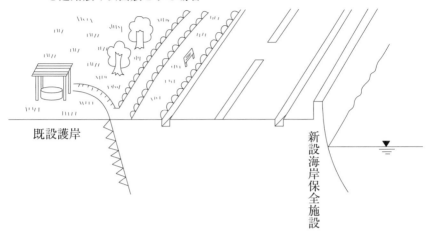

既設護岸敷は用途廃止、又は所管換等を行い、新設護岸を海岸管理者に必要に応じて帰属させる。

(出典:『海岸管理の理論と実務』海岸法研究会編著146頁以下)

8　占用許可の効力は、
　　・占用期間の満了、
　　・許可を受けた占有者による占用の廃止、
　　・海岸管理者による占用許可の取消し・撤回、
　　・海岸管理者による公共海岸の用途廃止
によって消滅する。占用期間が満了した場合で、占用を継続する意思があるときは、再び占用許可の申請を行うことになる。

9　海岸管理者は、法38条の2第1項の規定により、占用許可に当たって、海岸の保全上必要な条件をつけることができる。
　　海岸における占用条件等については、平成15年3月31日付けで「海岸における占用条件等の事例について」(事務連絡)が出されている。

○海岸における占用条件等の事例について

(平成十五年三月三十一日　事務連絡)
(地方整備局水政課長あて　国土交通省河川局)
(海岸室課長補佐（管理事務担当）)

　今般、全国の占用条件等についての実態調査を行い、海岸管理者として、海岸の占用における占用者の役割をより明確にし、占用施設の利用者の安全を一層推進することを目指して検討をしてきたところである。

　ついては、これらの事例を基に整理し、別添のとおり占用条件等の事例として送付するので、関係各位においては占用の許可手続きに関する資料として参考にされたい。

〔別添〕

海岸における占用条件等の事例について

○本事例についての留意事項
1．占用の申請者は、海岸法関係法令に熟知していないことも考えられるから、占用者の役割の明確化のために、法令上は明らかであっても、予め占用者が認識をすることにより円滑な占用の管理に寄与すると考えられる。厳密には条件というよりも留意事項、確認事項、示唆等というべき事項についても、同等に取り扱っている。
2．本事例は、あくまで参考となる資料であることから、具体的には各海岸の状況に応じ、適宜検討し適切な条件等を付与すること。ただし、海岸法第38条の2第2項の規定に基づき付与する条件は、不当な義務を課するものとならないよう留意すること。
3．不要な条件等の削除や必要な条件等の追加等はもとより、付与の順位、本案の処分者名、届出先名、設定期間、具体事例等については、例示であることから、個別事案に応じて変更されることを前提としている。

区分（案）	条件文等（案）	備考
海岸法関係法令の遵守義務	1．占用の許可を受けた者は、占用区域については、（集客を目的として（（公園等の場合））)、海岸としての自由使用を排除し独占的に占用する責任があることから、海岸法その他関係法令を遵守するとともに、○○（（例：公園））の管理者として責任ある管理を行うこと。	1．海岸法関係法令を遵守する前提で許可をしていることから、条件ではないものの、改めて占用者が認識するために許可の本文中あるいは条件の前提として明記。 2．公物の場合に当該管理者としての責任ある管理を求める。
占用の許可の取消等の海岸管理上必要な措置	1．海岸法関係法令の規定に違反した場合は、期間中といえどもこの許可について取り消し又は制限等を行うことがある。このために受けた損失については賠償の責任を負わない。	1．海岸法（以下「法」）第12条に監督処分として許可の取消等が規定されているが、占用者が予め認識し混乱防止のため明記。 2．法令違反の場合は、補償しない旨を明記。但し、海岸管理者

		また、海岸保全施設に関するやむを得ない必要、海岸の保全上の著しい支障その他公益上やむを得ない必要があると認める場合においても、同様に許可の取り消し又は制限等をすることがある。	の事情による取消についての損失については、法12条の2では、補償を義務づけているため、賠償は触れない。 3.「等」は、行為の一時中止、原状回復等を指している。
占用者の受認義務		1．海岸保全施設に関する工事その他海岸の保全に関する行為の影響により通常生ずると認められる支障に対しては、この同意を受けたことをもって海岸管理者に対抗することができない。	占用する立場として軽微な支障については、受認の範囲であり賠償等の請求の立場にないことを明記する。
占用の区域の明確化：標示板、境界杭の設置		1．占用期間中は、占用区域又は付近の見やすい場所に許可日、許可番号、目的、場所、名称又は種類、占用期間、占用面積及び占用者氏名を明記した標識をあらかじめ設けること。	参考：法規則第3条 占用の行為、区域や管理者の明確化のため標識の設置をさせることとし、海岸管理者による指示等の関与は要しないとする。
		2．○○事務所職員立合いのうえで標杭等を設け、占用区域の境界を明らかにすること。	区域の明確化のために標杭等の措置をすることとした。海岸管理者側の職員の立ち合いは重要と考える。
占用区域・施設等の安全・良好な管理等		1．占用区域内については、除草、清掃の実施等により清潔で良好な管理を行うこと。	清潔、良好な管理を基本として求めることにより、占用区域内のトラブルを防止する管理の基本とする。安全管理は、別途特記する。
		2．占用施設の供用に先立ち、管理運営に関する次の事項を届け出ること。 (1) 施設の維持管理に関する事項 (2) 施設の使用方法に関する事項 (3) その他の施設管理上必要な事項	「承認」行為は、行政庁の許可権限の処分にあたることから適切でないと判断し、「届け出」としている。実務的には、申請に対する許可の手続きにおいてその管理方法等が十分かの判断が考えられ、申請者にとってはきちんとした管理を認識することとなる。
		3．利用者の安全のために、占用区域内のパトロール、占用施設の安全性についてのチェックや安全に関する情報の提供、指示の実施等の万全な措置をとること。	安全のために占用者が行う管理内容を例示し、安全に対し万全の措置を求める。

海岸保全施設の損傷	1．占用に起因して堤防等海岸保全施設を損傷しないように注意すること。万一、損傷した場合は、すみやかに届け出て指示を受け、占用者の負担で原状に復旧又は損害の賠償をすること。	1．法第16条関連 2．実例としては、海岸保全施設と第三者を同一に記述していることが多いが、ここでは区分し、海岸保全施設のみ記述し、指示、自己負担を明記。 3．第三者の事項は、別途記述。
利用者に対する責任	1．占用に起因して第三者に損害を与えることがないよう十分な措置を講じなくてはならないが。万一、損害を与えた場合は、占用者の責任において処理すること。	第三者に対しての占用者の責任を認識すべく明記し、海岸管理者の指示等、関与はしないこととしている。
	2．占用者は、占用区域内の事故、災害の発生等の非常事態においては、その発生原因に係わらず、被害者の救護、利用者の誘導等、できる限りの応急措置を取ること。	1．非常事態においては、応急的に占用者による責任ある対応、措置を求める。 2．この場合、発生原因を問わないこととして、被害者に対する応急の救護措置や緊急の避難誘導等の対応の手遅れ、行き違い等を防止する。
占用工事の着手・竣工手続	1．占用する工作物等の工事の着手に際しては、着手届を提出し、工事が竣工した際は、竣工届を提出し、申請どおり工事が実施されていることについて確認の検査を受けること。	1．工事着手についての、海岸管理者の許可、承認等の手続きは処分であることから不適当と判断、届け出とする。 　実務的には、申請に対する許可の手続きにおいてその方法等が十分かの判断が考えられ、申請者にとってはきちんとした工事の実行を認識することとなる。 2．工事が申請通り行われたどうかの確認をするための検査の目的を明記。
	2．工事の実施にあたっては、工事標識の設置等その他の必要な措置により事故の防止に万全を期すとともに、騒音等により近隣住民の生活に支障を及ぼすことのないよう措置すること。	工事に関して安全に関する措置、住民への迷惑等の防止等を例示とて明記し、占用に関する工事として適切な施工の実施を認識するよう明記。

占用状況の報告	1. 占用者は、この許可に係る占用状況を、〇月ごとに報告すること。	日常的な管理状況について報告する節目を作り、管理状況の在り方を認識するとともに、管理者としてはパトロール実施の実績を把握することとする。 サイクルは、海岸の利用状況、季節による利用上の差等が大きいと思われることから明記していない。
占用区域の異常発見の報告等	1. 許可を受けた者はその占用区域内に異常を発見した場合は、直ちに当該区域の立入禁止、危険情報の周知等の対策をとり、(〇〇事務所長に)報告すること。	1. 異常時の即時対応と復旧のルールを定める。 2. 緊急措置等は占用者が行うことは当然ながら、重要であり、これを認識するため明記。
	2. 復旧等の対策については、(〇〇事務所長と)速やかに協議すること	1. 海岸の管理上影響が考えられることから、協議をすることとした。 2. 原因により、復旧対応についての対応が異なってくることが考えられる。
報告の徴収、立入検査	1. 海岸管理者等が求める占用に関する報告の徴収及び海岸法第18条に基づく立入検査においては、協力し、その指示に従うこと。	報告徴収、立入検査等において協力を求め円滑な実施を目論む。
占用内容等の変更手続き	1. 許可の内容を変更しようとするときは、変更の許可申請をすること。但し、許可の際の住所変更等の軽微な事項の変更については、届け出ること。	1. 手続きとしては当然のことながら、内容の変更については、見過ごし等のないように明記する。 2. 一方、住所変更のような軽微な事項については、届け出と扱いに差を付けた。
占用廃止等の手続き	1. 次に掲げる場合には、その事実の生じた日から15日以内にその旨を届け出るとと。 (1) 占用又は工事の目的を達することができなかったとき。 (2) 占用を廃止したとき。 (3) 工作物の用途を廃止したとき。	1. 期間は標準的と考えられるものを記述。 2. 廃止については、申請に比べ手続きがはっきりしていないことから、事例を明記し手続きを認識させる。

占用廃止時の原状回復	1．占用の期間が満了したとき、または占用の目的が終了したときは、指示に従い施設の除却等、原状回復をして検査を受けなければならない。これに要する費用は占用者の負担とする。	占用終了時の処理内容を例示し、円滑な処理のために明記する。 参考：原因者負担・法31条
占用継続の手続き	1．占用の権利は、許可の期間満了とともに失うことから、継続して占用しようとする場合は、期間満了の3箇月～3週間前までの間に、許可申請の手続きをすること。	1．「更新」という用語を使用している事例があるが、不適当として用いない。占用が途切れないためのことを配慮して明記。強制ではなく、示唆と考える。 2．期間については、3箇月は実務的に妥当と考え、3週間は標準処理期間から途切れないことを前提で設定。
権利の承継等	1．この許可に基づく権利は、他に譲渡又は転貸しないこと。	申請者のみの権利として制限する
占用料の納入	1．占用料は、別途発行する納入通知書によって、指定の期日までに納入すること。	徴収は法11条、具体手続を明記
許可処分に対する不服審査	（教示） 　この処分について不服があるときには、この処分があったことを知った日の翌日から起算して60日以内に、 ①県知事の処分の場合 　自治事務に関する処分の場合、行政不服審査法第6条の規定により、県知事に対して意義申立をすることができる。法定受託事務に関する場合は、海岸法第39条の規定により、国土交通大臣に対して審査請求をすることができる。 ②地方整備局長の処分の場合 　行政不服審査法第5条の規定により、国土交通大臣に対して審査請求をすることができる。	1．処分が不服な場合の手続きを教示する必要がある。 2．処分者については、委任された権限(例：海岸法第40条の2、政令第14条による地方整備局長等への委任)を前提としている。ここでは、県知事、地方整備局長を明記した。 3．法定受託事務、自治事務の区分については、「海岸関係法例規集2000年版」P166～P173参照。 4．明記については、条件とは別掲の記載位置が考えられる。 5．海岸法法39条の2参照

10 　以下の者は、それぞれの許可で国土の保全の観点からも確認が行われているため、法10条1項の規定により、海岸管理者から占用許可を受ける必要はない。
　　① 　港湾管理者から港湾区域・港湾隣接区域における占用許可を受けた者（港湾法37条1項）
　　② 　都道府県知事から公告水域における占用許可を受けた者（同法56条1項）
　　③ 　国土交通大臣から特定離島港湾施設に係る公告水域における占用許可を受けた者（低潮線保全法9条1項）
11 　海岸管理者の許可を受けずに、許可の内容に違反して、または許可に付された条件に違反して、海岸保全区域を占用した場合には、その者は、法41条1項1号の規定により、1年以下の懲役、または50万円以下の罰金が科される。
12 　一般公共海岸区域における占用については、37条の4参照。

【法律】

（海岸保全区域における行為の制限）

第八条　海岸保全区域内において、次に掲げる行為をしようとする者は、主務省令で定めるところにより、海岸管理者の許可を受けなければならない。ただし、政令で定める行為については、この限りでない。

一　土石（砂を含む。以下同じ。）を採取すること。

二　水面又は公共海岸の土地以外の土地において、他の施設等を新設し、又は改築すること。

三　土地の掘削、盛土、切土その他政令で定める行為をすること。

2　前条第二項の規定は、前項の許可について準用する。

【関係法律条項】

（海岸保全区域の占用）

第七条　（略）

2　海岸管理者は、前項の規定による許可の申請があつた場合において、その申請に係る事項が海岸の防護に著しい支障を及ぼすおそれがあると認めるときは、これを許可してはならない。

【関係政令】

（海岸保全区域内における制限行為で許可を要しない行為）

第二条　法第八条第一項ただし書の政令で定める行為は、次の各号に掲げるものとする。

一　公有水面埋立法（大正十年法律第五十七号）の規定による埋立ての免許又は承認を受けた者が行う当該免許又は承認に係る行為

二　鉱業権者又は租鉱権者が行う行為で次に掲げるもの

　イ　鉱山保安法（昭和二十四年法律第七十号）第十三条第一項の規定により届出をした施設の設置又は変更の工事

　ロ　鉱山保安法第三十六条の規定による産業保安監督部長の命令又は同法第四十八条第一項の規定による鉱務監督官の命令の実施に係る行為

　ハ　鉱業法（昭和二十五年法律第二百八十九号）第六十三条第一項の規定により届出をし、又は同条第二項（同法第八十七条において準用する場合を含む。）若しくは同法第六十三条の二第一項若しくは第二項の規定により認可を受けた施業案（同法第六十三条の三の規定により同法第六十三条の二第一項又は第二項の認可を受けたものとみなされた施業案を含む。）の実施に係る行為

三　土地改良法（昭和二十四年法律第百九十五号）の規定に基づき、同法の規定による土地改良事業の計画の実施に係る行為
四　漁港及び漁場の整備等に関する法律（昭和二十五年法律第百三十七号）第三十九条第一項本文の規定による許可を受けた者が行う当該許可に係る行為、同法第十七条第一項、第十八条第一項及び第十九条第一項の規定による特定漁港漁場整備事業計画並びに同法第二十六条の規定による漁港管理規程に基づいてする行為並びに同法第四十四条第一項に規定する認定計画（同法第四十二条第二項第二号及び第三号に掲げる事項（水面又は土地の占用に係るものに限る。）、同条第四項第二号に掲げる事項又は同法第五十条第一項各号に掲げる事項が定められたものに限る。）に従つてする行為（同法第六条第一項から第四項までの規定により市町村長、都道府県知事又は農林水産大臣が指定した漁港の区域（以下「漁港区域」という。）内において行うものに限る。）
五　港湾法（昭和二十五年法律第二百十八号）の規定に基づき、港湾管理者のする港湾工事
六　森林法（昭和二十六年法律第二百四十九号）第三十四条第二項（同法第四十四条において準用する場合を含む。）の規定による許可を受けた者が行う当該許可に係る行為
七　工業用水法（昭和三十一年法律第百四十六号）第三条第一項の規定による許可を受けた者が行う当該許可に係る井戸の新設又は改築
八　載荷重が一平方メートルにつき十トン（海岸保全施設の構造又は地形、地質その他の状況により海岸管理者が載荷重を指定した場合には、当該載荷重）以内の施設又は工作物の公共海岸の土地以外の土地における新設又は改築
九　漁業を営むための施設又は工作物の水面における新設又は改築
十　海岸管理者が海岸の保全に支障があると認めて指定する施設又は工作物以外のものの水面における新設又は改築
十一　地表から深さ一・五メートル（海岸保全施設の構造又は地形、地質その他の状況により海岸管理者が深さを指定した場合には、当該深さ）以内の土地の掘削又は切土（海岸保全施設から五メートル（海岸保全施設の構造又は地形、地質その他の状況により海岸管理者が距離を指定した場合には、当該距離）以内の地域及び水面における土地の掘削又は切土を除く。）
十二　載荷重が一平方メートルにつき十トン（海岸保全施設の構造又は地形、地質その他の状況により海岸管理者が載荷重を指定した場合には、当該載荷重）以内の盛土

（海岸保全区域における制限行為）

第三条　法第八条第一項第三号の政令で定める行為は、木材その他の物件を投棄し、又は係留する等の行為で海岸保全施設等を損壊するおそれがあると認めて海岸管理者が指定するものとする。

2　海岸管理者は、前項の規定による指定をするときは、主務省令で定めるところにより、その旨を公示しなければならない。これを変更し、又は廃止するときも、同様とする。

【関係省令】
（海岸保全区域における制限行為の許可）
第四条　法第八条第一項第一号に該当する行為をしようとするため同条同項の許可を受けようとする者は、次の各号に掲げる事項を記載した申請書を海岸管理者に提出しなければならない。
　一　土石（砂を含む。以下同じ。）の採取の目的
　二　土石の採取の期間
　三　土石の採取の場所
　四　土石の採取の方法
　五　土石の採取量

2　法第八条第一項第二号に該当する行為をしようとするため同条同項の許可を受けようとする者は、次の各号に掲げる事項を記載した申請書を海岸管理者に提出しなければならない。
　一　施設又は工作物を新設又は改築する目的
　二　施設又は工作物を新設又は改築する場所
　三　新設又は改築する施設又は工作物の構造
　四　工事実施の方法
　五　工事実施の期間

3　法第八条第一項第三号に該当する行為をしようとするため同条同項の許可を受けようとする者は、次の各号に掲げる事項を記載した申請書を海岸管理者に提出しなければならない。
　一　行為の目的
　二　行為の内容
　三　行為の期間
　四　行為の場所
　五　行為の方法

（海岸保全区域における制限行為の指定の公示）
第四条の二　令第三条第二項の規定による指定の公示は、官報、公報又は新聞紙に掲

載して行うものとする。

【解説】
1　本条は、海岸保全区域における行為の制限（禁止行為を解除する許可制度）に関する規定である。

　行政法学上の公共用物の使用関係の分類でいうと（84〜85頁参照）、「許可使用」の許可である。ちなみに、河川法では、土石（砂を含む。）の採取の許可（河川法25条）は、「特許使用（特別使用）」との説明がされているが（『改訂3版［逐条解説］河川法解説』河川法研究会　編著、199頁以下、参照）、海岸法では、制定当初から、「許可使用」との説明がされている（『河川全集　海岸法』建設省河川研究会　編、60頁以降、『海岸管理の理論の実務』海岸法研究会　編著、158頁、参照）。

2　本条1項では、海岸保全区域内において、
・土石（砂を含む。）の採取
・水面、または「公共海岸の土地以外の土地」における海岸保全施設以外の施設・工作物の新設・改築
・土地の掘削、盛土、切土、そのほか政令で定める行為

をしようとする者は、政令で定める行為を除き、海岸管理者の許可を受けなければならない、とされている。

　なお、海岸管理者以外の者が、国・地方公共団体（港務局を含む。）である場合には、法10条2項の規定により、許可ではなく、事前に、海岸管理者に協議することで足りる。

3　本条の規制は、原則として、海岸保全区域内を対象としており、法7条の占用許可のように、対象地域を海岸保全区域の中の公共海岸の土地に限定していない。

　これは、本条の規制は、海岸の保全という公共的な観点から支障がある行為を制限する制度（禁止行為の解除という観点からは、前記の「許可使用」）であり、このような規制は、海岸上にある財産権の内在的制約といえるため、所有権者等に対して、特別の犠牲を強いるものではないことから、規制の対象地域を公共海岸に限定せず、私有地を含め海岸保全区域全域を対象としたものである。また、このような制度趣旨から、水面も対象となる。ちなみに、

河川法上の土石の採取は、「特許使用（特別使用）」と述べたが、このことから、規制の対象地域から、河川管理者以外の者がその権原に基づき管理する土地は除かれている。

　海岸保全施設以外の施設・工作物の新設・改築については、規制の対象地域から、「公共海岸の土地」が除かれているが、これは、公共海岸の土地は、法7条の占用許可に審査において、同様の審査が行われ、重ねて審査を行う必要がないためである。

4　許可の対象となる土石の採取等の行為については、直接的、または間接的に、海岸に与える影響が大きく、仮に、これらの行為を放置すれば海岸保全施設等の損壊、海岸の欠壊・侵蝕、海岸形状の変化に伴う波の収れん等による災害を誘発する原因となるため、海岸管理者の許可を必要としている。

　個々の行為ごとに見ると、以下のとおりである。

① 　土石の採取については、ともすると乱掘になりがちであり、海岸の欠壊等の大きな災害を誘発する原因となる場合がある。

② 　水面、「公共海岸以外の土地」に、海岸保全施設以外の施設・工作物を新設・改築する場合には、当該施設・工作物の載荷重等によって周囲に及ぼす影響が大きく、海岸保全施設等の損壊や海岸形状の変化による災害を誘発する原因となる場合がある。

③ 　土地の掘削、盛土、切土、そのほか政令で定める行為については、前記②と同様に災害を誘発する原因となる場合がある。

　　なお、政令で定める行為とは、政令（3条）で、木材等の物件を投棄し、または係留する等の行為で、海岸保全施設等を損壊するおそれがあると認めて、海岸管理者が指定したものである（指定は、官報、公報、または新聞紙に掲載して公示する。変更、廃止も同様）。

5　具体的に許可の対象となる行為については、土石の採取等の行為から、政令で定める行為は除かれる。

　この適用除外される行為については、「他の法律に基づいて許可・認可等を得た行為」と、「軽微な行為で、客観的に海岸の保全上支障がないと認められる行為」の2つのグループがある。

　前者については、他の法律に基づく許可・認可等の手続により、海岸の保全上支障がないことが確認されていると考えられ、二重行政を排除する観点

も踏まえ、適用除外されている。
　具体的には、政令（2条）で、以下の行為とされている。
① 公有水面埋立法の規定による埋立ての免許・承認を受けた者が行う当該免許・承認に係る行為
② 鉱業権者、租鉱権者が行う行為で次のもの
　イ 鉱山保安法13条1項の規定により届出をした施設の設置、変更の工事
　ロ 鉱山保安法36条の規定による産業保安監督部長の命令、同法48条1項の規定による鉱務監督官の命令の実施に係る行為
　ハ 鉱業法63条1項の規定により届出をし、同条2項（同法87条において準用する場合を含む。）、同法63条の2第1項、2項の規定により認可を受けた施業案（同法63条の3の規定により同法63条の2第1項、2項の認可を受けたものとみなされた施業案を含む。）の実施に係る行為
③ 土地改良法の規定に基づき、同法の規定による土地改良事業の計画の実施に係る行為
④ 漁港及び漁場の整備等に関する法律39条1項本文の規定による許可を受けた者が行う当該許可に係る行為、同法17条1項、18条1項、19条1項の規定による特定漁港漁場整備事業計画・同法26条の規定による漁港管理規程に基づいてする行為、同法44条1項に規定する認定計画（必要な事項が定められているものに限る。）に従ってする行為（同法6条1項から4項までの規定により市町村長、都道府県知事、農林水産大臣が指定した漁港区域内において行うものに限る。）
⑤ 港湾法の規定に基づき、港湾管理者のする港湾工事
⑥ 森林法34条2項（同法44条において準用する場合を含む。）の規定による許可を受けた者が行う当該許可に係る行為
⑦ 工業用水法3条1項の規定による許可を受けた者が行う当該許可に係る井戸の新設・改築
　後者の「軽微な行為で、客観的に海岸の保全上支障がないと認められる行為」については、具体的には、政令（2条）で、以下の行為とされている。
⑧ 載荷重が1m^2につき10トン（海岸保全施設の構造・地形・地質等の

状況により海岸管理者が載荷重を指定した場合には、当該載荷重）以内の施設、工作物の公共海岸の土地以外の土地における新設・改築
⑨　漁業を営むための施設・工作物の水面における新設・改築
⑩　海岸管理者が海岸の保全に支障があると認めて指定する施設・工作物以外のものの水面における新設・改築
⑪　地表から深さ1.5m（海岸保全施設の構造・地形・地質等の状況により海岸管理者が深さを指定した場合には、当該深さ）以内の土地の掘削、切土（海岸保全施設から5m〈海岸保全施設の構造・地形・地質等の状況により海岸管理者が距離を指定した場合には、当該距離〉以内の地域・水面における土地の掘削・切土を除く。）
⑫　載荷重が1m^{2}につき10トン（海岸保全施設の構造・地形・地質等の状況により海岸管理者が載荷重を指定した場合には、当該載荷重）以内の盛土

許可の申請については、省令（4条）で、それぞれの行為ごとに以下の事項を記載した申請書を、海岸管理者に提出しなければならない、とされている。

①　土石の採取
　イ　土石の採取の目的
　ロ　土石の採取の期間
　ハ　土石の採取の場所
　ニ　土石の採取の方法
　ホ　土石の採取量
②　水面、公共海岸の土地以外の土地における他の施設等の新設・改築
　イ　施設・工作物を新設・改築する目的
　ロ　施設・工作物を新設・改築する場所
　ハ　新設・改築する施設・工作物の構造
　ニ　工事実施の方法
③　土地の掘削、盛土、切土、そのほか政令で定める行為
　イ　行為の目的
　ロ　行為の内容
　ハ　行為の期間

ニ　行為の場所
　　ホ　行為の方法
6　本条2項では、法7条2項の規定は、当該許可について準用する、とされており、許可については、申請内容が海岸の防護に著しい支障を及ぼすおそれがあると認めるときは、許可してはならないこととなる。
　一般的に、行政処分には、その目的・趣旨等をふまえ、一定の裁量があるとされるが、海岸の防護に著しい支障を及ぼすおそれがあると認める場合は、裁量はなく、許可してはならない。
　その他の許可の基準については、海岸法上、特に規定は設けられていないが、海岸法の目的（「海岸の防護」、「海岸環境の整備・保全」、「公衆の海岸の適正な利用」）に十分留意の上、適切な判断を行うことが求められる。
7　海岸管理者は、法38条の2第1項の規定により、行為の許可に当たって、海岸の保全上必要な条件をつけることができる。
8　以下の者は、それぞれの許可で国土の保全の観点からも確認が行われているため、法10条1項の規定により、海岸管理者から許可を受ける必要はない。
　　①　港湾管理者から港湾区域・港湾隣接区域における行為の許可を受けた者（港湾法37条1項）
　　②　都道府県知事から公告水域における行為の許可を受けた者（同法56条1項）
　　③　国土交通大臣から特定離島港湾施設に係る公告水域における行為の許可を受けた者（低潮線保全法9条1項）
9　海岸管理者の許可を受けずに、許可の内容に違反して、または許可に付された条件に違反して、対象行為を行った場合には、その者は、法41条1項2号の規定により、1年以下の懲役、または50万円以下の罰金が科される。
10　一般公共海岸区域における行為の制限（禁止行為を解除する許可制度）については、法37条の5参照。

【法律】

第八条の二　何人も、海岸保全区域（第二号から第四号までにあつては、公共海岸に該当し、かつ、海岸の利用、地形その他の状況により、海岸の保全上特に必要があると認めて海岸管理者が指定した区域に限る。）内において、みだりに次に掲げる行為をしてはならない。

一　海岸管理者が管理する海岸保全施設その他の施設又は工作物（以下「海岸保全施設等」という。）を損傷し、又は汚損すること。

二　油その他の通常の管理行為による処理が困難なものとして主務省令で定めるものにより海岸を汚損すること。

三　自動車、船舶その他の物件で海岸管理者が指定したものを入れ、又は放置すること。

四　その他海岸の保全に著しい支障を及ぼすおそれのある行為で政令で定めるものを行うこと。

2　海岸管理者は、前項各号列記以外の部分の規定又は同項第三号の規定による指定をするときは、主務省令で定めるところにより、その旨を公示しなければならない。これを廃止するときも、同様とする。

3　前項の指定又はその廃止は、同項の公示によつてその効力を生ずる。

【関係政令】

（海岸保全区域における制限行為）

第三条　（略）

2　海岸管理者は、前項の規定による指定をするときは、主務省令で定めるところにより、その旨を公示しなければならない。これを変更し、又は廃止するときも、同様とする。

（海岸の保全に著しい支障を及ぼすおそれのある行為の禁止）

第三条の二　法第八条の二第一項第四号の政令で定める海岸の保全に著しい支障を及ぼすおそれのある行為は、次に掲げるものとする。

一　土石（砂を含む。）を捨てること。

二　土地の表層のはく離、たき火その他の行為であつて、動物若しくは動物の卵又は植物の生息地又は生育地の保護に支障を及ぼすおそれがあるため禁止する必要があると認めて海岸管理者が指定するものを行うこと。

2　前条第二項の規定は、前項第二号の規定による指定について準用する。

【関係省令】

（海岸保全区域における制限行為の指定の公示）
第四条の二　令第三条第二項の規定による指定の公示は、官報、公報又は新聞紙に掲載して行うものとする。
（通常の管理行為による処理が困難なもの）
第四条の三　法第八条の二第一項第二号に規定する通常の管理行為による処理が困難なものは、次に掲げるものとする。
　一　油
　二　海洋汚染等及び海上災害の防止に関する法律（昭和四十五年法律第百三十六号）第三条第三号の政令で定める海洋環境の保全の見地から有害である物質
　三　粗大ごみ、建設廃材その他の廃物
（動物の生息地等の保護に支障を及ぼすおそれがある行為の指定の公示）
第四条の四　令第三条の二第二項の規定により準用される令第三条第二項の規定による指定の公示は、官報、公報又は新聞紙に掲載するほか、当該指定に係る区域又はその周辺の見やすい場所に掲示して行うものとする。この場合においては、漁業を営むために通常行われる行為については当該指定に係る行為に該当しない旨を併せて明示するものとする。
2　前項の公示は、当該公示に係る指定の適用の日の十日前までに行わなければならない。ただし、緊急に当該指定の適用を行わなければ海岸の管理に重大な支障を及ぼすおそれがあると認められるときは、この限りでない。
（海岸の保全上支障のある行為を禁止する区域の指定等の公示）
第四条の五　法第八条の二第二項の規定による区域の指定の公示は、当該区域の指定が同条第一項第二号から第四号までのいずれの規定に関するものであるかを明らかにし、第一条の四第二項各号の一以上により当該区域を明示して、官報、公報又は新聞紙に掲載するほか、当該指定に係る区域又はその周辺の見やすい場所に掲示して行うものとする。
2　法第八条の二第二項の規定による物件の指定の公示は、官報、公報又は新聞紙に掲載するほか、当該指定に係る区域又はその周辺の見やすい場所に掲示して行うものとする。
3　前条第二項の規定は、前二項の規定による公示について準用する。

【解説】
1　本条では、海岸保全区域における行為の制限（行為の禁止）に関する規定である。平成11年の海岸法の改正で設けられた。

行政法学上の公共用物の使用関係の分類でいうと（84～85頁参照）、一般使用の例外としての一定行為の禁止に関する規定である。

2　本条1項では、何人も、海岸保全区域（下記②～④にあっては、公共海岸に該当し、かつ、海岸の利用・地形等の状況により、海岸の保全上特に必要があると認めて海岸管理者が指定した区域に限る。）内において、みだりに、以下の行為をしてはならない、とされている。

　①　海岸管理者が管理する海岸保全施設等の損傷・汚損。なお、「海岸保全施設等」とあるように、海岸保全施設だけでなく、それ以外の施設、工作物も含まれる。
　②　油等の通常の管理行為による処理が困難なものとして、主務省令で定めるものによる、海岸の汚損
　③　自動車、船舶等の物件で、海岸管理者が指定したものの乗入れ・放置
　④　そのほか海岸の保全に著しい支障を及ぼすおそれのある行為で、政令で定めるもの

前記①の行為については、規制の対象地域は、公共海岸に限定されず、私有地も対象となる。これは、海岸管理者が管理する海岸保全施設等の損傷、汚損については、たとえ私有地上で禁止しても、当該禁止は、海岸上の財産権の内在的制約といえるため、所有権者等に対して、特別の犠牲を強いるものではないため、対象としているものである。

他方、前記②～④の行為については、対象地域は、公共海岸に限定されており、私有地は対象外である。これは、油等による海岸の汚損、自動車等の乗入れ・放置等については、海岸上の財産権の内容に含まれ、私有地上で禁止すると、所有者等に対して、特別の犠牲を強いるものになる恐れがあるため、対象から除外しているものである。

前記①の「損傷」とは、破壊・毀損等により、海岸管理者が管理する海岸保全施設等の効用を減少・滅失させることであり、また、「汚損」とは、汚したり、汚物を付着させたりすること等により、海岸管理者が管理する海岸保全施設等の効用を減少・滅失させることである。

前記②の「通常の管理行為による処理が困難なものとして主務省令で定めるもの」とは、省令（4条の3）で、以下のものとされている。

　1）油

2）海洋汚染等及び海上災害の防止に関する法律3条3号の政令で定める海洋環境の保全の見地から有害である物質
3）粗大ごみ、建設廃材等の廃物

前記④の「海岸の保全に著しい支障を及ぼすおそれのある行為で政令で定めるもの」とは、政令（3条の2）で、以下のものとされている。

1）土石（砂を含む。）の投棄
2）土地の表層のはく離、たき火その他の行為であって、動物、動物の卵、植物の生息地・生育地の保護に支障を及ぼすおそれがあるため禁止する必要があると認めて、海岸管理者が指定するもの

> 指定の公示は、省令（4条の4）で、以下のとおりとなっている。
> ・官報、公報、または新聞紙に掲載するほか、指定区域、またはその周辺の見やすい場所に掲示して公示する。漁業を営むために通常行われる行為については、指定行為に該当しない旨を併せて明示する。
> ・公示は、緊急の必要性がある場合を除き、適用の10日前までに行う。
> ・変更、廃止についても同様

3 禁止の対象となる行為は、海岸管理者が管理する海岸保全施設等の損傷・汚損（前記2の①）、または海岸の保全に著しい支障を及ぼすおそれのある行為（前記2の②〜④）であるが、前者については、一律、後者については、個別の状況に応じて海岸の保全上特に必要があると認める場合に、禁止している。

個々の行為ごとに問題状況を見ると、以下のとおりである。

① 海岸管理者者が管理する海岸保全施設等の損傷・汚損については、一般的に、4WD等オフロード用自動車等の利用により、施設損傷の蓋然性が高まり、また、面的防護方式の採用に伴い、船舶等による沖合施設の損傷事例等も発生するようになってきている。
② 油等による海岸の汚損については、大量の油の流出により、油塊等が海岸に漂着し、通常の維持管理行為ではとても対応できないような事例が発生するようになり、また、一般・産業廃棄物、建設廃材等の投棄により海岸空間を事実上占拠する事例も見受けられるようになってきてい

る。

③　自動車等の乗入れ・放置については、４WD等オフロード用自動車等の無秩序な利用により、特定の動植物に致命的な影響を与えたり、他者の利用に著しい支障を来す事例も発生するようになってきている。

④　そのほか海岸の保全に著しい支障を及ぼすおそれのある行為については、社会情勢の変化に伴って、自由使用の限界画定・相互調整的側面から規制対象とすべき行為が新たに生じてくる可能性が高く、そのような場合には、迅速かつ的確に対応することが必要になってきている。

4　本条２項では、海岸管理者は、前記２の②～④の禁止の対象区域を指定したり、前記２の③の物件を指定するときは、その旨を公示しなければならない(廃止のときも同様)とされ、また、本条３項では、指定・廃止の効力は、公示によって発生する、とされている。

公示の方法については、省令(４条の５)で、以下のとおりとされている。なお、公示は、緊急の必要性がある場合を除き、適用の10日前までに行う必要がある。

①　区域の指定の公示は、前記２の②～④のいずれかによるものであるか明らかにし、以下の一つ以上により当該区域を明示して、官報、公報、または新聞紙に掲載するほか、当該指定区域、またはその周辺の見やすい場所に掲示して行う。

　　イ　市町村・大字・字・小字・地番
　　ロ　一定の地物・施設・工作物、またはこれらからの距離・方向
　　ハ　平面図

②　物件の指定の公示は、官報、公報、または新聞紙に掲載するほか、当該指定区域またはその周辺の見やすい場所に掲示して行うものとする。

5　本条１項の規定に違反し、海岸管理者が管理する海岸保全施設を損傷、または汚損した場合には、その者は、法41条１項３号の規定により、１年以下の懲役、または50万円以下の罰金が科される。

6　一般公共海岸区域における行為の制限（行為の禁止）については、法37条の６参照。

【法律】

（経過措置）

第九条　第三条の規定による海岸保全区域の指定の際現に当該海岸保全区域内において権原に基づき他の施設等を設置（工事中の場合を含む。）している者は、従前と同様の条件により、当該他の施設等の設置について第七条第一項又は第八条第一項の規定による許可を受けたものとみなす。当該指定の際現に当該指定に係る海岸保全区域内において権原に基づき第八条第一項第一号及び第三号に掲げる行為を行つている者についても、同様とする。

【解説】

1　本条は、海岸保全区域における占用許可（法7条）と禁止行為の解除の許可（法8条）についての経過措置に関する規定である。

2　海岸保全区域に指定された場合には、必要なときに、占用許可（法7条1項）、禁止行為の解除の許可（法8条1項）を受けなければいけないこととなるが、従前から、権原（例：所有権、地上権、賃借権等の民法上の権利、国有財産法・条例等に基づく貸付・占用許可）に基づいて、海岸保全施設以外の施設・工作物を設置（工事中の場合を含む。）している者に対して、どのように取り扱うかについては、法的に問題となる。

　原則論から言えば、海岸の保全の観点からは、このような者まで規制をかけること望ましいが、従前から、法的に正当な権利に基づいて、施設・工作物を設置してきている者に対して直ちに規制をかけることは、既存の権利を著しく変更することになり、特別の犠牲を強いることになるおそれもあるため、本条では、既存の権利は尊重することとしている。

　本条では、
・海岸保全区域の指定の際に、
・現に、当該海岸保全区域内において権原に基づき、
・海岸保全施設以外の施設・工作物を設置（工事中の場合を含む。）している者は、
・従前と同様の条件により、占用許可（法7条1項）、禁止行為の解除の

許可（法8条1項）を受けたものとみなす、
とされている。
　「海岸保全施設以外」となっており、海岸保全施設が対象となっていないが、これは、海岸保全施設は、法7条、法8条は適用されず、法13条により取り扱われることになっているからである。なお、法13条の適用がない場合にあっても、法21条2項の規定により、一定の対応を行うことは可能である。
　「従前と同様の条件」とは、海岸保全区域の指定の際に有している権利と同様な条件ということであり、「みなす」とは、占用許可、制限行為の解除の許可を受けたと同様の法律効果を生じさせるということである。
　本条の後段では、海岸保全区域の指定の際に、現に当該海岸保全区域内において権原に基づき、法8条1項1号、3号に掲げる行為を行っている者についても、同様とするとされ、施設・工作物に限らず、土石の採取、土地の掘削等の行為についても、同様に取り扱っている。これは、前述の施設・工作物に係る既存の権利の保護と同様の趣旨による。
　ただし、土石の採取等については、あくまで、海岸保全区域の指定の際に行われている行為と一連のものと認められる行為であり、例えば、所有する土地の土石の採取等なら、いつまでも可能であるということにはならないことに留意すべきである。

3　一般公共海岸区域における占用許可（法37条の4）と禁止行為の解除の許可（法37条の5）の経過措置については、法37条の7参照。

【法律】

（許可の特例）

第十条　港湾法第三十七条第一項若しくは第五十六条第一項又は排他的経済水域及び大陸棚の保全及び利用の促進のための低潮線の保全及び拠点施設の整備等に関する法律第九条第一項の規定による許可を受けた者は、当該許可に係る事項については、第七条第一項又は第八条第一項の規定による許可を受けることを要しない。

2　国又は地方公共団体（港湾法に規定する港務局を含む。以下同じ。）が第七条第一項の規定による占用又は第八条第一項の規定による行為をしようとするときは、あらかじめ海岸管理者に協議することをもつて足りる。

【解説】

1　本条は、占用許可（法7条）と禁止行為の解除の許可（法8条）についての特例に関する規定である。

2　本条1項では、

　・港湾法の港湾区域・港湾隣接区域・公告区域、低潮線保全法の特定離島港湾区域（それぞれの区域については、64〜65頁参照）と、海岸保全区域が重複している場合で、

　・港湾法、低潮線保全法に基づき同様の許可を受けた者は、

　・その許可に係る事項については、海岸法の占用許可（法7条1項）と禁止行為の解除の許可（法8条1項）を受ける必要はない、

とされている。

　これは、港湾法、低潮線保全法に基づく同様の許可は、国土保全の観点も考慮して行われていると考えられることから、二重行政を回避する観点も踏まえ、海岸法の所要の許可を不要としたものである。

3　本条2項では、国・地方公共団体（港務局を含む。）が、占用許可、制限行為の解除の許可の対象となる行為をしようとするときは、許可でなく、事前に、海岸管理者と協議することで足りる、とされている。

　これは、これらの組織は公益目的のために業務を行っており、かつ、その性格上、私人と同等に扱って海岸管理者の全面的な監督下に置くことは妥当

ではないためである。

4　本条2項は、一般公共海岸区域について準用がある（法37条の8）。

【法律】

（占用料及び土石採取料）

第十一条　海岸管理者は、主務省令で定める基準に従い、第七条第一項又は第八条第一項第一号の規定による許可を受けた者から占用料又は土石採取料を徴収することができる。ただし、公共海岸の土地以外の土地における土石の採取については、土石採取料を徴収することができない。

【関係省令】

（占用料及び土石採取料の基準）

第五条　法第十一条に規定する占用料又は土石採取料は、近傍類地の地代又は近傍類地における土石採取料等を考慮して定めるものとする。

【解説】

1　本条は、占用料、土石採取料に関する規定である。
2　本条では、海岸管理者は、主務省令で定める基準に従い、占用の許可（法7条1項）、土石採取の許可（法8条1項1号）を受けた者から占用料、土石採取料を徴収することができる、とされ、また、ただし書きで、公共海岸の土地以外の土地での土石の採取は、土石採取料を徴収することができない、とされている。

　占用の許可、土石採取の許可は、特定の者に対して、占有、土石採取の権利を設定するものであるため、海岸管理者は、明文の規定がなくても、許可の条件として占用料、土石採取料を課すことはできるが、本条は、その旨を明確化し、料金の基準について必要な規制を行っているものである。

　「公共海岸の土地以外の土地での土石の採取は、土石採取料を徴収することができない」とされているのは、海岸管理者に権原のない土地では、海岸管理者に、土石採取料を徴収する権利がないからである。占用の許可は、そもそも海岸管理に権原がある土地でしか行えないので、同様の規定は必要ない。
3　料金の基準については、省令（5条）で、近傍類地の地代、近傍類地における土石採取料等を考慮して定めるものとする、とされている。

　具体的な金額については、これらを考慮し、事前に、土地に等級を設定する等を定めるなど定めておくことが妥当である、とされる。
4　本条、一般公共海岸区域について準用がある（法37条の8）。

【法律】

（監督処分）

第十二条　海岸管理者は、次の各号の一に該当する者に対して、その許可を取り消し、若しくはその条件を変更し、又はその行為の中止、他の施設等の改築、移転若しくは除却（第八条の二第一項第三号に規定する放置された物件の除却を含む。）、他の施設等により生ずべき海岸の保全上の障害を予防するために必要な施設をすること若しくは原状回復を命ずることができる。

　　一　第七条第一項、第八条第一項又は第八条の二第一項の規定に違反した者
　　二　第七条第一項又は第八条第一項の規定による許可に付した条件に違反した者
　　三　偽りその他不正な手段により第七条第一項又は第八条第一項の規定による許可を受けた者

2　海岸管理者は、次の各号の一に該当する場合においては、第七条第一項又は第八条第一項の規定による許可を受けた者に対し、前項に規定する処分をし、又は同項に規定する必要な措置を命ずることができる。

　　一　海岸保全施設に関する工事のためやむを得ない必要が生じたとき。
　　二　海岸の保全上著しい支障が生じたとき。
　　三　海岸の保全上の理由以外の理由に基く公益上やむを得ない必要が生じたとき。

3　海岸管理者は、海岸保全区域内において発生した船舶の沈没又は乗揚げに起因して当該海岸管理者が管理する海岸保全施設等が損傷され、若しくは汚損され、又は損傷され、若しくは汚損されるおそれがあり、当該損傷又は汚損が海岸の保全に支障を及ぼし、又は及ぼすおそれがあると認める場合（当該船舶が第八条の二第一項第三号に規定する放置された物件に該当する場合を除く。）においては、当該沈没し、又は乗り揚げた船舶の船舶所有者に対し、当該船舶の除却その他当該損傷又は汚損の防止のため必要な措置を命ずることができる。

4　前三項の規定により必要な措置をとることを命じようとする場合において、過失がなくて当該措置を命ずべき者を確知することができないときは、海岸管理者は、当該措置を自ら行い、又はその命じた者若しくは委任した者にこれを行わせることができる。この場合においては、相当の期限を定めて、当該措置を行うべき旨及びその期限までに当該措置を行わないときは、海岸管理者又はその命じた者若しくは委任した者が当該措置を行う旨を、あらかじめ公告しなければならない。

5　海岸管理者は、前項の規定により他の施設等（除却を命じた第一項及び第三項の物件を含む。以下この条において同じ。）を除却し、又は除却させたときは、当該他の施設等を保管しなければならない。

6　海岸管理者は、前項の規定により他の施設等を保管したときは、当該他の施設等の所有者、占有者その他当該他の施設等について権原を有する者（以下この条において「所有者等」という。）に対し当該他の施設等を返還するため、政令で定めるところにより、政令で定める事項を公示しなければならない。

7　海岸管理者は、第五項の規定により保管した他の施設等が滅失し、若しくは破損するおそれがあるとき、又は前項の規定による公示の日から起算して三月を経過してもなお当該他の施設等を返還することができない場合において、政令で定めるところにより評価した当該他の施設等の価額に比し、その保管に不相当な費用若しくは手数を要するときは、政令で定めるところにより、当該他の施設等を売却し、その売却した代金を保管することができる。

8　海岸管理者は、前項の規定による他の施設等の売却につき買受人がない場合において、同項に規定する価額が著しく低いときは、当該他の施設等を廃棄することができる。

9　第七項の規定により売却した代金は、売却に要した費用に充てることができる。

10　第四項から第七項までに規定する他の施設等の除却、保管、売却、公示その他の措置に要した費用は、当該他の施設等の返還を受けるべき所有者等その他第四項に規定する当該措置を命ずべき者の負担とする。

11　第六項の規定による公示の日から起算して六月を経過してもなお第五

項の規定により保管した他の施設等（第七項の規定により売却した代金を含む。以下この項において同じ。）を返還することができないときは、当該他の施設等の所有権は、主務大臣が保管する他の施設等にあつては国、都道府県知事が保管する他の施設等にあつては当該都道府県知事が統括する都道府県、市町村長が保管する他の施設等にあつては当該市町村長が統括する市町村に帰属する。

【関係政令】
（他の施設等を保管した場合の公示事項）
第三条の三　法第十二条第六項の政令で定める事項は、次に掲げるものとする。
　一　保管した他の施設等の名称又は種類、形状及び数量
　二　保管した他の施設等の放置されていた場所及び当該他の施設等を除却した日時
　三　当該他の施設等の保管を始めた日時及び保管の場所
　四　前三号に掲げるもののほか、保管した他の施設等を返還するため必要と認められる事項

（他の施設等を保管した場合の公示の方法）
第三条の四　法第十二条第六項の規定による公示は、次に掲げる方法により行わなければならない。
　一　前条各号に掲げる事項を、保管を始めた日から起算して十四日間、当該海岸管理者の事務所に掲示すること。
　二　前号の公示の期間が満了しても、なお当該他の施設等の所有者、占有者その他他の施設等について権原を有する者（第三条の八において「所有者等」という。）の氏名及び住所を知ることができないときは、前条各号に掲げる事項の要旨を公報又は新聞紙に掲載すること。
2　海岸管理者は、前項に規定する方法による公示を行うとともに、主務省令で定める様式による保管した他の施設等一覧簿を当該海岸管理者の事務所に備え付け、かつ、これをいつでも関係者に自由に閲覧させなければならない。

（他の施設等の価額の評価の方法）
第三条の五　法第十二条第七項の規定による他の施設等の価額の評価は、当該他の施設等の購入又は製作に要する費用、使用年数、損耗の程度その他当該他の施設等の価額の評価に関する事情を勘案してするものとする。この場合において、海岸管理者は、必要があると認めるときは、他の施設等の価額の評価に関し専門的知識を有する者の意見を聴くことができる。

（保管した他の施設等を売却する場合の手続等）

第三条の六　法第十二条第七項の規定による保管した他の施設等の売却は、競争入札に付して行わなければならない。ただし、競争入札に付しても入札者がない他の施設等その他競争入札に付することが適当でないと認められる他の施設等については、随意契約により売却することができる。

第三条の七　海岸管理者は、前条本文の規定による競争入札のうち一般競争入札に付そうとするときは、その入札期日の前日から起算して少なくとも五日前までに、当該他の施設等の名称又は種類、形状、数量その他主務省令で定める事項を当該海岸管理者の事務所に掲示し、又はこれに準ずる適当な方法で公示しなければならない。

2　海岸管理者は、前条本文の規定による競争入札のうち指名競争入札に付そうとするときは、なるべく三人以上の入札者を指定し、かつ、それらの者に当該他の施設等の名称又は種類、形状、数量その他主務省令で定める事項をあらかじめ通知しなければならない。

3　海岸管理者は、前条ただし書の規定による随意契約によろうとするときは、なるべく二人以上の者から見積書を徴さなければならない。

（他の施設等を返還する場合の手続）

第三条の八　海岸管理者は、保管した他の施設等（法第十二条第七項の規定により売却した代金を含む。）を所有者等に返還するときは、返還を受ける者にその氏名及び住所を証するに足りる書類を提出させる等の方法によってその者が当該他の施設等の返還を受けるべき所有者等であることを証明させ、かつ、主務省令で定める様式による受領書と引換えに返還するものとする。

【関係省令】

（保管した他の施設等一覧簿の様式）

第五条の二　令第三条の四第二項の主務省令で定める様式は、別記様式第一とする。

（競争入札における掲示事項等）

第五条の三　令第三条の七第一項及び第二項の主務省令で定める事項は、次に掲げるものとする。

　一　当該競争入札の執行を担当する職員の職及び氏名
　二　当該競争入札の執行の日時及び場所
　三　契約条項の概要
　四　その他海岸管理者が必要と認める事項

（他の施設等の返還に係る受領書の様式）

第五条の四　令第三条の八の主務省令で定める様式は、別記様式第二とする。

【解説】
1 本条は、海岸管理者の監督処分（本条1項～3項）、簡易代執行（本条4項～11項）に関する規定である。
2 本条1項では、海岸管理者は、責めに帰すべき事由がある者（後記①～③）に対して、
　・許可の取消し、
　・条件の変更、
　・行為の中止、
　海岸保全施設以外の施設・工作物の改築・移転・除却（放置された物件の除却を含む。）、
　海岸保全施設以外の施設・工作物により生ずべき海岸の保全上の障害を予防するために必要な施設を設けること、
　原状回復を命ずること
ができる、とされている。
　① 占用許可、禁止行為の解除の許可を受けないで許可対象行為を行った者、許可の期間を経過した後で許可対象行為を行った者、許可内容を超過した行為を行った者、禁止行為を行った者（法7条1項、法8条1項、8条の2第1項の規定に違反した者）
　② 占用許可、禁止行為の解除の許可に付した条件に違反した者
　③ 偽り等の不正な手段によって、占用許可、禁止行為の解除の許可を受けた者

　法7条1項、法8条1項、または8条の2第1項の規定に違反した者については、法41条1号～3号、法42条1号、法43条の規定により、刑罰が科せられるが、本条においては、海岸の保全上、違反状態を速やかに取り除くこと観点から、海岸管理者の監督処分の権限を定めている。
3 本条1項が、責めに帰すべき事由のある者に対する監督処分であるのに対し、本条2項は、監督処分対象者の責めによるのではなく、公益上必要な場合に行う監督処分である。
　本条2項では、海岸管理者は、後記①～③の場合に、占用許可、禁止行為の解除の許可を受けた者に対し、本条1項と同様に、
　・許可の取消し、

・条件の変更、
・行為の中止、
　海岸保全施設以外の施設・工作物の改築・移転・除却（放置された物件の除却を含む。）、
　海岸保全施設以外の施設・工作物により生ずべき海岸の保全上の障害を予防するために必要な施設を設けること、
　原状回復を命ずること
ができる、とされている。
　① 海岸保全施設に関する工事のため、やむを得ない必要が生じたとき
　② 海岸の保全上著しい支障が生じたとき
　③ 海岸の保全上の理由以外の理由に基く公益上やむを得ない必要が生じたとき

前記①の「海岸保全施設に関する工事」については、海岸管理者が行う工事や、主務大臣が直轄工事として行う工事に限らず、これら以外の者が、法13条の承認等を受けて行う工事も含まれる。

前記②の「海岸の保全上著しい支障が生じたとき」とは、許可後の事情変更によりそのような事態が生じた場合で、例えば、侵食により地形が変化し、許可を受けた土石の採取を継続すると、海岸保全施設が損壊するおそれが生じた場合がある。

前記③の「海岸の保全上の理由以外の理由に基く公益上やむを得ない必要が生じたとき」とは、例えば、道路を新設するために工作物を除去させる必要がある場合、海底電線を敷設するために土石の採取を中止させる必要がある場合がある。

4　本条3項では、海岸管理者は、
・海岸保全区域内において発生した船舶の沈没、乗揚げに起因して、海岸管理者が管理する海岸保全施設等が損傷・汚損され、または、そのおそれがあり、
・当該損傷・汚損が海岸の保全に支障を及ぼし、または、そのおそれがあると認める場合には（当該船舶が法8条の2第1項3号に規定する放置物件である場合は除く。）、
・沈没し、乗り揚げた船舶の船舶所有者に対し、

・当該船舶の除却、そのほか損傷・汚損を防止するための必要な措置を命
　　　ずることができる、
とされている。
　本条３項は、平成26年の海岸法の改正で追加された規定であるが、これは、海岸保全区域内において、船舶の沈没、乗揚げにより船舶が放置されることにより、津波、高潮等の災害時には、船舶が流されること等により、海岸管理者が管理する海岸保全施設等が損傷、汚損されたり、あるいは平時においても、海域によっては波浪や潮流により、沖合の海岸管理者が管理する海岸保全施設等が損傷・汚損されたり、そのおそれが生じるようになってきたためである。
　もっとも、法８条の２第１項３号では、海岸保全区域のうち公共海岸に該当し、海岸の保全上特に必要があると認めて、海岸管理者が指定した区域内において、「みだりに」船舶を放置することは禁止されているが、海岸の適正な利用を確保する観点から、公共海岸の一定の区域のみに限定して禁止行為とされている上、自然災害による船舶の沈没や、乗揚げの直後等は、「みだりに」船舶を放置することとは認められず、海岸管理者は、必要な措置を命ずることができない。このため、本条３項が設けられた。
　なお、本条３項の対象から、船舶が法８条の２第１項３号に規定する放置物件である場合は、重複適用にならないように除かれている。
5　本条４～11項は、本条１項～３項の監督処分に係る簡易代執行制度等に関する規定である。平成11年の海岸法の改正で追加された。
　それまでは、海岸における船舶、自動車等の違法な占有・放置については、津波、高潮等の災害時に海岸保全施設等を損傷し、災害により被害を増大させるおそれがあるだけでなく、他の海岸利用者に対して危険を及ぼすおそれ等があり、早急な除去が必要な場合にも、所有者が特定できない場合には、原則として、監督処分、行政代執行等の手続に入ることができず、そのまま存置せざるを得ない状況にあった。
　また、仮に、なんとか行政執行等を行ったとしても、撤去した物件が引き取られない場合には、保管場所、費用等の問題が残ってしまうという問題もあった。
　このため、処分の相手方を確知できない場合に、海岸管理者が代位執行で

きる制度（いわゆる簡易代執行制度）を導入するとともに、一定期間が経過してもなお当該保管物件を返還することができない場合等に対応できる制度（売却等の手続による特例制度）を導入することとした。

6　本条4項では、海岸管理者は、
・本条1項〜3項の規定により必要な措置を命じようとする場合で、
・過失がなく、相手方を確知することができないときは、
・相当の期限を定めて当該措置を行うべき旨と、その期限までに当該措置を行わないときは海岸管理者、またはその命じた者・委任した者が当該措置を行う旨を、事前に、公告した上で、
・当該措置を自ら行い、または、その命じた者・委任した者に行わせることができる、

とされている。

　本条5項では、海岸管理者は、本条4項の規定により、当該施設・工作物（除去を命じた物件を含む。）を除却した・除却させたときは、これらを保管しなければならない、とされている。

　本条6項では、海岸管理者は、本条5項の規定により、当該施設・工作物を保管したときは、その所有者等に返還するため、保管されていることを所有者等が知り得る状態にしておく必要があることから、公示しなければならない、とされている。

　公示すべき事項は、政令（3条の3）で、以下のとおりとされている。
①　保管した当該施設・工作物の名称、または種類・形状・数量
②　保管した当該施設・工作物の放置されていた場所・除却した日時
③　当該施設・工作物の保管を始めた日時・保管の場所
④　以上のほか、保管した当該施設・工作物を返還するため必要と認められる事項

　また、公示の方法については、政令（3条の4）で、以下のとおりとされている。
1）前記の公示すべき事項を、保管を始めた日から起算して14日間、海岸管理者の事務所に掲示する。
2）前記①の期間が満了しても、なお氏名・住所を知ることができないときは、上記の公示すべき事項の要旨を公報、または新聞紙に掲載する。

3）前記1）と2）に加え、海岸管理者は、保管した施設・工作物の一覧簿（省令別記様式1）を、海岸管理者の事務所に備え付け、かつ、いつでも関係者に自由に閲覧させる。

7 本条7項では、海岸管理者は、
・本条5項の規定により保管した当該施設・工作物が滅失・破損するおそれがあるとき、または、
・本条6項の規定による公示の日から起算して3ヶ月を経過しても返還することができない場合で、評価した当該施設・工作物の価額に比し、その保管に不相当な費用・手数を要するときは、

保管し続けることは不適当と考えられるため、当該施設・工作物を売却し、その売却した代金を保管することができる、とされている。

前記の当該施設・工作物の価額評価については、政令（3条の5）で、当該施設・工作物の購入・製作に要する費用、使用年数、損耗の程度等の価額評価に関する事情を勘案して行い、海岸管理者は、必要があると認めるときは、専門的知識を有する者の意見を聴くことができる、とされている。

当該施設・工作物を売却する場合の手続については、政令（3条の6、3条の7）で、以下のとおりとされている。

① 当該施設・工作物の売却は、競争入札に付して行う。ただし、競争入札に付しても入札者がない場合等、競争入札に付することが適当でないと認められる場合には、随意契約により売却することができる。

② 競争入札のうち一般競争入札に付そうとするときは、その入札期日の前日から起算して少なくとも5日前までに、当該施設・工作物の名称、または種類・形状・数量等を海岸管理者の事務所に掲示し、またはこれに準ずる適当な方法で公示する。

③ 競争入札のうち指名競争入札に付そうとするときは、なるべく3人以上の入札者を指定し、かつ、それらの者に他の施設等の名称、または種類・形状・数量等を、事前に、通知する。

④ 随意契約によろうとするときは、なるべく2人以上の者から見積書を徴する。

8 本条8項では、海岸管理者は、本条7項の規定による当該施設・工作物の売却で買受人がない場合で、評価した価額が著しく低いときは、保管し続け

ることは不適当と考えられるため、当該施設・工作物を廃棄することができる、とされている。

9　本条9項では、本条7項の規定により売却した代金は、売却に要した費用に充てることができる、とされている。

10　本条10項では、本条4項〜7項に規定する当該施設・工作物の除却・保管・売却・公示等の費用は、公平性の観点から、当該施設・工作物の返還を受けるべき所有者等の負担とする、とされている。

11　本条11項では、海岸管理者が当該施設・工作物や、その売却代金を無期限に保管しなければならないとするのは不合理であることから、本条6項の規定による公示の日から起算して6ヶ月を経過しても保管した当該施設・工作物や、その売却代金を返還することができないときは、当該施設・工作物の所有権や、その売却代金は、主務大臣が保管する場合には国、都道府県知事が保管する場合は都道府県、市町村長が保管する場合は市町村に帰属する、とされている。

　当該施設・工作物や、その売却代金の所有者等への返還については、政令（3条の8）で、氏名・住所を証明するのに足りる書類の提出等の方法で、本人確認をし、かつ、受領書（省令別記様式2）と引替えに返還する、とされている。

12　本条（3項を除く。）は、一般公共海岸区域について準用がある（法37条の8）。

【法律】

（損失補償）

第十二条の二　海岸管理者は、前条第二項の規定による処分又は命令により損失を受けた者に対し通常生ずべき損失を補償しなければならない。

2　前項の規定による損失の補償については、海岸管理者と損失を受けた者とが協議しなければならない。

3　前項の規定による協議が成立しない場合においては、海岸管理者は、自己の見積つた金額を損失を受けた者に支払わなければならない。この場合において、当該金額について不服がある者は、政令で定めるところにより、補償金の支払を受けた日から三十日以内に収用委員会に土地収用法（昭和二十六年法律第二百十九号）第九十四条の規定による裁決を申請することができる。

4　海岸管理者は、第一項の規定による補償の原因となつた損失が前条第二項第三号の規定による処分又は命令によるものであるときは、当該補償金額を当該理由を生じさせた者に負担させることができる。

【関係政令】

（損失補償の裁決申請手続）

第四条　法第十二条の二第三項（法第十八条第八項、第二十一条第四項、第二十一条の三第四項及び第二十三条第四項において準用する場合を含む。）又は第十九条第四項の規定により、土地収用法（昭和二十六年法律第二百十九号）第九十四条の規定による裁決を申請しようとする者は、主務省令で定める様式に従い、次の各号に掲げる事項を記載した裁決申請書を収用委員会に提出しなければならない。

一　裁決申請者の氏名及び住所（法人にあつては、その名称、代表者の氏名及び住所）

二　相手方の氏名及び住所（法人にあつては、その名称、代表者の氏名及び住所）

三　損失の事実

四　損失の補償の見積及びその内容

五　協議の経過

【関係省令】

（損失の補償の裁決申請書の様式）

第七条　令第四条の規定による裁決申請書の様式は、別記様式第七とし、正本一部及び写し一部を提出するものとする。

【解説】

1 本条は、法12条2項の規定により監督処分を行った場合における海岸管理者の補償に関する規定である。

2 本条1項では、海岸管理者は、法12条2項の規定による処分・命令により損失を受けた者に対して、通常生ずべき損失を補償しなければならない、とされている。

　法12条2項の規定による監督処分は、被処分者に帰責事由があるのではなく、公益上の必要によるものであるため、監督処分により受けた損失は、許可・承認を受けた者の地位に伴う内在的制約ということはいえず、「特別の犠牲」に当たることから、憲法上（29条3項等）、損失を受けた者に対して、損失の補償を行われなければならない。このため、本条1項は、その旨が確認的に明記されている。

　「通常生ずべき損失」の補償は、憲法29条3項等に基づく「正当な補償」によるものであるが、具体的な補償額の策定に当たっては、許可等に際しての当事者の意思、許可等の目的・内容、占用料等を考慮の上、決定されることになる。

　なお、土地収用法（88条）では、補償すべき損失の範囲として、土地等の権利に関する補償、物件の移転料等のほか、離作料、営業上の損失、建物の移転による賃貸料の損失等、通常受ける損失は補償しなければならない、とされている。

3 本条2項、3項は、損失補償に関する協議に関する条項である。

　本条2項では、損失の補償については、海岸管理者と損失を受けた者とが協議しなければならない、とされている。

　本条3項では、この協議が成立しない場合には、海岸管理者は、自己の見積った金額を、損失を受けた者に支払わなければならない、とされ、また、この場合には、当該金額に不服がある者は、補償金の支払を受けた日から30日以内に、収用委員会に、土地収用法94条の規定による裁決を申請することができる、とされている。

　収用委員会への裁決申請手続については、政令（4条）で、申請者は、様式（省令別記様式7）に従い、以下の事項を記載した裁決申請書を、収用委員会に提出しなければならない、とされている。

① 裁決申請者の氏名・住所(法人にあっては、その名称・代表者の氏名・住所)
② 相手方の氏名・住所（法人にあっては、その名称・代表者の氏名・住所）
③ 損失の事実
④ 損失の補償の見積・その内容
⑤ 協議の経過

　補償金の支払を受けた日から30日以内に、収用委員会に裁決申請がなければ、海岸管理者が見積もった金額で補償金額が確定する。裁決申請があれば、収用委員会は、裁決の申請が、土地収用法の規定に違反するなど却下すべき場合を除き、審理を行い、損失の補償と損失補償をなすべき時期について裁決する。

　裁決に不服がある者は、裁決書の正本の送達を受けた日から60日以内に、損失があった土地の所在地の裁判所に訴えを提起しなければならない（土地収用法94条）。

4　本条4項では、海岸管理者は、補償の原因となった損失が、法12条2項3号の規定による処分・命令によるものであるときは、理由を生じさせた者に負担させることができる、とされている。

　これは、原因者負担金と同様の考え方に基づくもので、損失を受けた者に対しては、一義的に、海岸管理者が補償するが、その後、海岸管理者は、原因を発生させた者に求償するというものである。

5　本条は、一般公共海岸区域について準用がある（法37条の8）。

【法律】

（緊急時における主務大臣の指示）
第十二条の三　主務大臣は、津波、高潮等の発生のおそれがあり、海岸の防護のため緊急の措置をとる必要があると認めるときは、海岸管理者に対し、第十二条第一項又は第二項の規定による処分又は命令を行うことを指示することができる。

【解説】
1　本条は、緊急時における主務大臣の指示に関する規定である。平成11年の地方分権改革一括法による海岸法の改正で設けられた。
2　従来は、海岸保全区域内の海岸の管理は、機関委任事務とされ、主務大臣に、海岸管理者等に対する包括的な指揮監督権があったが、平成11年の地方分権改革一括法で、機関委任事務が廃止され、海岸保全施設に関する工事に係るもの（法定受託事務）を除き、自治事務とされ、助言・勧告（地方自治法245条の4）、是正の勧告（地方自治法245条の6）、是正の要求（地方自治法245条の5）しかできず、法定受託事務の場合に行うことができる、講ずべき措置に関する必要な指示（地方自治法245条の7）は行うことができなくなった。

　海岸管理者が法12条1項、2項の規定により行う処分・命令は、占用（法7条）、禁止行為とその解除（法8条）、禁止行為（法8条の2）に関する制度の実効性を担保するための重要な監督処分であり、特に、高潮、津波等の災害の発生のおそれがある場合に、この監督処分が適正に行わなければ、海岸の保全上、重大な問題が生じるおそれがあるが、前記の自治事務で可能な措置では不十分な場合が想定される。

　このため、本条では、主務大臣は、
・津波、高潮等の発生のおそれがあり、
・海岸の防護のため緊急の措置をとる必要があると認めるときは、
・海岸管理者に対し、
・法12条1項、2項の規定による処分・命令を行うことを指示することができる、

とされている。

　指示を受けた海岸管理者は、指示に従って、必要な措置を講ずべき法的義務が発生する。

【法律】

（海岸管理者以外の者の施行する工事）

第十三条　海岸管理者以外の者が海岸保全施設に関する工事を施行しようとするときは、あらかじめ当該海岸保全施設に関する工事の設計及び実施計画について海岸管理者の承認を受けなければならない。ただし、第六条第一項の規定による場合は、この限りでない。

2　第十条第二項に規定する者は、前項本文の規定にかかわらず、海岸保全施設に関する工事の設計及び実施計画について海岸管理者に協議することをもつて足りる。

【解説】

1　本条は、海岸管理者以外の者が、海岸保全施設に関する工事を施行しようとする場合の規定である。いわゆる承認工事に関する規定である。

2　海岸保全施設は、海岸保全区域内における堤防、突堤、護岸等、海水の侵入や、海水による侵食を防止するための施設であるから、海岸保全施設に関する工事を施行することは、海岸保全区域の管理の中で特に重要な事項の一つであり、原則として、海岸管理者が行うべきものである。

　しかしながら、海岸管理者以外の者が自己の所有地、工場、家屋等を防護するために海岸保全施設に関する工事を施行することも、海岸保全上望ましいことであるため、海岸管理者以外の者が海岸保全施設に関する工事を施行することを海岸法では許容している。

　ただし、海岸管理者の承認を受けずに工事が施行できることになると、その計画が、都道府県知事が定めた海岸保全基本計画（法2条の3）に適合しなかったり、海岸管理者が定めている工事の実施計画と矛盾したり、あるいはその設計が海岸保全施設の築造基準（法14条）に適合しないことも起こり得る。

　このため、本条1項では、海岸管理者以外の者が海岸保全施設に関する工事を施行しようとするときは、事前に、海岸保全施設に関する工事の設計と実施計画について、海岸管理者の承認を受けなければならない、とされ、また、ただし書きで、主務大臣の直轄工事（法6条）の場合はこの限りでない、

とされている。

　本条の対象となる「海岸保全施設に関する工事」の「海岸保全施設」とは、設置の目的、施設の規模等から、国土保全施設として取り扱うべき工事のみを対象とすべきであり、例えば、工事の規模が極めて小さく、工事による保全効果が私益の範囲にとどまるような場合は、占用許可（法7条）、禁止行為の解除の許可（法8条）の対象として取り扱うこととなる、とされる。

　「海岸保全施設に関する工事」の「工事」の範囲について、特段規定されていないが、新設・改良に係る工事に加え、補修に係る工事も含まれるとされる。また、海岸管理者が管理する海岸保全施設について、海岸管理者以外の者から施設の改良・補修に関する工事の申出があった場合にも、本条の対象となるものとされる。

　なお、自己の所有に係る海岸保全施設に関する補修工事のうち、比較的軽微な工事（例：水門等のワイヤーロープ、門扉の取替え、ペンキの塗替え、堤防等の亀裂の補修）については、本条の対象としなくてもよい、とされる。

　「当該海岸保全施設に関する工事の設計及び実施計画」とは、工事を施行する区域を記載した図書、工事の設計書、工事の着手と完成の時期を記載した書面、工事に要する費用に関する計画書等である。

　海岸管理者以外の者は、本条の規定により海岸管理者の承認を得れば、その者の権原に基づいて管理している土地だけでなく、それ以外の土地（公共海岸）においても海岸保全施設に関する工事を施行することができる。この場合において、占用許可（法7条）、占用料の徴収（法11条）の規定の適用はないものとされる。これは、海岸管理者以外の者にも積極的に海岸保全施設に関する工事を施行させ、海岸保全施設の整備を促進しようという趣旨による。

3　本条2項では、海岸管理者以外の者が、国・地方公共団体（港務局を含む。）である場合には、承認ではなく、事前に、海岸管理者に協議することで足りる、とされている。

　これは、国・地方公共団体については、公益目的のために業務を行っており、かつ、その性格上私人と同等に扱って海岸管理者の全面的な監督下に置くことは妥当でないためである。

4　本条の規定に違反した場合については、海岸法上、特段、罰則規定は置い

ていないが、法21条1項の規定により、承認を受けないで工事が施行された場合、承認に付した条件に違反して工事が施行された場合、または偽りその他不正の手段により承認を受けて工事が施行された場合のいずれかに該当する場合であって、海岸保全施設が法14条の規定された築造基準に適合しないときは、海岸管理者は、海岸保全施設の管理者に対して、改良、補修、そのほか必要な措置を命ずることができる。

【法律】

（技術上の基準）

第十四条　海岸保全施設は、地形、地質、地盤の変動、侵食の状態その他海岸の状況を考慮し、自重、水圧、波力、土圧及び風圧並びに地震、漂流物等による振動及び衝撃に対して安全な構造のものでなければならない。

2　海岸保全施設の形状、構造及び位置は、海岸環境の保全、海岸及びその近傍の土地の利用状況並びに船舶の運航及び船舶による衝撃を考慮して定めなければならない。

3　前二項に定めるもののほか、主要な海岸保全施設の形状、構造及び位置について、海岸の保全上必要とされる技術上の基準は、主務省令で定める。

【関係省令（ただし、この省令は、「海岸保全施設の技術上の基準を定める省令」である。）】

（この省令の趣旨）

第一条　この省令は、海岸保全施設のうち、堤防、突堤、護岸、胸壁、離岸堤、砂浜、消波堤及び津波防波堤について海岸の保全上必要とされる技術上の基準を定めるものとする。

（用語の定義）

第二条　この省令において、次の各号に掲げる用語の意義は、それぞれ当該各号に定めるところによる。

一　設計高潮位　次に掲げる潮位に気象の状況及び将来の見通しを勘案して必要と認められる値を加えたもののうちから、海岸保全施設の設計を行うため、当該海岸保全施設の背後地の状況等を考慮して、海岸管理者が定めるものをいう。

　イ　既往最高潮位

　ロ　朔望平均満潮位に既往の潮位偏差の最大値を加算し、当該満潮位の時に当該潮位偏差及び設計波が発生する可能性を考慮して、当該潮位偏差の最大値の範囲内において必要な補正を行った潮位

　ハ　朔望平均満潮位に台風その他の異常な気象又はこれに伴う海象に関する記録に基づき推算した潮位偏差の最大値を加算し、当該満潮位の時に当該潮位偏差及び設計波が発生する可能性を考慮して、当該潮位偏差の最大値の範囲内において必要な補正を行った潮位

二　設計波　海岸保全施設の設計を行うため、長期間の観測記録に基づく最大の波浪又は台風その他の異常な気象若しくはこれに伴う海象に関する記録に照らして発生するものと予想される最大の波浪を考慮し、気象の状況及び将来の見通しを勘案して、当該海岸保全施設に到達するおそれが多い波浪として、海岸管理者が定めるものをいう。

三　設計津波　海岸保全施設の設計を行うため、津波発生時の浸水に関する記録に基づく最大の津波又は地震その他の異常な地象若しくはこれに伴う海象に関する記録に照らして発生するものと予想される最大の津波を考慮し、当該海岸保全施設に到達するおそれが多い津波として、海岸管理者が定めるものをいう。

(堤防及び護岸)

第三条　堤防及び護岸(以下「堤防等」という。)の型式、天端高(波返工がある場合においては、これを含む高さとする。以下この条において同じ。)、天端幅、法勾配及び法線は、当該堤防等の背後地の状況等を考慮して、設計高潮位の海水若しくは設計波又は設計津波の作用に対して、次の各号のいずれかに掲げる機能が確保されるよう定めるものとする。

一　高潮又は津波による海水の侵入を防止する機能
二　波浪による越波を減少させる機能
三　海水による侵食を防止する機能

2　堤防の型式、天端幅及び法勾配(根固工にあっては型式、幅及び厚さ、樹林にあっては樹種並びに盛土の幅及び厚さ)は、前項の規定によるほか、当該堤防の背後地の状況等を考慮して、設計高潮位を超える潮位の海水若しくは設計波を超える波浪又は設計津波を超える津波の作用に対して、当該堤防の損傷等を軽減する機能が確保されるよう定めるものとする。

3　堤防等は、設計高潮位以下の潮位の海水及び設計波並びに設計津波の作用に対して安全な構造とするものとする。

4　堤防にあっては、前項の規定によるほか、当該堤防の背後地の状況等を考慮して、設計高潮位を超える潮位の海水及び設計波を超える波浪並びに設計津波を超える津波の作用に対して当該堤防の損傷等を軽減する構造とするものとする。

5　堤防等の天端高は、次の各号のいずれかに掲げる値に当該堤防等の背後地の状況等を考慮して必要と認められる値を加えた値以上とするものとする。

一　設計高潮位に設計波のうちあげ高を加えた値
二　設計高潮位の時の設計波により越波する海水の量を十分に減少させるために必要な値
三　設計津波の水位

6 堤防等には、当該堤防等の近傍の土地の利用状況により、樋門、樋管、陸閘その他排水又は通行のための施設を設けるものとする。

7 前項の施設のうち操作施設には、必要に応じ、管理橋その他の適当な管理施設を設けるものとする。

8 堤防等に操作施設を設ける場合において、当該操作施設の操作に従事する者の安全又は当該操作施設の利用者の利便を確保するため必要があるときは、自動的に、又は遠隔操作により当該操作施設の開閉を行うことができるものとするものとする。

（突堤）

第四条　突堤の型式、天端高、天端幅、長さ及び方向並びに突堤相互の間隔は、漂砂の観測又は推算の結果に照らして当該突堤の近傍の海域において発生するものと予想される漂砂に対して、漂砂を制御することにより汀線を維持し、又は回復させる機能が確保されるよう定めるものとする。

2　突堤は、設計高潮位以下の潮位の海水及び設計波の作用に対して安全な構造とするものとする。

（胸壁）

第五条　胸壁の型式、天端高及び法線は、当該胸壁の背後地の状況等を考慮して、設計高潮位の海水若しくは設計波又は設計津波の作用に対して、次の各号のいずれかに掲げる機能が確保されるよう定めるものとする。

　一　高潮又は津波による海水の侵入を防止する機能

　二　波浪による越波を減少させる機能

2　胸壁の型式は、前項の規定によるほか、当該胸壁の背後地の状況等を考慮して、設計高潮位を超える潮位の海水若しくは設計波を超える波浪又は設計津波を超える津波の作用に対して、当該胸壁の損傷等を軽減する機能が確保されるよう定めるものとする。

3　第三条第三項から第八項までの規定は、胸壁について準用する。

（離岸堤）

第六条　離岸堤の型式、天端高、天端幅、長さ及び汀線からの距離並びに離岸堤相互の間隔は、設計高潮位の海水及び設計波の作用又は漂砂の観測若しくは推算の結果に照らして当該離岸堤の近傍の海域において発生するものと予想される漂砂に対して、次の各号のいずれかに掲げる機能が確保されるよう定めるものとする。

　一　消波することにより越波を減少させる機能

　二　漂砂を制御することにより汀線を維持し、又は回復させる機能

2　第四条第二項の規定は、離岸堤について準用する。

（砂浜）

第七条　砂浜の幅、高さ及び長さは、設計高潮位以下の潮位の海水及び設計波以下の波浪の作用に対して、次の各号のいずれかに掲げる機能が確保されるよう定めるものとする。
　一　消波することにより越波を減少させる機能
　二　堤防等の洗掘を防止する機能
2　砂浜は、前項に規定する作用に対して長期的に安定した状態を保つことができるものとする。
（消波堤）
第八条　消波堤の型式、天端高、天端幅及び法線は、設計高潮位の海水及び設計波の作用に対して、消波することにより汀線を維持する機能が確保されるよう定めるものとする。
2　第四条第二項の規定は、消波堤について準用する。
（津波防波堤）
第九条　津波防波堤の型式、天端高、天端幅、法線並びに開口部の水深及び幅は、設計津波の作用に対して、当該津波防波堤の内側において、津波による水位の上昇を抑制する機能が確保されるよう定めるものとする。
2　津波防波堤の型式及び天端幅は、前項の規定によるほか、当該津波防波堤の背後地の状況等を考慮して、設計津波を超える津波の作用に対して、当該津波防波堤の損傷等を軽減する機能が確保されるよう定めるものとする。
3　第三条第三項及び第四項の規定は、津波防波堤について準用する。

【解説】
1　本条は、海岸保全施設の築造基準に関する規定である。
2　海岸保全施設は、津波・高潮・波浪等の海水・地盤の変動による被害から海岸を防護し、もって国土の保全に資するための施設であり、その構造は適切なものでなければならない。
　また、海岸保全施設は、海岸管理者が築造する場合においても、海岸管理者は、都道府県知事、市町村長、港湾管理者、漁港管理者と分かれており、また、海岸管理者以外の者も築造することができるため、統一的な築造基準がなければ、統一性のある適正な海岸保全施設を築造することは困難である。
　このため、本条では、海岸保全施設の築造基準を定めている。
3　本条１項では、海岸保全施設の一般的な基準として、海岸保全施設は、地

形、地質、地盤の変動、侵食の状態、そのほか海岸の状況を考慮し、自重・水圧・波力・土圧・風圧や、地震・漂流物等による振動・衝撃に対して、安全な構造のものでなければならない、とされている。

本条2項では、海岸保全施設の形状・構造・位置に関する基準として、海岸環境の保全、海岸・その近傍の土地の利用状況、船舶の運航・船舶による衝撃を考慮して定めなければならない、とされている。

本条の3項では、本条1項、2項に定めるもののほか、主要な海岸保全施設の形状・構造・位置について、海岸の保全上必要とされる技術上の基準は、主務省令で定めるとされている。具体的な基準については、「海岸保全施設の技術上の基準を定める省令」（平成16年農林水産省・国土交通省令1号）を参照のこと。

なお、本省令は、令和3年7月30日に海岸保全を過去のデータに基づきつつ気候変動による影響を明示的に考慮した対策へ転換するため、一部が改正・施行されている。改正に伴って、令和3年8月2日付けで「気候変動の影響を踏まえた海岸保全施設の計画外力の設定方法等について」（通知）が出されている。

○気候変動の影響を踏まえた海岸保全施設の計画外力の設定方法等について

令和3年8月2日
3農振第1203号
3水港第1463号
国水海第25号
国港海第113号

各地方整備局河川部長　　等
各都道府県土木主幹部長　等　　宛

農林水産省　農村振興局　整備部　防災課長
農林水産省　水産庁　漁港漁場整備部　防災漁村課長
国土交通省　水管理・国土保全局　海岸室長
国土交通省　港湾局　海岸・防災課長

本通知は、「海岸保全施設の技術上の基準を定める省令」（平成16年3月23日農林水産省・国土交通省令第1号。以下、「省令」という。）第2条第1号及び第2号の改正並びに「海岸保全施設の技術上の基準について」（農振第2574号、15水港第3168号、国河海第69号、国港海第556号）2.2及び2.3が変更されたことに伴い、その適用に関し、下記のとおり気候変動を踏まえた海岸保全施設の計画外力の設定方法等を示すことにより、気候変動による影響を明示的に考慮した海岸保全対策への転換に資することを目的とするもので

ある。

　今後、気候変動を踏まえた海岸保全施設の計画外力を設定し、又は見直す場合には、留意されたい。

　また、各都道府県農林水産主管部長及び土木主管部長には別途通知したので申し添える。

記

第一　設計高潮位及び設計波の設定方法等

　　省令第2条第1号及び第2号に規定する設計高潮及び設計波を今後、設定及び見直しするに当たっては、気候変動の影響による平均海面水位の上昇、台風の強大化等を考慮する必要がある。その際、対象とする外力の将来予測は、「気候変動を踏まえた海岸保全のあり方」提言（令和2年7月）を踏まえ、気候変動に関する政府間パネル（IPCC）による第5次評価報告書第I作業部会報告書で用いられた代表的濃度経路（RCP）シナリオのうち、RCP2.6シナリオ（2℃上昇相当）における将来予測の平均的な値を前提とすることを基本とする。ただし、RCP2.6シナリオ（2℃上昇相当）における外力の変化にも予測の幅があること、また、2℃以上の気温上昇が生じる可能性も否定できないことから、RCP8.5シナリオ（4℃上昇相当）等のシナリオについては、地域の特性に応じた海岸保全における整備メニューの点検や減災対策を行うためのリスク評価、海岸保全施設の効率的な運用の検討、将来の施設改良を考慮した施設設計の工夫等の参考として活用するよう努めるものとする。

　　具体的な計画外力の検討に当たっては、気候変動予測には不確実性があること、また、関連した研究成果の更なる蓄積が期待されることなどを踏まえ、最新のデータ及び知見等をもとに検討するよう努め、設計高潮及び設計波における気候変動の影響を勘案して必要と認められる値等については、海岸管理者が気候変動予測の不確実性や施設整備の効率性等に留意した上で必要と認められる値等を決定することを基本とする。

第二　その他の留意事項

　　設計高潮位及び設計波の設定等に関連して、次の事項について留意されたい。

　一　堤防等の天端高は、上記により設定された設計高潮及び設計波を前提として、省令第三条第一項及び第五項並びに第五条第一項及び第三項に定められた基準に従い、海岸の機能の多様性への配慮、環境保全、周辺景観との調和、経済性、維持管理の容易性、施工性、公衆の利用等を総合的に考慮しつつ、海岸管理者が適切に定めるものであることに留意する。その際、土地利用やまちづくり等の都市計画等との調整等のソフト面の対策も組み合わせ広域的・総合的な対策を長期的な視点から検討するよう努める。

　二　堤防等の設計において津波を対象とする場合も平均海面水位の上昇を考慮する。

　三　設計高潮位等の設定に当たっては、当該地域海岸に流入する河川についても整合的な対策が必要とされることから、河川管理者との連絡に努めるとともに、堤防等の天端高の設定に当たっては、河川整備等との調整を図るなど、隣接する施設の関係者等との調整に努めるものとする。

四　施設整備段階においては、堤防や消波工に沖合施設や砂浜等も組み合わせることにより、防護のみならず環境や利用の面からも優れた面的防護方式による整備に努める。その際、平均海面水位の上昇に伴い、汀線位置の変化等が見込まれる場合は可能な限り施設配置等に留意するよう努める。

以上

4　海岸管理者以外の者が管理する海岸保全施設が本条の築造基準に適合しない場合には、法21条1項、2項の規定により、海岸管理者は、その管理者に対して、海岸保全施設の改良、補修、そのほか海岸保全施設の管理に必要な措置を命ずることができる。

【法律】

（操作規則）

第十四条の二　海岸管理者は、その管理する海岸保全施設のうち、操作施設（水門、陸閘その他の操作を伴う施設で主務省令で定めるものをいう。以下同じ。）については、主務省令で定めるところにより、操作規則を定めなければならない。

2　前項の操作規則は、津波、高潮等の発生時における操作施設の操作に従事する者の安全の確保が図られるように配慮されたものでなければならない。

3　海岸管理者は、第一項の操作規則を定めようとするときは、あらかじめ関係市町村長の意見を聴かなければならない。

4　前二項の規定は、第一項の操作規則の変更について準用する。

【関係省令】

（操作施設）

第五条の五　法第十四条の二第一項の主務省令で定める施設は、次に掲げるものとする。

一　水門
二　樋門
三　陸閘
四　閘門
五　前各号に掲げるもののほか、津波、高潮等による海水の侵入を防止するために操作を伴う施設

（操作規則）

第五条の六　法第十四条の二第一項の操作規則には、次の各号に掲げる事項を定めなければならない。

一　操作施設の操作の基準に関する事項
二　操作施設の操作の方法に関する事項
三　操作施設の操作の訓練に関する事項
四　操作施設の操作に従事する者の安全の確保に関する事項
五　操作施設及び操作施設を操作するため必要な機械、器具等の点検その他の維持に関する事項
六　操作施設の操作の際にとるべき措置に関する事項

七　その他操作施設の操作に関し必要な事項

【解説】
1　本条は、操作規則の策定に関する規定である。平成26年の海岸法の改正で設けられた。
2　海岸保全施設のうち、津波・高潮等による海水の浸水を防止するために操作を行うことが必要な施設（水門、樋門、陸閘等）については、津波等の災害時において、確実な閉鎖等が図られるとともに、操作従事者の安全が確保されることが求められる。
　このため、事前に、これらの施設の操作ルールを定めるとともに、併せて、操作ルールを操作従事者等に徹底するため、平時から訓練を実施することが必要である。
3　本条１項にでは、海岸管理者は、海岸保全施設のうち、水門、陸閘等の操作を伴う施設で、主務省令で定める操作施設については、操作規則を定めなければならない、とされている。
　操作施設については、省令（５条の５）で、以下の施設とされている。
①　水門
②　樋門
③　陸閘
④　閘門
⑤　上記①～④のほか、津波、高潮等による海水の侵入を防止するために操作を伴う施設

【図表17：用語の解説】

【水門、樋門・樋管】
　水門等は高潮や津波から背後地を防護するために河川、排水路、運河などを横切って設けられる防災施設である。また、水門等のうち排水樋門等は潮の干満を利用して地区内の排水を行う通水施設であるとともに、高潮等の異常時には堤防と同じく防災機能を有する施設である。

【陸閘(りくこう)】
堤防、胸壁の前面の漁港、港湾、海浜等を利用するために、車両、人の通行が可能なように設けた門扉であり、高潮等の異常時には閉鎖し、堤防等と同様の防災機能を有する施設をいう。

（出典：国土交通省資料）

　操作規則に記載すべき事項については、省令（5条の6）で、以下の事項とされている。
　① 操作施設の操作の基準に関する事項
　② 操作施設の操作の方法に関する事項
　③ 操作施設の操作の訓練に関する事項
　④ 操作施設の操作に従事する者の安全の確保に関する事項
　⑤ 操作施設・操作施設を操作するため必要な機械、器具等の点検、そのほか維持に関する事項
　⑥ 操作施設の操作の際にとるべき措置に関する事項
　⑦ その他操作施設の操作に関し必要な事項

4　本条2項では、操作規則は、津波、高潮等の発生時における操作施設の操作に従事する者の安全の確保が図られるように配慮されたものでなければならない、とされている。
　東日本大震災では、消防団員254名が死亡・行方不明となるなど、痛ましい犠牲が発生したが、この中には、水門、陸閘等の操作に従事していた方々も含まれている。本条2項に沿った操作規則の適切な策定と、訓練等を通じた徹底が強く求められる。

5　本条3項では、操作規則の内容は、関係する市町村の防災に影響を与えることになるため、操作規則を定めようとするときは、事前に、関係市町村長の意見を聴かなければならない、とされている。

6　本条4項では、操作規則を変更する場合も、新たに策定する場合と同様の対応が必要であるため、本条2項、3項の規定は、操作規則の変更にも、準用する、とされている。

【法律】

（操作規程）

第十四条の三　海岸管理者以外の海岸保全施設の管理者（以下「他の管理者」という。）は、その管理する海岸保全施設のうち、操作施設については、主務省令で定めるところにより、当該操作施設の操作の方法、訓練その他の措置に関する事項について操作規程を定め、海岸管理者の承認を受けなければならない。

2　前項の操作規程は、津波、高潮等の発生時における操作施設の操作に従事する者の安全の確保が図られるように配慮されたものでなければならない。

3　海岸管理者は、第一項の操作規程を承認しようとするときは、あらかじめ関係市町村長の意見を聴かなければならない。

4　第十条第二項に規定する者は、第一項の規定にかかわらず、その管理する操作施設について同項の操作規程を定め、海岸管理者に協議することをもつて足りる。

5　前各項の規定は、第一項の操作規程の変更について準用する。

【関係省令】

（操作規則）

第五条の六　法第十四条の二第一項の操作規則には、次の各号に掲げる事項を定めなければならない。

一　操作施設の操作の基準に関する事項
二　操作施設の操作の方法に関する事項
三　操作施設の操作の訓練に関する事項
四　操作施設の操作に従事する者の安全の確保に関する事項
五　操作施設及び操作施設を操作するため必要な機械、器具等の点検その他の維持に関する事項
六　操作施設の操作の際にとるべき措置に関する事項
七　その他操作施設の操作に関し必要な事項

（操作規程）

第五条の七　前条の規定は、法第十四条の三第一項の操作規程について準用する。

【解説】
1 本条は、操作規程の策定に関する規定である。平成26年の海岸法の改正で設けられた。
2 操作施設（水門、樋門(ひもん)、陸閘(りくこう)等）には、海岸管理者以外の海岸保全施設の管理者が設置・管理するものが含まれているが、津波等の災害時には、これらの施設を含めて一連の操作施設が確実に閉鎖されなければ、海岸保全施設全体が十分な機能を発揮しない。
　また、津波等の災害時において、これらの操作従事者の安全が確保されることも求められる。
　このため、海岸管理者の操作施設と同様に、事前に、これらの施設の操作ルールを定するとともに、併せて、操作ルールを操作従事者等に徹底するため、平時から訓練を実施することが必要である。
3 本条1項では、海岸管理者以外の海岸保全施設の管理者は、海岸管理者と同様に、管理する海岸保全施設のうち、水門、樋門、陸閘(こう)等の操作施設（法14条の2参照）については、操作施設の操作方法、訓練、そのほか措置に関する事項について、操作規程を定め、内容の適正性を担保するため、海岸管理者の承認を受けなければならない、とされている。
　操作規程に記載すべき事項については、省令（5条の6、5条の7）で、以下の事項とされている。
　① 操作施設の操作の基準に関する事項
　② 操作施設の操作の方法に関する事項
　③ 操作施設の操作の訓練に関する事項
　④ 操作施設の操作に従事する者の安全の確保に関する事項
　⑤ 操作施設・操作施設を操作するため必要な機械、器具等の点検、そのほか維持に関する事項
　⑥ 操作施設の操作の際にとるべき措置に関する事項
　⑦ その他操作施設の操作に関し必要な事項
4 本条2項では、操作規程は、津波、高潮等の発生時における操作施設の操作に従事する者の安全の確保が図られるように配慮されたものでなければならない、とされている。
　東日本大震災での痛ましい犠牲を踏まえ、本条2項に沿った操作規則の適

切な策定と、訓練等を通じた徹底が強く求められる。

5 　本条3項では、操作規程の内容は、関係する市町村の防災に影響を与えることになるため、操作規程を定めようとするときは、事前に、関係市町村長の意見を聴かなければならない、とされている。

　本条4項では、海岸管理者以外の海岸保全施設の管理者が、国・地方公共団体（港務局を含む。）の場合には、承認を受けるのではなく、海岸管理者に協議すれば足りる、とされる。

　これは、国・地方公共団体は、公益目的のために業務を行っており、かつ、その性格上私人と同等に扱って海岸管理者の全面的な監督下に置くことは妥当でないことからである。

6 　本条5項では、操作規程を変更する場合も、新たに策定する場合と同様の対応が必要であるため、本条1項～5項の規定は、操作規程の変更にも、準用する、とされている。

7 　本条1項の規定に違反した場合等には、海岸管理者は、法21条の2、法21条の3に規定により、海岸管理者以外の海岸保全施設の管理者に対して、監督処分を行うことができる。

【法律】

第十四条の四　前条第一項の規定による承認を受けた他の管理者は、その管理する操作施設の操作については、当該承認を受けた操作規程に従つて行わなければならない。

【解説】

1　本条は、操作規程の実効性の確保に関する規定である。平成26年の海岸法の改正で設けられた。
2　法14条の3第1項で、海岸管理者以外の海岸保全施設の管理者は、水門、樋門、陸閘等の操作施設について、操作規程を定め、海岸管理者の承認を受けなければならない、とされているが、承認された操作規程の実効性を確保するため、本条では、海岸管理者以外の海岸保全施設の管理者は、承認を受けた操作規程に従って管理する操作施設を操作しなければならない、とされ、法的義務があることを明記している。
3　本条の規定に違反した場合等には、海岸管理者は、法21条の2、法21条の3に規定により、海岸管理者以外の海岸保全施設の管理者に対して、監督処分を行うことができる。

【法律】

（維持又は修繕）

第十四条の五　海岸管理者は、その管理する海岸保全施設を良好な状態に保つように維持し、修繕し、もつて海岸の防護に支障を及ぼさないように努めなければならない。

2　海岸管理者が管理する海岸保全施設の維持又は修繕に関する技術的基準その他必要な事項は、主務省令で定める。

3　前項の技術的基準は、海岸保全施設の修繕を効率的に行うための点検に関する基準を含むものでなければならない。

【関係省令】

（維持又は修繕に関する技術的基準等）

第五条の八　法第十四条の五第二項の主務省令で定める海岸管理者が管理する海岸保全施設の維持又は修繕に関する技術的基準その他必要な事項は、次のとおりとする。

一　海岸保全施設の構造又は維持若しくは修繕の状況、海岸保全施設の周辺の状況、海岸保全施設の存する地域の気象の状況その他の状況（以下この条において「海岸保全施設の構造等」という。）を勘案して、海岸保全施設の維持及び修繕を計画的に実施すること。

二　海岸保全施設の構造等を勘案して、適切な時期に、海岸保全施設の巡視を行い、及び障害物の処分その他の海岸保全施設の機能を維持するために必要な措置を講ずること。

三　海岸保全施設の構造等を勘案して、海岸保全施設の定期及び臨時の点検を行うこと。

四　前号の点検その他の方法により海岸保全施設の損傷、腐食その他の劣化その他の変状があることを把握したときは、当該海岸保全施設の適切な維持又は修繕が図られるよう、必要な措置を講ずること。

五　海岸保全施設の点検又は修繕を行つたときは、当該点検又は修繕に関する記録の作成及び保存を適切に行うこと。

【解説】

1　本条は、維持・修繕の基準に関する規定である。平成26年の海岸法の改正で設けられた。

2　法14条では、海岸保全施設の構造等に関する基本原則を定めるとともに、

技術上の基準を省令で定めることとしているが、海岸保全施設について海岸の防護上必要な機能が確保されるためには、これら基準に従い施設が設置されるだけでなく、設置後、海岸管理者において、適切に維持・修繕されることが必要である。

また、海岸保全施設については、既存施設の老朽化が懸念される中で、維持・管理のあり方を、各海岸管理者の自主性に委ねるのではなく、統一的な技術上の基準を定め、それらに基づき、適切に維持、修繕がされることが求められる。

このため、本条1項では、海岸管理者は、管理する海岸保全施設を良好な状態に保つように維持・修繕し、もって海岸の防護に支障を及ぼさないように努めなければならない、とされている。また、本条2項では、海岸管理者が管理する海岸保全施設の維持・修繕に関する技術的基準、そのほか必要な事項は、主務省令で定める、とされ、また、本条3項では、技術的基準は、海岸保全施設の修繕を効率的に行うための点検に関する基準を含むものでなければならない、とされている。

技術的基準、そのほか必要な事項については、省令（5条の8）で、以下のとおりとされている。

（技術的基準）
① 海岸保全施設の構造等を勘案して、海岸保全施設の維持・修繕を計画的に実施すること
② 海岸保全施設の構造等を勘案して、適切な時期に、海岸保全施設の巡視を行い、障害物の処分等の海岸保全施設の機能を維持するために必要な措置を講ずること
③ 海岸保全施設の構造等を勘案して、海岸保全施設の定期的、臨時的な点検を行うこと
④ 点検等により海岸保全施設の損傷、腐食等を把握したときは、当該海岸保全施設の適切な維持・修繕が図られるよう、必要な措置を講ずること

（そのほか必要な事項）
⑤ 海岸保全施設の点検・修繕を行つたときは、当該点検・修繕に関する記録の作成・保存を適切に行うこと

3　本条は、海岸管理者の維持・修繕について定めるものであり、海岸管理者以外の管理者の維持・管理についての定めではない。

　しかしながら、海岸管理者以外の管理者の維持・修繕等が適切に行われない等により、海岸保全施設が法14条の規定に適合せず、海岸の保全上著しい支障があるときは、海岸管理者は、法21条2項の規定により、海岸管理者以外の管理者に対して監督処分を行うことができる。

【法律】

（兼用工作物の工事の施行）

第十五条　海岸管理者は、その管理する海岸保全施設が道路、水門、物揚場その他の施設又は工作物（以下これらを「他の工作物」と総称する。）の効用を兼ねるときは、当該他の工作物の管理者との協議によりその者に当該海岸保全施設に関する工事を施行させ、又は当該海岸保全施設を維持させることができる。

【解説】

1　本条は、いわゆる兼用工作物の工事・維持に関する規定である。
2　海岸管理者が管理する海岸保全施設が、道路、水門、物揚場等の施設・工作物としても使用される場合には、海岸管理者自らが工事を施行し、または維持するよりも、これらの施設・工作物の管理者に行わせる方が便宜である場合が多い。

　このため、本条では、海岸管理者は、管理する海岸保全施設が道路、水門、物揚場等の施設・工作物の効用を兼ねるときは、当該工作物・施設の管理者との協議により、その管理者に当該海岸保全施設（「兼用工作物」と呼ばれる。）に関する工事を施行させ、または海岸保全施設を維持させることができる、とされている。

　兼用工作物とは、一体として不可分のものであって、一面においては、全てが海岸保全施設であり、他の一面においては、全てが海岸保全施設以外の施設・工作物である。

3　「その管理する海岸保全施設」とは、海岸管理者が権原に基づいて管理している海岸保全施設であり、海岸保全区域内であっても海岸管理者以外の者が管理する海岸保全施設は含まれない。例えば、道路管理者が、海岸保全区域内に自らの費用で設置し、管理している道路の護岸は、海岸保全施設であるが、海岸管理者が権原に基づいて管理するものではないため、本条の対象外とされる。

　海岸管理者が、他の施設・工作物の管理者に、工事を施行させ、または維持させるためには、当該管理者と協議が成立しなければならない。もっとも、

当然のことながら、海岸管理者が権原に基づいて、自ら工事を施行し、または維持することは、協議が成立しなくても、可能である。
4 兼用工作物の費用負担については、法30条を参照のこと。

【法律】

（工事原因者の工事の施行等）

第十六条　海岸管理者は、その管理する海岸保全施設等に関する工事以外の工事（以下「他の工事」という。）又は海岸保全施設等に関する工事若しくは海岸保全施設等の維持（海岸保全区域内の公共海岸の維持を含む。以下同じ。）の必要を生じさせた行為（以下「他の行為」という。）により必要を生じたその管理する海岸保全施設等に関する工事又は海岸保全施設等の維持を当該他の工事の施行者又は他の行為の行為者に施行させることができる。

2　前項の場合において、他の工事が河川工事（河川法第三条第一項に規定する河川の河川工事をいう。以下同じ。）、道路（道路法（昭和二十七年法律第百八十号）による道路をいう。以下同じ。）に関する工事、地すべり防止工事（地すべり等防止法（昭和三十三年法律第三十号）による地すべり防止工事をいう。以下同じ。）又は急傾斜地崩壊防止工事（急傾斜地の崩壊による災害の防止に関する法律（昭和四十四年法律第五十七号）による急傾斜地崩壊防止工事をいう。以下同じ。）であるときは、当該海岸保全施設等に関する工事については、河川法第十九条、道路法第二十三条第一項、地すべり等防止法第十五条第一項又は急傾斜地の崩壊による災害の防止に関する法律第十六条第一項の規定を適用する。

【解説】

1　本条は、工事原因者に対する工事の施行命令に関する規定である。
2　他の原因によって、海岸管理者の管理する海岸保全施設等について、工事や維持の必要が生じた場合には、原因者に当該工事・維持を行わせることが、公平負担の見地から妥当であり、また、便宜である場合が多い。
　このため、本条1項では、海岸管理者は、
・海岸管理者の管理する海岸保全施設等に関する工事以外の工事（「他の工事」という。）、または海岸保全施設等に関する工事、海岸保全施設等の維持の必要を生じさせた行為（「他の行為」という。）により、
・必要を生じた海岸管理者が管理する海岸保全施設等に関する工事、また

は海岸保全施設等の維持を、
　・工事の施行者、または行為者に施行させることができる、
とされている。
　「他の工事」によって必要が生じた海岸保全施設等に関する工事等としては、例えば、背後地の大規模な開発行為等による堤防の付替え工事、堤防に排水路を設けたために必要な護岸工事等があり、また、「他の行為」によって必要が生じた海岸保全施設等に関する工事等としては、例えば、重車両の通行・超重量物の揚陸等に伴う堤防の補強・形状変更等がある。
　「他の工事」、「他の行為」については、完了したものだけでなく、施行中のもの、未着手のものも含まれるとされる。ただし、事前に行う原因者工事等については、工事等の原因が明らかで、工事等の必要性も明白に認められる場合でなければならない、とされる。
　原因者はいるが、海岸管理上、その者に工事・維持を行わせることが適当でない場合には、法31条に基づき、海岸管理者が自ら工事・維持を行い、それに要する費用を原因者に負担させることになる。

3　本条2項では、「他の工事」が、河川工事、道路に関する工事、地すべり防止工事、または急傾斜地崩壊防止工事であるときは、海岸保全施設等に関する工事については、河川法19条、道路法23条1項、地すべり等防止法15条1項、または急傾斜地の崩壊による災害の防止に関する法律16条1項の規定を適用する、とされている。
　これは、「他の工事」が、河川工事、道路工事、地すべり工事、または急傾斜地崩壊防止工事である場合には、河川法等の該当条項（いわゆる附帯工事の条項）で、河川管理者等が、附帯工事として、海岸保全施設等に関する工事を施行することができる旨、規定されていることから、重複適用を避けるため、本条1項の適用はないものとし、河川法等の該当条項を適用することとしたものである。

4　原因者工事等のの費用負担については、法31条を参照のこと。
5　本条は、一般公共海岸区域について準用がある（法37の8）。

【法律】

（附帯工事の施行）

第十七条　海岸管理者は、その管理する海岸保全施設に関する工事により必要を生じた他の工事又はその管理する海岸保全施設に関する工事を施行するため必要を生じた他の工事をその海岸保全施設に関する工事とあわせて施行することができる。

2　前項の場合において、他の工事が河川工事、道路に関する工事、砂防工事（砂防法による砂防工事をいう。以下同じ。）又は地すべり防止工事であるときは、当該他の工事の施行については、河川法第十八条、道路法第二十二条第一項、砂防法第八条又は地すべり等防止法第十四条第一項の規定を適用する。

【解説】

1　本条は、いわゆる附帯工事の施行に関する規定である。

2　海岸管理者の工事を施行する権限は、本来は、海岸保全施設に関する工事に限られているが、海岸管理者が海岸保全施設に関する工事により必要を生じた他の工事や、海岸保全施設に関する工事を施行するため必要を生じた他の工事について、海岸管理者が工事を行うことができないと非常に不便であったり、あるいは海岸管理者が工事を行うことができるとすると便宜である場合が多い。

このため、本条1項では、海岸管理者は、

・管理する海岸保全施設に関する工事により必要を生じた他の工事、または管理する海岸保全施設に関する工事を施行するため必要を生じた他の工事を

・海岸保全施設に関する工事とあわせて施行することができる、

とされている。

もっとも、当然のことながら、海岸管理者がこれら工事を施行する場合に、当該工事を規制する法令があるときは、海岸管理者は、当該法令に従わなければならない。

3　「工事により必要を生じた他の工事」とは、例えば、海岸管理者が海岸保

全施設を新設・改良するために必要となった用排水路の付替工事、樋門の改築工事、電柱の移転工事や、上下水道管の移設工事がある。
　「工事を施行するため必要を生じた他の工事」とは、例えば、海岸保全施設に関する工事用の資材を運搬するための道路の拡幅工事や、路盤の補強工事がある。
4　海岸管理者が、附帯工事を施行するに当たって、海岸管理者と附帯工事の対象となる施設の管理者との協議が成立しなくても、附帯工事を施行できるものとされる。
　これは、協議が成立しなければ、当該附帯工事が施行できないものとすると、海岸保全施設に関する工事自体の施行が困難になったり、あるいは遅延する場合が生じ、国土の保全上、重大な支障が生じるおそれがあるからである。
5　「工事を施行するため必要を生じた他の工事」については、比較的その範囲を明確に把握することができるので問題は少ないが、「工事により必要を生じた他の工事」については、以下のとおり、その範囲を整理する必要があるとされる。
　　① 　法19条の海岸保全施設の新設・改良に伴う損失補償の規定との関係
　　　法19条1項では、海岸管理者が海岸保全施設を新設・改良したことにより、海岸保全施設に面する土地・水面について、施設・工作物を新設・移転する等のやむを得ない必要があると認められる場合には、海岸管理者は、これら工事をする必要がある者の請求により、要する費用の全部または一部を補償しなければならない、とされている。
　　　「工事により必要を生じた他の工事」が、本条の附帯工事になるのか、法19条の補償対象になるのかについては、本条の附帯工事は、一体的に工事を施行しなければ海岸保全施設に関する工事ができない場合である一方、法19条の補償対象は、海岸管理者が海岸保全施設に関する工事を施行した結果、必要となる工事が生じた場合（因果関係が明確で事前に施行する場合を含む。）である、という区分に基づき、決められるものとされる。
　　② 　附帯工事として対象となる施設・工作物の改良を行うことの可否
　　　附帯工事については、対象となる他の施設・工作物の工事が、経済上、

技術上において改良となることはやむを得ないと、海岸管理者が判断するものについては、改良工事部分までを含めて附帯工事として施行することができるものとされる。

しかし、他の施設・工作物の管理者からの要請に基づく施設・工作物の改良については、附帯工事の範囲に含まれず、既存の施設と同程度の効用を発揮する程度までの工事を附帯工事の範囲とすべきであるものとされる。

なお、管理者からの要請に基づく改良が、経済的、技術的に合理的な場合には、海岸管理者は、改良部分について委託を受ける形で工事を施行することはできる。

6　本条2項では、他の工事が、河川工事、道路に関する工事、砂防工事、または地すべり防止工事であるときは、他の工事の施行については、河川法18条、道路法22条1項、砂防法8条、または地すべり等防止法14条1項の規定を適用する、とされている。

これは、海岸管理者が附帯工事を行う場合において、他の工事が、河川工事、道路に関する工事、砂防工事、または地すべり防止工事であるときは、河川法等の該当条項で、これら工事を他の工事の施行者に原因者工事として施行させることができる旨、規定されていることから、重複適用を避けるため、本条1項の適用はないものとし、それぞれの該当条項の規定により、海岸管理者が施行するとしたものである。

7　附帯工事の費用負担については、法32条を参照のこと。

【法律】

（土地等の立入及び一時使用並びに損失補償）

第十八条　海岸管理者又はその命じた者若しくはその委任を受けた者は、海岸保全区域に関する調査若しくは測量又は海岸保全施設に関する工事のためやむを得ない必要があるときは、あらかじめその占有者に通知して、他人の占有する土地若しくは水面に立ち入り、又は特別の用途のない他人の土地を材料置場若しくは作業場として一時使用することができる。ただし、あらかじめ通知することが困難であるときは、通知することを要しない。

2　前項の規定により宅地又はかき、さく等で囲まれた土地若しくは水面に立ち入ろうとするときは、立入の際あらかじめその旨を当該土地又は水面の占有者に告げなければならない。

3　日出前及び日没後においては、占有者の承認があつた場合を除き、前項に規定する土地又は水面に立ち入つてはならない。

4　第一項の規定により土地又は水面に立ち入ろうとする者は、その身分を示す証明書を携帯し、関係人の請求があつたときは、これを提示しなければならない。

5　第一項の規定により特別の用途のない他人の土地を材料置場又は作業場として一時使用しようとするときは、あらかじめ当該土地の占有者及び所有者に通知して、その者の意見をきかなければならない。

6　土地又は水面の占有者又は所有者は、正当な理由がない限り、第一項の規定による立入又は一時使用を拒み、又は妨げてはならない。

7　海岸管理者は、第一項の規定による立入又は一時使用により損失を受けた者に対し通常生ずべき損失を補償しなければならない。

8　第十二条の二第二項及び第三項の規定は、前項の場合について準用する。

9　第四項の規定による証明書の様式その他証明書に関し必要な事項は、主務省令で定める。

【関係法律条項】

（損失補償）

第十二条の二　（略）

2　前項の規定による損失の補償については、海岸管理者と損失を受けた者とが協議しなければならない。
3　前項の規定による協議が成立しない場合においては、海岸管理者は、自己の見積つた金額を損失を受けた者に支払わなければならない。この場合において、当該金額について不服がある者は、政令で定めるところにより、補償金の支払を受けた日から三十日以内に収用委員会に土地収用法（昭和二十六年法律第二百十九号）第九十四条の規定による裁決を申請することができる。
4　（略）

【関係政令】
（損失補償の裁決申請手続）
第四条　法第十二条の二第三項（法第十八条第八項、第二十一条第四項、第二十一条の三第四項及び第二十三条第四項において準用する場合を含む。）又は第十九条第四項の規定により、土地収用法（昭和二十六年法律第二百十九号）第九十四条の規定による裁決を申請しようとする者は、主務省令で定める様式に従い、次の各号に掲げる事項を記載した裁決申請書を収用委員会に提出しなければならない。
　一　裁決申請者の氏名及び住所（法人にあつては、その名称、代表者の氏名及び住所）
　二　相手方の氏名及び住所（法人にあつては、その名称、代表者の氏名及び住所）
　三　損失の事実
　四　損失の補償の見積及びその内容
　五　協議の経過

【関係省令】
（証明書の様式）
第六条　法第十八条第九項の規定による証明書の様式は、別記様式第三（法第六条第二項の規定により主務大臣が海岸管理者に代わつて法第十八条第一項の権限を行う場合にあつては、別記様式第四）とする。
2　（略）
（損失の補償の裁決申請書の様式）
第七条　令第四条の規定による裁決申請書の様式は、別記様式第七とし、正本一部及び写し一部を提出するものとする。

【解説】
1　本条は、海岸保全区域に関する調査・測量、海岸保全施設に関する工事の

ための土地等への立入り・一時使用に関する規定である。

2　海岸保全区域に関する調査・測量、海岸保全区域に関する工事のため、他人の占有する土地等に立ち入り、または特別の用途のない土地を材料置場・作業場として一時使用する必要がある場合には、基本的には、海岸管理者は、占有者等との任意の協議により承諾を得てこれを行うのであるが、承諾を得られない場合には海岸の管理上支障が生じるため、承諾がなくても強制的にこれを行うことができるようにする必要がある。

　このため、本条1項では、海岸管理者、またはその命じた者・委任を受けた者は、
　・海岸保全区域に関する調査・測量、または海岸保全施設に関する工事のため、やむを得ない必要があるときは、
　・事前に、占有者に通知して（困難であるときは、通知は不要）、他人の占有する土地・水面に立ち入り、または特別の用途のない他人の土地を材料置場・作業場として一時使用することができる、
とされている。

　本条1項の解釈については、以下のとおりとされる。

　「やむを得ない必要があるとき」とは、他の方法によることが物理的に不可能・困難な場合のほか、社会通念上、経済的に不可能・困難な場合も含まれる。

　「他人の占有する土地・水面」とは、海岸保全区域内にある他人の占有する土地・水面だけでなく、海岸保全区域外の土地・水面も含まれる。

　「特別の用途のない他人の土地」とは、現に、積極的に使用されていない他人の土地のことをいい、原野、空地等である。

　「あらかじめ通知が困難であるとき」としては、例えば、占有者が所在不明であって、かつ、緊急を要する場合がある。

3　本条2項では、本条1項の規定により宅地、またはかき・さく等で囲まれた土地・水面に立ち入ろうとするときは、占有者の意思を尊重し、立入の際、事前に、その旨を土地・水面の占有者に告げなければならない、とされている。

　住宅等に立ち入る場合には、本条1項の通知と、本条2項の直前の告知の二つが必要である。

本条3項では、日出前と日没後には、占有者の承認があった場合を除き、本条2項に規定する土地・水面に立ち入ってはならない、とされている。

4 本条4項では、本条1項の規定により土地・水面に立ち入ろうとする者は、身分を示す証明書（省令別記様式3）を携帯し、関係人の請求があったときは、提示しなければならない、とされている。

5 本条5項では、本条1項の規定により、特別の用途のない他人の土地を材料置場・作業場として一時使用しようとするときは、事前に、土地の占有者と所有者に通知して、その者の意見をきかなければならない、とされている。

これに対して、本条1項では、立入りは、事前に、占有者に通知すれば足りるとされているが、これは、立入りは、占有権の侵害程度であり、所有権等の本権の侵害は該当しないからである。このため、例えば、地質調査のためのボーリングは、立入りには含まれず、一時使用に当たる。

6 本条6項では、土地・水面の占有者・所有者は、正当な理由がない限り、本条1項の規定による立入り、一時使用を拒み、または妨げてはならない、とされている。

「正当な理由」とは、日の出前・日没後に占有者の承諾を得ずに立ち入ろうとする場合や、必要な証明書を携帯していない場合のほか、占有者等において合理的な拒否理由がある場合等である、とされている。

本条6項に違反した者は、法42条（1号）の規定により、1年以下の懲役または50万円以下の罰金が科される。

7 本条7項では、海岸管理者は、本条1項の規定による立入り・一時使用により損失を受けた者に対しては、通常生ずべき損失を補償しなければならない、とされている。

単なる調査・測量のための一時的な立入りにとどまる場合は、通常、侵害は極めて軽微であり、具体的な損失は生じないものと考えられるが、例えば、他人の土地を資料置場等として一時使用する場合で、土地等の占有者・土地所有者の地位に伴う内在的制約ということが言えず、「特別の犠牲」に当たるときは、通常生ずべき損失の補償が必要である。

8 本条8項では、損失補償について、法12条の2第2項、3項の規定を準用する、とされている。

すなわち、海岸管理者は、損失補償について、損失を受けた者と協議し、

協議が成立しない場合には、海岸管理者は、自己の見積った金額を、損失を受けた者に支払わなければならない。この場合において、当該金額に不服のある者は、補償金の支払いを受けた日から30日以内に収用委員会に裁決申請をすることができる。

　裁決申請の方法については、省令（4条）で、主務省令で定める様式（省令別記様式7）に従い、次の事項を記載した裁決申請書を収用委員会に提出しなければならない、とされている。

　① 裁決申請者の氏名・住所(法人にあっては、その名称・代表者の氏名・住所）
　② 相手方の氏名・住所（法人にあっては、その名称・代表者の氏名・住所）
　③ 損失の事実
　④ 損失の補償の見積・その内容
　⑤ 協議の経過

　裁決申請があれば、収用委員会は、裁決の申請が土地収用法の規定に違反する等、却下すべき場合を除き、審理を行い、損失の補償と損失補償をなすべき時期について裁決し、裁決に不服がある者は、裁決書の正本の送達を受けた日から60日以内に、損失があった土地の所在地の裁判所に訴えを提起しなければならない（土地収用法94条）。

9　本条は、一般公共海岸区域について準用がある（法37条の8）。

【法律】

（海岸保全施設の新設又は改良に伴う損失補償）

第十九条　土地収用法第九十三条第一項の規定による場合を除き、海岸管理者が海岸保全施設を新設し、又は改良したことにより、当該海岸保全施設に面する土地又は水面について、通路、みぞ、かき、さくその他の施設若しくは工作物を新築し、増築し、修繕し、若しくは移転し、又は盛土若しくは切土をするやむを得ない必要があると認められる場合においては、海岸管理者は、これらの工事をすることを必要とする者（以下この条において「損失を受けた者」という。）の請求により、これに要する費用の全部又は一部を補償しなければならない。この場合において、海岸管理者又は損失を受けた者は、補償金の全部又は一部に代えて、海岸管理者が当該工事を施行することを要求することができる。

2　前項の規定による損失の補償は、海岸保全施設に関する工事の完了の日から一年を経過した後においては、請求することができない。

3　第一項の規定による損失の補償については、海岸管理者と損失を受けた者とが協議しなければならない。

4　前項の規定による協議が成立しない場合においては、海岸管理者又は損失を受けた者は、政令で定めるところにより、収用委員会に土地収用法第九十四条の規定による裁決を申請することができる。

【関係政令】

（損失補償の裁決申請手続）

第四条　法第十二条の二第三項（法第十八条第八項、第二十一条第四項、第二十一条の三第四項及び第二十三条第四項において準用する場合を含む。）又は<u>第十九条第四項</u>の規定により、土地収用法（昭和二十六年法律第二百十九号）第九十四条の規定による裁決を申請しようとする者は、主務省令で定める様式に従い、次の各号に掲げる事項を記載した裁決申請書を収用委員会に提出しなければならない。

　一　裁決申請者の氏名及び住所（法人にあつては、その名称、代表者の氏名及び住所）
　二　相手方の氏名及び住所（法人にあつては、その名称、代表者の氏名及び住所）
　三　損失の事実
　四　損失の補償の見積及びその内容
　五　協議の経過

【関係省令】
(損失の補償の裁決申請書の様式)
第七条　令第四条の規定による裁決申請書の様式は、別記様式第七とし、正本一部及び写し一部を提出するものとする。

【解説】
1　本条は、海岸保全施設の新設・改良に伴う損失補償に関する規定である。

　本条の補償は、事業の施行に伴い周辺住民に与える損失（いわゆる事業損失）に関する損失補償の規定の一つである。

　事業損失については、通常の損失補償と異なり、社会通念上、受忍すべき範囲を超える損失が発生する場合に、公平負担の見地から、その損失の補償が行われるものである。

　法律上、土地収用等に伴う事業損失（「土地収用等が行われる土地とその残地」以外の土地における損失補償）については、土地収用法93条で、本条と同様の近隣地の通路、みぞ、かき等の補償（いわゆる「みぞかき補償」）を規定しているが、本条は、土地収用法93条の適用がない、土地収用等に伴うものではない場合における「みぞかき補償」の規定である。

　ちなみに、本条については、条文で、「損失補償」という言葉が使われていること等から、以上のような損失補償という理解で問題はないが、騒音・振動等の被害に係る事業損失については、行政実務では、原則として損失補償としては位置づけず、国家賠償的な性格を有しつつ、それに政策的な配慮が加わったもの（例：一定の場合に事前支払いが可能、被害者側は基本的に立証責任を負わない。）と理解されている。

　具体的には、個別の基準として、中央用地対策連絡協議会（理事会）で、各種基準（日影、電波受信障害、水枯渇、地盤変動、騒音等）が定められているが、これらの基準では、「損失の補償」という言葉は使われず、「損害等をてん補するために必要な最小限度の費用の負担」といった言葉使いとなっている。

　いずれにしても、事業損失が、損失補償か、損害賠償かといった議論は、どこに法的な根拠を求めるかという点で意味はあるが、各種基準が概ね整備された現在においては、実務的な実益は多くはない。

2　本条1項では、海岸管理者は、土地収用法93条1項の規定による場合を除き、
　　・海岸管理者が海岸保全施設を新設・改良したことにより、
　　・海岸保全施設に面する土地・水面について、
　　・通路、みぞ、かき、さく等の施設・工作物を新築・増築・修繕し、移転し、または盛土・切土をするやむを得ない必要があると認められる場合には、
　　・損失を受けた者の請求により、
　　・費用の全部または一部を補償しなければならない、
とされ、また、
　　・この場合には、海岸管理者、または損失を受けた者は、補償金の全部、または一部に代えて、海岸管理者が当該工事を施行することを要求することができる、
とされている。

「土地収用法93条1項の規定による場合」が除かれているのは、同規定において、事業のために土地を収用・使用する場合における同様の損失補償の規定（ただし、損失補償を受ける者には補償に代わる事業者の工事施行を要求できる規定はない。）があるため、そのような場合には、同規定によることとしたためである。

「やむを得ない必要があると認められる場合」か否かについては、社会通念に基づき、個々の具体的な状況を踏まえ、受忍すべき範囲を超えるか否かによって決定される。なお、「公共用地の取得に伴う損失補償基準要綱」（昭和37年6月29日閣議決定）41条のただし書きで、事業の施行により生ずる日陰、臭気、騒音等による不利益・損失は補償しない、としていることは、一つの参考になる。もっとも日影・騒音等の被害に係る事業損失については、先に述べたとおり、中央用地対策連絡協議会（理事会）で、各種基準（日影、電波受信障害、水枯渇、地盤変動、騒音等）が定められており（参照：「必携　用地補償実務便覧」各年度版、〈一財〉公共用地補償機構　発行）、行政実務上、別途の対応が行われている。

本条の損失補償は、海岸管理者が主体的に行わなければいけない損失補償（法12条の2第1項、法18条7項、法21条3項、法21条の3第3項、法22条

2項、法23条3項の損失補償）と異なり、損失を受けた者の請求を待って行われる。これは、本条の損失の発生は、必ずしも海岸管理者のみでは十分に確認することができない場合があるためである。

　海岸管理者が補償を行うべき範囲は、補償工事を必要とする施設・工作物や、土地等の従前の機能等を維持する範囲であり、従前の機能等を超える部分の費用は補償の対象とならない、とされる。

　海岸管理者、または損失を受けた者は、補償金の全部、または一部に代えて、海岸管理者が工事を施行することを要求することができる、とされているのは、海岸管理者が海岸保全施設に関する工事と併せて施行した方が、海岸管理者にとっても損失を受けた者にとっても、有益な場合があるためである。

3　本条2項では、損失の補償は、海岸保全施設に関する工事の完了の日から1年以内に行うこととされ、1年を経過すれば請求権が消滅する、とされている。

　これは、損失を受けた者が損失の発生を把握することは容易であると考えられること、本条の制度が工事の円滑な実施を図ることも目的としていること、による。

　損失補償の請求ができるのは、現に損失が発生している場合であり、既に海岸保全施設に関する工事が完了している場合でも可能である。また、条文上は、損失が発生したことが要件となっているが、実務的な運用としては、損失を受ける確実な可能性がある場合にも、損失補償の請求ができる、とされる。

4　本条3項では、本条1項の規定による損失の補償については、海岸管理者と損失を受けた者とが協議しなければならない、とされている。

5　本条4項では、本条3項の規定による協議が成立しない場合には、海岸管理者、または損失を受けた者は、収用委員会に土地収用法94条の規定による裁決を申請することができる、とされている。

　このように、協議が成立しない場合には、即、裁決申請を行うことができることとなっており、協議が成立しない場合には、裁決申請に先立って、海岸管理者が自己の見積もった金額を支払う旨のある損失補償の規定（法12条の2第3項、法18条8項、法21条4項、法21条の3第4項、法23条4項）と

は、異なっている。

　収用委員会への裁決申請手続については、政令（4条）で、申請者は、省令（別記様式7）の様式に従い、以下の事項を記載した裁決申請書を、収用委員会に提出しなければならない、とされている。

① 裁決申請者の氏名・住所(法人にあっては、その名称・代表者の氏名・住所)
② 相手方の氏名・住所（法人にあっては、その名称・代表者の氏名・住所）
③ 損失の事実
④ 損失の補償の見積・その内容
⑤ 協議の経過

　裁決申請があれば、収用委員会は、裁決の申請が土地収用法の規定に違反する等、却下すべき場合を除き、審理を行い、損失の補償と損失補償をなすべき時期について裁決し、裁決に不服がある者は、裁決書の正本の送達を受けた日から60日以内に、損失があった土地の所在地の裁判所に訴えを提起しなければならない（土地収用法94条）。

【法律】

（他の管理者の管理する海岸保全施設に関する監督）

第二十条　海岸管理者は、その職務の執行に関し必要があると認めるときは、他の管理者に対し報告若しくは資料の提出を求め、又はその命じた者に当該他の管理者の管理する海岸保全施設に立ち入り、これを検査させることができる。

2　前項の規定により立入検査をする者は、その身分を示す証明書を携帯し、関係人の請求があつたときは、これを提示しなければならない。

3　第一項の規定による立入検査の権限は、犯罪捜査のために認められたものと解してはならない。

4　第二項の規定による証明書の様式その他証明書に関し必要な事項は、主務省令で定める。

【関係省令】

（証明書の様式）

第六条　（略）

2　法第二十条第四項の規定による証明書の様式は、別記様式第五（法第六条第二項の規定により主務大臣が海岸管理者に代わつて法第二十条第一項の権限を行う場合にあつては、別記様式第六）とする。

【解説】

1　本条は、海岸管理者以外の海岸保全施設の管理者に対する報告等の要求、海岸保全施設への立入り等に関する規定である。

2　海岸保全区域の海岸管理者は、海岸保全区域全体を管理する責任を有し、海岸管理者以外の者が管理している海岸保全施設についても、海岸の保全に支障があると認められるときは、法21条の規定により、改良・補修等の命令を行うことができることから、海岸管理者以外の者が管理している海岸保全施設についても、その状態を常に把握しておく必要がある。

　このため、本条1項では、海岸管理者は、職務の執行に関し必要があると認めるときは、海岸管理者以外の海岸保全施設の管理者に対して、報告・資料提出を求め、または命じた者に当該管理者の管理する海岸保全施設に立ち入り、検査させることができる、とされている。

「その職務の執行に関し必要があると認めるとき」とは、法21条の規定により海岸保全施設の改良・補修等の命令を行う必要がある場合だけでなく、海岸管理者が、海岸保全区域の管理上、必要があると認める全て場合が含まれる、とされる。

3 　本条2項では、本条1項の規定により立入検査をする者は、身分を示す証明書（省令別記様式5）を携帯し、関係人の請求があったときは、これを提示しなければならない、とされている。

　本条3項では、本条1項の規定による立入検査の権限は、犯罪捜査のために認められたものではない、とされている。

【法律】

第二十一条　海岸管理者は、他の管理者の管理する海岸保全施設が次の各号のいずれかに該当する場合において、当該海岸保全施設が第十四条の規定に適合しないときは、当該他の管理者に対し改良、補修その他当該海岸保全施設の管理につき必要な措置を命ずることができる。
一　第十三条第一項本文の規定に違反して工事が施行されたとき。
二　第十三条第一項本文の規定による承認に付した条件に違反して工事が施行されたとき。
三　偽りその他不正な手段により第十三条第一項本文の承認を受けて工事が施行されたとき。
2　海岸管理者は、海岸保全施設が前項各号のいずれにも該当しない場合において、当該海岸保全施設が第十四条の規定に適合しなくなり、かつ、海岸の保全上著しい支障があると認められるときは、その管理者に対し前項に規定する措置を命ずることができる。
3　海岸管理者は、前項の規定による命令により損失を受けた者に対し通常生ずべき損失を補償しなければならない。
4　第十二条の二第二項及び第三項の規定は、前項の場合について準用する。
5　前三項の規定は、第十条第二項に規定する者の管理する海岸保全施設については、適用しない。

【関係法律条項】

（損失補償）
第十二条の二　（略）
2　前項の規定による損失の補償については、海岸管理者と損失を受けた者とが協議しなければならない。
3　前項の規定による協議が成立しない場合においては、海岸管理者は、自己の見積つた金額を損失を受けた者に支払わなければならない。この場合において、当該金額について不服がある者は、政令で定めるところにより、補償金の支払を受けた日から三十日以内に収用委員会に土地収用法（昭和二十六年法律第二百十九号）第九十四条の規定による裁決を申請することができる。
4　（略）

【関係政令】
(損失補償の裁決申請手続)
第四条　法第十二条の二第三項（法第十八条第八項、第二十一条第四項、第二十一条の三第四項及び第二十三条第四項において準用する場合を含む。）又は第十九条第四項の規定により、土地収用法（昭和二十六年法律第二百十九号）第九十四条の規定による裁決を申請しようとする者は、主務省令で定める様式に従い、次の各号に掲げる事項を記載した裁決申請書を収用委員会に提出しなければならない。
一　裁決申請者の氏名及び住所（法人にあつては、その名称、代表者の氏名及び住所）
二　相手方の氏名及び住所（法人にあつては、その名称、代表者の氏名及び住所）
三　損失の事実
四　損失の補償の見積及びその内容
五　協議の経過

【関係省令】
(損失の補償の裁決申請書の様式)
第七条　令第四条の規定による裁決申請書の様式は、別記様式第七とし、正本一部及び写し一部を提出するものとする。

【解説】
1　本条は、海岸管理者以外の海岸保全施設の管理者に対する改良、補修、そのほか措置の命令に関する規定である。

　海岸管理者は、海岸を災害から防護するためには、自ら管理する海岸保全施設を良好な状態しておくだけでなく、海岸管理者以外の管理者が管理する海岸保全施設についても、良好な状態にさせておく必要があり、本条が設けられている。

2　本条1項では、海岸管理者は、
・海岸管理者以外の管理者が管理する海岸保全施設が、後記①～③に該当する場合で、
・海岸保全施設が法14条の規定（築造基準）に適合しないときは、
・当該管理者に対して、改良、補修、そのほか当該海岸保全施設の管理につき必要な措置を命ずることができる、
とされている。

① 承認工事の規定（法13条1項本文）に違反して工事が施行されたとき
　　② 承認工事の承認に付した条件に違反して工事が施行されたとき
　　③ 偽り等の不正な手段により承認工事の承認を受けて工事が施行されたとき
3　本条2項では、海岸管理者は、
　　・海岸保全施設が、前記①～③のいずれにも該当しない場合で、
　　・海岸保全施設が法14条の規定（築造基準）に適合しなくなり、かつ、海岸の保全上著しい支障があると認められるときは、
　　・当該管理者に対し、改良、補修、そのほか当該海岸保全施設の管理につき必要な措置を命ずることができる、
　とされている。
　　本条1項が、海岸管理者以外の管理者に責めに帰すべき事由がある場合の規定であるのに対し、本条2項は、当該管理者に責めに帰すべき事由がない場合の規定であることから、本条2項は、本条1項のように、海岸保全施設が築造基準に適合しないというだけでなく、海岸の保全上著しい支障が認められることまで要件としている。
4　本条3項では、海岸管理者は、本条2項の規定による命令により、損失を受けた者に対して、通常生ずべき損失を補償しなければならない、とされている。
　　本条2項の規定によ命令は、当該管理者に帰責事由があるのではなく、海岸の保全上の必要によるものであるため、命令により受けた損失は、承認を受けた者の地位に伴う内在的制約ということはいえず、「特別の犠牲」に当たることから、憲法上（29条3項等）、損失を受けた者に対して、損失の補償を行われなければならない。このため、本条3項は、その旨が確認的に明記されている。
5　本条4項では、損失補償について、法12条の2第2項、3項の規定を準用する、とされている。
　　すなわち、海岸管理者は、損失補償について、損失を受けた者と協議し、協議が成立しない場合には、海岸管理者は、自己の見積った金額を、損失を受けた者に支払わなければならない。この場合において、当該金額に不服のある者は、補償金の支払いを受けた日から30日以内に収用委員会に裁決申請

をすることができる。

　裁決申請の方法については、省令（4条）で、主務省令で定める様式（省令別記様式7）に従い、次の事項を記載した裁決申請書を収用委員会に提出しなければならない、とされている。

① 裁決申請者の氏名・住所（法人にあっては、その名称・代表者の氏名・住所）
② 相手方の氏名・住所（法人にあっては、その名称・代表者の氏名・住所）
③ 損失の事実
④ 損失の補償の見積・その内容
⑤ 協議の経過

　裁決申請があれば、収用委員会は、裁決の申請が土地収用法の規定に違反する等、却下すべき場合を除き、審理を行い、損失の補償と損失補償をなすべき時期について裁決し、裁決に不服がある者は、裁決書の正本の送達を受けた日から60日以内に、損失があった土地の所在地の裁判所に訴えを提起しなければならない（土地収用法94条）。

6　本条5項では、本条2項〜4項の規定は、国・地方公共団体（港務局を含む。）の管理する海岸保全施設については、適用しない、とされている。

　これは、これらの者の管理する海岸保全施設は、公共の利益のためのものであるから、当然、法14条の規定（築造基準）に適合するように設置されるものであり、仮に、海岸の保全上支障があると認められるときは、これらの者は、海岸管理者の命令を待つまでもなく、速やかに海岸保全施設の改良、補修等を行うためである、とされる。

【法律】

（他の管理者の管理する操作施設に関する監督）

第二十一条の二　海岸管理者は、他の管理者が次の各号のいずれかに該当する場合においては、当該他の管理者に対し、その管理する操作施設の操作規程を定め、又は変更することを勧告することができる。

一　第十四条の三第一項の規定に違反したとき。

二　第十四条の三第一項の規定による承認に付した条件に違反したとき。

三　偽りその他不正な手段により第十四条の三第一項の規定による承認を受けたとき。

2　海岸管理者は、他の管理者が管理する操作施設について、その操作が第十四条の四の規定に違反して行われている場合においては、当該他の管理者に対し、当該操作規程の遵守のため必要な措置をとることを勧告することができる。

3　海岸管理者は、前二項の規定によるほか、海岸の状況の変化その他当該海岸に関する特別の事情により、第十四条の三第一項の規定による承認を受けた操作規程によつては津波、高潮等による被害を防止することが困難であると認められるときは、当該承認を受けた他の管理者に対し、当該操作規程を変更することを勧告することができる。

4　海岸管理者は、前三項の規定による勧告をした場合において、当該勧告を受けた他の管理者が、正当な理由がなく、その勧告に従わなかつたときは、その旨を公表することができる。

【解説】

1　本条は、他の管理者の管理する操作施設ついての監督に関する規定である。平成26年の海岸法の改正で設けられた。

　法14条の3第1項では、他の管理者が管理する操作施設（水門、樋門、陸閘等、法14条の2第1項参照）については、操作規程を定め、海岸管理者の承認を受けなければならない、とされ、また、法14条の4では、他の管理者は、承認を受けた操作規程に従って操作しなければならない、とされている

が、本条と次条は、それらの法的義務の実行性を確保するための監督に関する規定である。
2　本条1項では、法14条の3第1項の法的義務の実効性を確保するため、海岸管理者は、後記①～③の場合には、当該他の管理者に対し、操作規程の策定・変更を勧告することができる、とされている。
　　①　操作規程を定め、海岸管理者の承認を受けていないとき
　　②　操作規程の承認の条件に違反したとき
　　③　偽り等の不正な手段により、操作規程の承認を受けたとき
　「勧告」とは、一定の事項について、相手方に一定の措置をとることを勧め、促す行為である。尊重されることが前提となるが、相手方に拘束力を持つものではない。
3　本条2項では、法14条の4の法的義務の実効性を確保するため、海岸管理者は、他の管理者が承認を受けた操作規程に従って操作しなかった場合には、当該管理者に対し、操作規程の遵守のため必要となる措置をとることを勧告することができる、とされている。
4　本条3項では、海岸管理者は、本条1項、2項のほか、海岸の状況変化、そのほか特別の事情に対応するため、承認を受けた操作規程によっては、津波・高潮等による被害を防止することが困難であると認められるときは、承認を受けた他の管理者に対し、操作規程の変更を勧告することができる、とされている。
5　先に述べたとおり、「勧告」は、尊重されることが前提となるが、相手方に拘束力を持つものではないため、勧告に従わない場合も排除できない。
　本条4項では、海岸管理者は、本条1項～3項の勧告を受けた他の管理者が、正当な理由なく、その勧告に従わなかったときは、その事実を公表することができる、とされている。
　これは、勧告に従っていないという情報は、場合によっては、地域住民等に情報提供する必要があり、相手方の権利利益を踏まえても、「正当な理由がない場合」には、公表できるようにしておくことが求められるからである。「公表」の規定が設けられていることにより、結果的に、「勧告」は、実効性を増すことになる。

【法律】

第二十一条の三　海岸管理者は、他の管理者が、その管理する操作施設について、前条第一項又は第二項の規定による勧告に従わない場合において、これを放置すれば津波、高潮等による著しい被害が生ずるおそれがあると認められるときは、その被害の防止のため必要であり、かつ、当該操作施設の管理の状況その他の状況からみて相当であると認められる限度において、当該他の管理者に対し、相当の猶予期限を付けて、当該操作施設の開口部の閉塞その他当該操作施設を含む海岸保全施設の管理につき必要な措置を命ずることができる。

2　海岸管理者は、他の管理者が、その管理する操作施設について、前条第三項の規定による勧告に従わない場合において、これを放置すれば津波、高潮等による著しい被害が生ずるおそれがあると認められるときは、その被害の防止のため必要であり、かつ、当該操作施設の管理の状況その他の状況からみて相当であると認められる限度において、当該他の管理者に対し前項に規定する措置を命ずることができる。

3　海岸管理者は、前項の規定による命令により損失を受けた者に対し通常生ずべき損失を補償しなければならない。

4　第十二条の二第二項及び第三項の規定は、前項の場合について準用する。

【関係法律条項】

（損失補償）

第十二条の二　（略）

2　前項の規定による損失の補償については、海岸管理者と損失を受けた者とが協議しなければならない。

3　前項の規定による協議が成立しない場合においては、海岸管理者は、自己の見積つた金額を損失を受けた者に支払わなければならない。この場合において、当該金額について不服がある者は、政令で定めるところにより、補償金の支払を受けた日から三十日以内に収用委員会に土地収用法（昭和二十六年法律第二百十九号）第九十四条の規定による裁決を申請することができる。

4　（略）

【関係政令】

（損失補償の裁決申請手続）

第四条　法第十二条の二第三項（法第十八条第八項、第二十一条第四項、<u>第二十一条の三第四項</u>及び第二十三条第四項において準用する場合を含む。）又は第十九条第四項の規定により、土地収用法（昭和二十六年法律第二百十九号）第九十四条の規定による裁決を申請しようとする者は、主務省令で定める様式に従い、次の各号に掲げる事項を記載した裁決申請書を収用委員会に提出しなければならない。
　一　裁決申請者の氏名及び住所（法人にあつては、その名称、代表者の氏名及び住所）
　二　相手方の氏名及び住所　（法人にあつては、その名称、代表者の氏名及び住所）
　三　損失の事実
　四　損失の補償の見積及びその内容
　五　協議の経過

【関係省令】
（損失の補償の裁決申請書の様式）
第七条　令第四条の規定による裁決申請書の様式は、別記様式第七とし、正本一部及び写し一部を提出するものとする。

【解説】
1　本条は、法21条の2の勧告に従わない場合の措置命令に関する規定である。平成26年の海岸法の改正で設けられた。
2　法21条の2第1項、2項の規定に基づく勧告については、尊重されることが前提となるが、相手方に拘束力を持つものではなく、また、同条4項で、公表制度を設け、一定の実効性確保の機能を持たせているものの、その実効性にはなお制約がある。
3　本条1項では、海岸管理者は、
　・他の管理者が、操作施設について、法21条の2第1項、2項の勧告に従わない場合で、
　・放置すれば津波、高潮等による著しい被害が生ずるおそれがあると認められるときは、
　・被害の防止のため必要であり、かつ、操作施設の管理状況等の状況からみて相当であると認められる限度において、
　・当該管理者に対し、相当の猶予期限を付けて、操作施設を含む海岸保全施設の管理につき必要な措置を命じることができる、

とされている。

　本条2項では、海岸管理者は、
・他の管理者が、操作施設について、法21条の2第3項の勧告に従わない場合で、
・放置すれば津波・高潮等による著しい被害が生ずるおそれがあると認められるときは、
・被害の防止のため必要であり、かつ、操作施設の管理状況等の状況からみて相当であると認められる限度において、
・当該管理者に対し、相当の猶予期限を付けて、操作施設を含む海岸保全施設の管理につき必要な措置を命じることができる、

とされている。

　これらの命令の内容（必要な措置）は、直接的に、津波・高潮等による被害の防止に必要な施設の具体的な工事に関するものであり、その点、法21条の2の勧告の内容が、操作規程に関するものであることと異なっている。

　命令の具体的な内容としては、例えば、操作施設の開口部の閉塞、操作施設の自動化・遠隔操作化、操作施設の近傍の海岸保全施設への階段の設置がある。

　このように、命令の内容は、勧告の内容に比べ、対象者にとって負担が大きいこと等から、「放置すれば津波、高潮等による著しい被害が生ずるおそれがあると認められるとき」に限定されている。

　命令ができる範囲を決定する上で考慮される、操作施設の管理状況としては、例えば、操作施設の利用状況が津波・高潮等の被害に影響を与える程度、勧告に従わなかった原因や、善良な管理者としてとるべき管理の水準がある。

　命令については、「相当の猶予期限を付け」ることになっているが、これは、海岸法全体における他の管理者に対する監督処分の中でのバランスや、海岸法では他の管理者が管理する海岸保全施設については維持に関する基準を置いていないことを踏まえたものである。

　「相当の猶予期限」については、命令を履行するために必要な期間として、命令に係る措置の方法・規模や、津波・高潮等に対する地理的・時間的な状況を勘案して、相当な期限を設けることとなる。

4　本条3項では、海岸管理者は、本条2項の規定による命令により損失を受けた者に対し、通常生ずべき損失を補償しなければならない、とされている。

本条2項の規定による命令は、当該管理者に帰責事由があるのではなく、海岸の保全上の必要によるものであるため、命令により受けた損失は、当該管理者の地位に伴う内在的制約ということはいえず、「特別の犠牲」に当たることから、憲法上（29条3項等）、損失を受けた者に対して、損失の補償を行われなければならない。このため、本条3項は、その旨が確認的に明記されている。

5　本条4項では、損失補償について、法12条の2第2項、3項の規定を準用する、とされている。

　すなわち、海岸管理者は、損失補償について、損失を受けた者と協議し、協議が成立しない場合には、海岸管理者は、自己の見積った金額を、損失を受けた者に支払わなければならない。この場合において、当該金額に不服のある者は、補償金の支払いを受けた日から30日以内に収用委員会に裁決申請をすることができる。

　裁決申請の方法については、省令（4条）で、主務省令で定める様式（省令別記様式7）に従い、次の事項を記載した裁決申請書を収用委員会に提出しなければならない、とされている。

①　裁決申請者の氏名・住所（法人にあっては、その名称・代表者の氏名・住所）
②　相手方の氏名・住所（法人にあっては、その名称・代表者の氏名・住所）
③　損失の事実
④　損失の補償の見積・その内容
⑤　協議の経過

　裁決申請があれば、収用委員会は、裁決の申請が土地収用法の規定に違反する等、却下すべき場合を除き、審理を行い、損失の補償と損失補償をなすべき時期について裁決し、裁決に不服がある者は、裁決書の正本の送達を受けた日から60日以内に、損失があった土地の所在地の裁判所に訴えを提起しなければならない（土地収用法94条）。

6　海岸管理者以外の海岸保全施設の管理者が、命令に従わない場合の罰則は設けられていないが、海岸管理者が、行政代執行法に基づく代執行を行い、命令の内容の実現を図ることが可能である。

【法律】

（漁業権の取消等及び損失補償）

第二十二条　都道府県知事は、海岸管理者の申請があつた場合において、海岸保全施設に関する工事を行うため特に必要があるときは、海岸保全区域内の水面に設定されている漁業権を取り消し、変更し、又はその行使の停止を命じなければならない。

2　海岸管理者は、前項の規定による漁業権の取消、変更又はその行使の停止によつて生じた損失を当該漁業権者に対し補償しなければならない。

3　漁業法（昭和二十四年法律第二百六十七号）第百七十七条第二項、第三項前段、第四項から第八項まで、第十一項及び第十二項の規定は、前項の規定による損失の補償について準用する。この場合において、同条第三項前段中「農林水産大臣が」とあるのは「都道府県知事が海区漁業調整委員会の意見を聴いて」と、同条第五項、第六項及び第十一項中「国」とあるのは「海岸管理者」と、同条第七項中「第五項」とあるのは「第五項並びに第八十九条第三項から第七項まで」と、同条第八項中「国税滞納処分」とあるのは「地方税の滞納処分」と、同条第十一項中「第一項第二号又は第三号の土地」とあるのは「海岸法（昭和三十一年法律第百一号）第二十二条第一項の規定により取り消された漁業権」と、同項及び同条第十二項中「有する者」とあるのは「有する者（登録先取特権者等に限る。）」と読み替えるものとする。

【解説】

1　本条は、海岸保全施設に関する工事を行うため特に必要な場合にける漁業権の取得等とその補償に関する規定である。

2　公益上の必要による漁業権の変更、取消し、行使の停止に関する規定は、漁業法39条にあるが、海岸保全施設に関する工事を行うために特に必要があるときには、都道府県知事の判断に任せておくことは適当でないため、本条1項では、都道府県知事は、

・海岸管理者の申請があった場合で、

・海岸保全施設に関する工事を行うため特に必要があるときは、
・海岸保全区域内の水面に設定されている漁業権を取り消し、変更し、またはその行使の停止を命じなければならない、

とされている。

3　本条2項では、海岸管理者は、本条1項の規定による漁業権の取消し等によって生じた損失を漁業権者に対して、補償しなければならない、とされている。

　これは、漁業法39条では、漁業権の取消し等によって生じた損失は、まず、都道府県が行い（同条6項）、漁業権の取消し等で利益を受ける者があるときは、都道府県は、その者に対して、補償金額の全部、または一部を負担させることとなっているが（同条13項）、事務の便宜を図るため、海岸管理者が直接損失を受けた者に対して行うこととしたものである。

4　本条3項では、損失補償については、漁業法177条2項、3項前段、4項〜8項、11項、12項の規定を準用するとされている。具体的には、以下のとおりである。

①　補償すべき損失は、通常生ずべき損失である（同条2項）。
②　補償金額は、都道府県知事が、海区漁業調整委員会の意見を聴いて決定する（同条3項前段）。
③　補償金額に不服がある者は、決定の通知を受けた日から6ヶ月以内に、裁判所に訴えをもって、増額を請求することができ（同条4項）、この場合、海岸管理者を被告とする（同条5項）。
④　漁業権の取消し等によって利益を受ける者があるときは、海岸管理者は、その者に対し、補償金額の全部、または一部を負担させることができる（同条6項）。
　　なお、この場合、上記の同条3項前段、4項、5項等の規定を準用する（同条7項）。
⑤　負担金は、地方税の滞納処分の例によって徴収することができる（先取特権の順位は、国税・地方税に次ぐ）（同条8項）。
⑥　取り消された漁業権の上に、先取特権または抵当権があるときは、海岸管理者は、当該先取特権者、または抵当権者（登録先取特権者等に限る。）から、供託をしなくてもよい旨の申出がある場合を除き、補償金

を供託しなければならず（同条11項）、当該先取特権者等は、供託した補償金に対してその権利を行うことができる（同条12項）。

【法律】

(災害時における緊急措置)

第二十三条　津波、高潮等の発生のおそれがあり、これによる被害を防止する措置をとるため緊急の必要があるときは、海岸管理者は、その現場において、必要な土地を使用し、土石、竹木その他の資材を使用し、若しくは収用し、車両その他の運搬具若しくは器具を使用し、又は工作物その他の障害物を処分することができる。

2　海岸管理者は、前項に規定する措置をとるため緊急の必要があるときは、その付近に居住する者又はその現場にある者を当該業務に従事させることができる。

3　海岸管理者は、第一項の規定による収用、使用又は処分により損失を受けた者に対し通常生ずべき損失を補償しなければならない。

4　第十二条の二第二項及び第三項の規定は、前項の場合について準用する。

5　第二項の規定により業務に従事した者が当該業務に従事したことにより死亡し、負傷し、若しくは病気にかかり、又は当該業務に従事したことによる負傷若しくは病気により死亡し、若しくは障害の状態となつたときは、海岸管理者は、政令で定めるところにより、その者又はその者の遺族若しくは被扶養者がこれらの原因によつて受ける損害を補償しなければならない。

【関係法律条項】

(損失補償)

第十二条の二　(略)

2　前項の規定による損失の補償については、海岸管理者と損失を受けた者とが協議しなければならない。

3　前項の規定による協議が成立しない場合においては、海岸管理者は、自己の見積つた金額を損失を受けた者に支払わなければならない。この場合において、当該金額について不服がある者は、政令で定めるところにより、補償金の支払を受けた日から三十日以内に収用委員会に土地収用法(昭和二十六年法律第二百十九号)第九十四条の規定による裁決を申請することができる。

4　(略)

【関係政令】
(損失補償の裁決申請手続)
第四条　法第十二条の二第三項(法第十八条第八項、第二十一条第四項、第二十一条の三第四項及び<u>第二十三条第四項</u>において準用する場合を含む。)又は第十九条第四項の規定により、土地収用法(昭和二十六年法律第二百十九号)第九十四条の規定による裁決を申請しようとする者は、主務省令で定める様式に従い、次の各号に掲げる事項を記載した裁決申請書を収用委員会に提出しなければならない。
　一　裁決申請者の氏名及び住所(法人にあつては、その名称、代表者の氏名及び住所)
　二　相手方の氏名及び住所(法人にあつては、その名称、代表者の氏名及び住所)
　三　損失の事実
　四　損失の補償の見積及びその内容
　五　協議の経過

(災害時における緊急措置に係る損害補償の額等)
第五条　法第二十三条第五項の規定による損害補償は、非常勤消防団員等に係る損害補償の基準を定める政令(昭和三十一年政令第三百三十五号)中水防法(昭和二十四年法律第百九十三号)第二十四条の規定により水防に従事した者に係る損害補償の基準を定める規定の例により行うものとし、この場合における手続その他必要な事項は、主務省令で定める。

【関係省令】
第七条　令第四条の規定による裁決申請書の様式は、別記様式第七とし、正本一部及び写し一部を提出するものとする。

(損害補償の手続等)
第七条の二　法第二十三条第五項の規定により損害の補償(現に受けている補償の額の変更を含む。)を受けようとする者(以下この条において「請求者」という。)は、別記様式第七の二による請求書を海岸管理者に提出しなければならない。
2　前項の請求書には、次の各号に掲げる損害補償の種類に応じ、それぞれ当該各号に掲げる図書その他参考となるべき事項を記載した図書を添付しなければならない。ただし、同一の事故又は疾病について同一の種類の損害補償を二回以上請求する場合においては、第二回以降の請求書には、第一号イ、第二号イ及びロ、第三号イ、第四号イ及びハ又は第五号イ及びロに掲げる書面(第二号イ、第三号イ、第四号イ及び第五号イに掲げる書面にあつては、第一号ロに掲げるものを除く。)は、既に海岸管理者に提出されている当該書面の内容に変更がないときは、添付することを要しない。

一　療養補償
　イ　請求者の住民票の写し
　ロ　請求額の内訳を記載した書面
　ハ　療養の内容及び療養に要した費用を証するに足りる書面
二　休業補償
　イ　前号イ及びロに掲げる書面
　ロ　非常勤消防団員等に係る損害補償の基準を定める政令（昭和三十一年　政令第三百三十五号。以下この条において「基準政令」という。）第二条第二項に規定する補償基礎額の算出基礎を記載した書面及び当該算出基礎を証するに足りる書面
　ハ　療養のため勤務その他の業務に従事することができなかつた期間及び日数並びにその期間についての給与その他の業務上の収入を得ることができなかつたことを証するに足りる書面
三　傷病補償年金
　イ　第一号イ及びロ並びに前号ロに掲げる書面
　ロ　療養を開始した日及び障害の程度が基準政令第五条の二第一項第二号に規定する傷病等級に該当することを証するに足りる書面
四　障害補償
　イ　第一号イ及びロ並びに第二号ロに掲げる書面
　ロ　障害の程度が障害等級（基準政令第六条第二項に規定する障害等級をいう。ハにおいて同じ。）に該当することを証するに足りる書面
　ハ　法第二十三条第二項の規定により業務に従事した者（以下この条において「従事者」という。）であつて、既に障害のある者が業務に従事したことによる負傷又は疾病によつて、同一部位についての障害の程度を加重した場合には、当該加重前の障害の部位及び当該障害の程度が障害等級に該当することを証するに足りる書面
五　介護補償
　イ　第一号イ及びロに掲げる書面
　ロ　基準政令第六条の二第一項に規定する障害の程度により常時又は随時介護を要する状態にあることを証するに足りる書面
　ハ　介護補償を受けようとする期間における介護を受けた日、当該介護を受けた場所及び当該介護の事実を証するに足りる書面
六　遺族補償
　イ　第一号ロ及び第二号ロに掲げる書面

ロ　従事者の戸籍の謄本又は除かれた戸籍の謄本
ハ　従事者の死亡診断書、死体検案書その他の死亡の事実を証するに足りる書面
ニ　請求者の従事者との続柄及び当該請求者が遺族補償を受けるべき権利を有することを証するに足りる書面
ホ　請求者以外に遺族補償を受ける権利を有する者があるときは、その人数及びこれらの者が遺族補償を受ける権利を有することを証するに足りる書面
ヘ　遺族補償年金を請求する場合にあつては、基準政令第八条の二第一項に規定する遺族の人数及びこれらの者が当該遺族に該当することを証するに足りる書面
ト　遺族補償一時金を請求する場合にあつては、請求者が基準政令第九条の三第一項各号に掲げる者の区分に該当することを証するに足りる書面
七　葬祭補償
イ　第二号ロ並びに前号ロ及びハに掲げる書面
ロ　請求者が従事者について葬祭を行う者であることを証するに足りる書面
3　損害補償を受ける権利を有する者が死亡した場合において、その者が支給を受けるべき損害補償でその支給を受けなかつたものを請求するときは、第一項の請求書には、次に掲げる図書その他参考となるべき事項を記載した図書を添付しなければならない。
一　前項第一号ロに掲げる書面
二　損害補償を受ける権利を有する者の戸籍の謄本又は除かれた戸籍の謄本
三　損害補償を受ける権利を有する者の死亡診断書、死体検案書その他の死亡の事実を証するに足りる書面
四　請求者が当該損害補償を受けるべき権利を有することを証するに足りる書面
4　海岸管理者は、第一項の請求書を受理したときは、これを審査し、補償の可否並びに補償する場合における補償金の額及び支給の方法を決定し、これらを請求者に通知しなければならない。
5　損害補償を受けている者は、当該損害補償の支給を停止すべき事由が生じた場合は、当該事由を記載した書面及び当該事由が生じたことを証するに足りる書面を海岸管理者に提出しなければならない。

【解説】
1　本条は、災害時における海岸管理者の緊急措置に関する規定である。
2　海岸管理者は、海岸保全施設の工事を施行し、海岸の保全を阻害する行為

を規制する等により、災害の発生を予防するだけでなく、災害発生の危険性が生じた場合には、これを防止・軽減する緊急措置をとる必要がある。

このため、本条では、海岸管理者に、緊急の必要のある場合に、いわゆる「公用負担」を課す権限を付与するとともに、これによる損失の補償について規定している。

「公用負担」とは、行政法学上の用語であり、「公益上必要な特定の事業の需要を満たし、又は特定の物の効用を全うするために、人民に課せられる公法上の経済的負担」（美濃部達吉）をいう。

公用負担のうち、本条のような、非常災害時における緊急の必要のため、応急措置として課される負担は、「応急負担」と呼ばれるが、応急負担の内容としては、物的なもの（土地の一時使用、土石・竹木等の使用・収用等）と、人的なもの（住民・現場にある者の応急措置業務への従事等）がある。

本条では、物的なものが1項で規定されており、人的なものが2項で規定されている。

3　本条1項では、海岸管理者は、
　・津波・高潮等の発生のおそれがあり、
　・これによる被害を防止する措置をとるため緊急の必要があるときは、
　・その現場において、必要な土地を使用し、土石・竹木等の資材を使用・収用し、車両等の運搬具・器具を使用し、または工作物等の障害物を処分することができる、
とされている。

「使用」とは、所有権を取得することではなく、文字通り、使うことをいい、必要がなくなった場合には、当然、所有権者等に返還する必要がある。

「収用」とは、一方的な所有権の取得をいう。

「処分」とは、工作物等をその用法に従って用いず、移動し、破棄する等、その現状に変更を加えることをいう。

土地、運搬具・器具は、使用だけで、収用・処分できないのは、土地、運搬具・器具は、財産価値が減少することはあっても、緊急措置が終われば、所有者等に返還することが可能であるからである。

他方、土石・竹木等の資材、工作物等の障害物は、収用・処分できるのは、緊急措置により、滅失したり、土地や海岸管理施設に附合したりして、元に

戻すことが不可能・不適当な場合が多いからである。

4　本条2項では、海岸管理者は、法1条に規定する措置をとるため緊急の必要があるときは、付近に居住する者、または現場にある者を業務に従事させることができる、とされている。

5　本条3項では、本条1項の規定による収用等により損失を受けた者に対して、通常生ずべき損失を補償しなければならない、とされている。

　本条1項の規定による収用等は、収用等が行われる者に帰責事由があるのではなく、公益上の必要によるものであるため、収用等により受けた損失は、「特別の犠牲」に当たることから、憲法上（29条3項等）、損失を受けた者に対して、損失の補償を行われなければならない。このため、本条3項では、その旨が確認的に明記されている。

　「通常生ずべき損失」とは、収用等と相当の因果関係を有する損失であって、原則として、特別の事情によって生じた損失は含まれない。

6　本条4項では、損失補償については、法12の2第2項、3項の規定を準用する、とされている。

　すなわち、海岸管理者は、損失補償について、損失を受けた者と協議し、協議が成立しない場合には、海岸管理者は、自己の見積った金額を、損失を受けた者に支払わなければならない。この場合において、当該金額に不服のある者は、補償金の支払いを受けた日から30日以内に収用委員会に裁決申請をすることができる。

　裁決申請の方法については、省令（4条）で、主務省令で定める様式（省令別記様式7）に従い、次の事項を記載した裁決申請書を収用委員会に提出しなければならない、とされている。

　　① 裁決申請者の氏名・住所(法人にあっては、その名称・代表者の氏名・住所)
　　② 相手方の氏名・住所（法人にあっては、その名称・代表者の氏名・住所）
　　③ 損失の事実
　　④ 損失の補償の見積・その内容
　　⑤ 協議の経過

　裁決申請があれば、収用委員会は、裁決の申請が土地収用法の規定に違反

する等、却下すべき場合を除き、審理を行い、損失の補償と損失補償をなすべき時期について裁決し、裁決に不服がある者は、裁決書の正本の送達を受けた日から60日以内に、損失があった土地の所在地の裁判所に訴えを提起しなければならない（土地収用法94条）。

7　本条5項では、本条2項の規定により業務に従事した者が、業務に従事したことにより死亡し、負傷し、病気にかかり、または業務に従事したことによる負傷・病気により死亡し、または障害の状態となったときは、海岸管理者は、その者、またはその者の遺族・被扶養者が、これらの原因によって受ける損害を補償しなければならない、とされている。

　本条2項の規定による業務従事は、命令された者に帰責事由があるのではなく、公益上の必要によるものであるため、受忍限度を超える死亡、負傷等の損失は、「特別の犠牲」に当たることから、憲法上、損害（損失）を受けた者に対して、その補償を行われなければならない。このため、本条5項では、その旨が確認的に明記されている。

　死亡、負傷等した場合のほかは、特段、補償を行うとされていないのは、付近の居住者は、基本的に海岸管理者の応急措置によって直接被害を免れる者であり、また、現場にある者は、社会通念上、協力義務を負う者であることによる。

　なお、風水害に際し、正当な理由なく、公務員から援助を求められたのにかかわらず、これに応じなかった者は、拘留・科料が科される（軽犯罪法1条8号）。

　損害の補償は、政令（5条）で、「非常勤消防団員等に係る損害補償の基準を定める政令」（昭和31年政令335号）中、水防法（昭和24年法律193号）24条の規定により、水防に従事した者に係る損害補償の基準を定める規定の例により行うものとされている。

　この手続等については、省令（7条の2）で、補償を受ける者が、療養補償、休業補償、傷病補償年金、障害補償、介護補償、遺族補償、または葬祭補償の別に応じて定められた請求書に、関係図書を添付して海岸管理者に提出し、海岸管理者は、これを審査し、補償の可否、補償する場合における補償金の額、支給方法を決定して、請求者に通知することとされている。

　本条5項の規定により損害の補償を受けている者は、その限度において、

国民健康保険等による療養費等の給付を受けることができない（国民健康保険法56条）。

　本条5項の規定による損害の補償は、本条3項の損失の補償と異なり、損失を受けた者と協議することなく、海岸管理者が決定するものとされている。これは、損害の補償については、詳細かつ厳密な基準が定められ、また、請求手続も整備されており、海岸管理者の裁量によるところがほとんどないため、協議によらなくても、損害を受けた者の保護に欠けることがないためである。

8　本条は、一般公共海岸区域について準用がある（法37条の8）。

【法律】

（協議会）

第二十三条の二　海岸管理者（第六条第一項の規定により海岸保全施設の新設、改良又は災害復旧に関する工事を施行する主務大臣を含む。）、国の関係行政機関の長及び関係地方公共団体の長は、海岸保全施設とその近接地に存する海水の侵入による被害を軽減する効用を有する施設の一体的な整備その他海岸の保全に関し必要な措置について協議を行うための協議会（以下この条において「協議会」という。）を組織することができる。

2　協議会は、必要があると認めるときは、学識経験を有する者その他の協議会が必要と認める者をその構成員として加えることができる。

3　協議会において協議が調つた事項については、協議会の構成員は、その協議の結果を尊重しなければならない。

4　前三項に定めるもののほか、協議会の運営に関し必要な事項は、協議会が定める。

【解説】

1　本条は、海岸管理者、関係行政機関等による協議会に関する規定である。平成26年の海岸法の改正で設けられた。

2　海岸の近接地には、従前から海岸防災林・緑地が整備されている場合があり、これらの施設は、海水が堤防を越えて侵入した場合に、越流の抑制や、漂流物の捕捉等により、後背地の被害を軽減する機能を有している。

　平成23年の東日本大震災においても、海岸防災林・緑地が、船舶、コンクリート等の漂流物を捕捉し、背後ある人家等の被害を軽減した事例が報告されている。

　このような海岸防災林・緑地と、海岸保全施設として整備する樹林を一体的に整備すること等で、津波等の軽減効果を一層向上させることができることから、このような取組みを促進することが求められている。

3　本条1項では、海岸管理者（法6条1項の規定により海岸保全施設の新設・改良・災害復旧に関する工事を施行する主務大臣を含む。）、国の関係行政機

関の長、関係地方公共団体の長は、海岸保全施設と、その近接地にある海水の侵入による被害を軽減する効用を有する施設の一体的な整備、そのほか海岸の保全に関して必要な措置について、協議を行うための協議会を組織することができる、とされている。

「海岸保全施設と、その近接地に存する海水の侵入による被害を軽減する効用を有する施設」とは、森林法に基づく保安林・保安施設、都市公園法に基づく都市公園にある樹木等が想定されている。

これらの施設と、海岸保全施設に位置づけられている「堤防又は胸壁と一体的に設置された根固工又は樹林」の異同については、海水の侵入による被害を軽減するという点で同様の機能を有するものの、前者は、主に海岸保全区域の外に設置される施設であるのに対して、後者は、海岸の侵食を防止する観点から海岸保全施設である堤防・胸壁を粘り強い構造とするため海岸保全区域内に設置される施設である点で違いがある。

4　本条2項では、協議会は、必要があると認めるときは、学識経験を有する者等の協議会が必要と認める者を構成員として加えることができる、とされ、また、本条3項では、協議会において協議が調った事項については、協議会の構成員は、協議の結果を尊重しなければならない、とされている。

本条4項では、本条1項～3項のほか、協議会の運営に関し必要な事項は、協議会が定める、とされている。

【法律】

（海岸協力団体の指定）

第二十三条の三　海岸管理者は、次条に規定する業務を適正かつ確実に行うことができると認められる法人その他これに準ずるものとして主務省令で定める団体を、その申請により、海岸協力団体として指定することができる。

2　海岸管理者は、前項の規定による指定をしたときは、当該海岸協力団体の名称、住所及び事務所の所在地を公示しなければならない。

3　海岸協力団体は、その名称、住所又は事務所の所在地を変更しようとするときは、あらかじめ、その旨を海岸管理者に届け出なければならない。

4　海岸管理者は、前項の規定による届出があつたときは、当該届出に係る事項を公示しなければならない。

（海岸協力団体の業務）

第二十三条の四　海岸協力団体は、当該海岸協力団体を指定した海岸管理者が管理する海岸保全区域について、次に掲げる業務を行うものとする。

　一　海岸管理者に協力して、海岸保全施設等に関する工事又は海岸保全施設等の維持を行うこと。

　二　海岸保全区域の管理に関する情報又は資料を収集し、及び提供すること。

　三　海岸保全区域の管理に関する調査研究を行うこと。

　四　海岸保全区域の管理に関する知識の普及及び啓発を行うこと。

　五　前各号に掲げる業務に附帯する業務を行うこと。

（監督等）

第二十三条の五　海岸管理者は、前条各号に掲げる業務の適正かつ確実な実施を確保するため必要があると認めるときは、海岸協力団体に対し、その業務に関し報告をさせることができる。

2　海岸管理者は、海岸協力団体が前条各号に掲げる業務を適正かつ確実に実施していないと認めるときは、海岸協力団体に対し、その業務の運営の改善に関し必要な措置を講ずべきことを命ずることができる。

3　海岸管理者は、海岸協力団体が前項の規定による命令に違反したときは、その指定を取り消すことができる。

4　海岸管理者は、前項の規定により指定を取り消したときは、その旨を公示しなければならない。

（情報の提供等）

第二十三条の六　主務大臣又は海岸管理者は、海岸協力団体に対し、その業務の実施に関し必要な情報の提供又は指導若しくは助言をするものとする。

（海岸協力団体に対する許可の特例）

第二十三条の七　海岸協力団体が第二十三条の四各号に掲げる業務として行う主務省令で定める行為についての第七条第一項及び第八条第一項の規定の適用については、海岸協力団体と海岸管理者との協議が成立することをもつて、これらの規定による許可があつたものとみなす。

【関係省令】

（海岸協力団体として指定することができる法人に準ずる団体）

第七条の三　法第二十三条の三第一項の主務省令で定める団体は、法人でない団体であつて、事務所の所在地、構成員の資格、代表者の選任方法、総会の運営、会計に関する事項その他当該団体の組織及び運営に関する事項を内容とする規約その他これに準ずるものを有しているものとする。

（海岸協力団体の指定）

第七条の四　法第二十三条の三第一項の規定による指定は、法第二十三条の四各号に掲げる業務を行う海岸の区域を明らかにしてするものとする。

（海岸協力団体に対する許可の特例の対象となる行為）

第七条の五　法第二十三条の七の主務省令で定める行為は、次の各号に掲げる許可の区分に応じ、当該各号に定める行為（当該海岸協力団体がその業務を行う海岸の区域において行うものに限る。）とする。

一　法第七条第一項の規定による許可　清掃その他の海岸保全施設等の維持又は海岸環境の整備と保全及び公衆の海岸の適正な利用に関する情報若しくは資料の収集及び提供、調査研究若しくは知識の普及及び啓発のために必要な同項に規定する他の施設等の設置による海岸保全区域の占用

二　法第八条第一項（第一号を除く。）の規定による許可　清掃その他の海岸保全施設等の維持又は海岸環境の整備と保全及び公衆の海岸の適正な利用に関する情報

> 若しくは資料の収集及び提供、調査研究若しくは知識の普及及び啓発のために必要な水面若しくは公共海岸の土地以外の土地における法第七条第一項に規定する他の施設等の新設若しくは改築又は土地の掘削、盛土、切土その他令第三条第一項に定める行為

【解説】
1 法23条の3〜23条の7は、海岸協力団体に関する規定である。平成26年の海岸法の改正で設けられた。
2 近年、海岸の整備が進み、管理すべき海岸保全施設等が増加するとともに、平成11年の海岸法の改正では、法目的に、「海岸環境の整備と保全」、「公衆の海岸の適切な利用」が追加されるとともに、一般公共海岸区域が海岸管理者の管理対象に追加されたことから、海岸管理者の負担が増加している。また、自然環境や景観に対する国民の意識の高まり等から、海岸管理に対するニーズが多様化している。

　他方、海岸において多くの民間団体等（企業、NPO、自治会、ボランティア団体等）が、海岸の清掃、植樹、希少動植物の保護、環境教育等の様々な活動を行っており、このような活動は、海岸管理の充実にも寄与しており、海岸管理における民間団体の役割が大きくなっている。

　このため、法23条の3〜法23条の7では、海岸協力団体の制度を設けている。
3 法23条の3第1項では、海岸管理者は、後記①〜④の業務を適正かつ確実に行うことができると認められる法人、そのほかこれに準ずるものとして省令で定める団体を、その申請により、海岸協力団体として指定することができる、とされている。
　① 海岸管理者に協力して、海岸保全施設等に関する工事、海岸保全施設等の維持を行うこと
　② 海岸保全区域の管理に関する情報・資料を収集・提供すること
　③ 海岸保全区域の管理に関する調査研究を行うこと
　④ 海岸保全区域の管理に関する知識の普及・啓発を行うこと
　「これに準ずるものとして省令で定める団体」とは、省令（7条の3）で、法人でない団体であって、事務所の所在地、構成員の資格、代表者の選任方

法、総会の運営、会計に関する事項、そのほか当該団体の組織・運営に関する事項を内容とする規約、その他これに準ずるものものを有している団体とする、とされている。

　指定については、省令（7条の4）で、前記①〜④の業務を行う海岸の区域を明らかにして行う、とされている。

　法23条の3第2項では、海岸管理者は、海岸協力団体の指定をしたときは、海岸協力団体の名称・住所・事務所の所在地を公示しなければならない、とされ、また、同3項、4項では、海岸協力団体は、名称・住所・事務所の所在地を変更しようとするときは、事前に、その旨を海岸管理者に届け出なければならず、海岸管理者は、この届出があったときは、届出に係る事項を公示しなければならない、とされている。

4　法23条の4では、海岸協力団体は、海岸管理者により指定された海岸保全区域について、前記3①〜④の業務を行うものとするとされている。

5　法23条の5第1項では、海岸管理者は、前記3①〜④の業務の適正かつ確実な実施を確保するため必要があると認めるときは、海岸協力団体に対して、業務に関して報告をさせることができる、とされている。

　法23条の5第2項では、海岸管理者は、海岸協力団体が、前記①〜④の業務を適正かつ確実に実施していないと認めるときは、海岸協力団体に対し、業務の運営の改善に関して必要な措置を講ずべきことを命ずることができる、とされている。

　法23条の5第3項では、海岸管理者は、海岸協力団体が命令に違反したときは、指定を取り消すことができる、とされ、また、同4項では、海岸管理者は、指定を取り消したときは、その旨を公示しなければならない、とされている。

6　法23条の6では、主務大臣、海岸管理者は、海岸協力団体に対して、業務の実施に関し、必要な情報の提供・指導・助言をするものとする、とされている。

7　法23条の7では、海岸協力団体が、前記3①〜④の業務として行う省令で定める行為についての、法7条1項（占用の許可）、法8条1項（制限行為の解除の許可）の適用については、海岸協力団体と海岸管理者との協議が成立することで、許可があったものとみなす、とされている。

これは、海岸協力団体は、海岸管理者からの指定に当たって、主体の審査を受けることから、許可による主体の審査は不要であり、実施行為が海岸保全区域の管理上支障がないか等について協議の過程で確認すれば足りるためである。

　上記の省令で定める海岸協力団体に対する許可の特例の対象となる行為は、省令（7条の5）で、以下の許可の区分に応じ、それぞれ定める行為（海岸協力団体が業務を行う海岸の区域で行うものに限る。）とされる。

　① 占用の許可（法7条1項）
　　・清掃等の海岸保全施設等の維持、または海岸環境の整備・保全と公衆の海岸の適正な利用に関する情報・資料の収集・提供、調査研究、知識の普及・啓発のために必要な、
　　・海岸保全施設以外の施設・工作物の設置による海岸保全区域の占用
　② 制限行為の解除の許可（法8条1項〈1号を除く。〉）
　　・清掃等の海岸保全施設等の維持、または海岸環境の整備・保全と公衆の海岸の適正な利用に関する情報・資料の収集・提供、調査研究、知識の普及・啓発のために必要な、
　　・水面、または公共海岸の土地以外の土地における海岸保全施設以外の施設・工作物の新設・改築、土地の掘削・盛土・切土、政令3条1項に定める行為（木材等の物件の投棄・係留等の行為で、海岸保全施設等を損壊するおそれがあると認めて、海岸管理者が指定するもの）

8　本各条は、一般公共海岸区域について準用がある（法37条の8）。

【法律】

（海岸保全区域台帳）

第二十四条　海岸管理者は、海岸保全区域台帳を調製し、これを保管しなければならない。

2　海岸管理者は、海岸保全区域台帳の閲覧を求められたときは、正当な理由がなければこれを拒むことができない。

3　海岸保全区域台帳の記載事項その他その調製及び保管に関し必要な事項は、主務省令で定める。

【関係省令】

（海岸保全区域台帳）

第八条　海岸保全区域台帳は、帳簿及び図面をもつて組成するものとする。

2　帳簿及び図面は、一の海岸保全区域（当該海岸保全区域に海岸管理者を異にする区域がある場合及び主務大臣を異にする区域がある場合においてはそれぞれの区域）ごとに調製するものとする。

3　帳簿には、海岸保全区域につき、少なくとも次の各号に掲げる事項を記載するものとし、その様式は、別記様式第八とする。

一　海岸保全区域に指定された年月日

二　海岸保全区域

三　海岸線の延長並びに海岸保全区域の面積及び公共海岸の土地（法第二条第二項の規定により指定された地方公共団体が所有する土地を除く。）の面積

四　法第二条第二項の規定により指定された地方公共団体が所有する土地の区域及び面積並びに指定の年月日

五　法第二条第二項の規定により指定された水面の区域及び指定の年月日

六　法第五条第六項の規定により市町村の長が管理の一部を行う区域、当該市町村名及び管理開始の年月日

七　海岸保全区域の概況

八　海岸保全施設の管理者名（管理者と所有者が異なるときは管理者名及び所有者名）、位置、種類、構造及び数量

4　図面は、平面図、横断図及び水準面図とし、海岸保全区域につき次の各号により調製するものとする。

一　尺度は、メートルを単位とすること。

二　高さ及び潮位は、すべて東京湾中等潮位又は最低水面を基準とし、いずれを基準としたかを明示するとともに、水準基標又は恒久標識にあつては小数点以下三

位まで、その他のものにあつては小数点以下二位まで示すこと。
三　平面図については、
　イ　縮尺は、原則として二千分の一とすること。
　ロ　陸地に係る部分については、原則として二メートルごとに等高線を、水面に係る部分については、原則として二メートルごとに等深線を記入すること。
　ハ　公共海岸の土地（法第二条第二項の規定により指定された地方公共団体が所有する土地を除く。）は、黄色をもつて表示すること。
　ニ　法第五条第六項の規定により市町村の長が管理の一部を行う区域は、斜線をもつて表示すること。
　ホ　海岸保全施設の位置（砂浜又は樹林にあつては、その敷地である土地の区域）及び種類を記号又は色別をもつて表示すること。特に重要な海岸保全施設については、その構造図（各部分の寸法並びに東京湾中等潮位、最低水面、朔望平均満潮面、朔望平均干潮面及び既往最高潮位を記入すること。）を添附し、必要がある場合には縦断図をも添附すること。
　ヘ　イからホまでのほか、少なくとも次の事項を記載すること。
　　（イ）　海岸保全区域の境界線
　　（ロ）　市町村名、大字名、字名及びその境界線
　　（ハ）　地形
　　（ニ）　水準基標又は恒久標識の位置及び高さ
　　（ホ）　法第七条第一項に規定する他の施設等のうち主要なもの
　　（ヘ）　法第二条第二項の規定により指定された地方公共団体が所有する土地及び水面の区域
　　（ト）　法第八条の二第一項各号列記以外の部分の規定により指定された同項第二号から第四号までの規定に係るそれぞれの区域
　　（チ）　法第三条第一項に規定する保安林及び保安施設地区並びに法第四条第一項に規定する港湾区域、港湾隣接地域、公告水域及び漁港区域
　　（リ）　方位
　　（ヌ）　縮尺
　　（ル）　調製年月日
四　横断図については、
　イ　海岸保全施設、地形その他の状況に応じて調製すること。この場合において、横断測量線を朱色破線をもつて平面図に記入すること。
　ロ　横縮尺は、原則として五百分の一とし、縦縮尺は、原則として百分の一とすること。

ハ　イ及びロのほか、少なくとも次の事項を記載すること。
(イ)　東京湾中等潮位又は最低水面
(ロ)　海岸保全区域の指定の日の属する年の春分の日における満潮位及び干潮位、朔望平均満潮面、朔望平均干潮面及び既往最高潮位並びに海岸保全施設の高さ
(ハ)　縮尺
(ニ)　調製年月日
五　水準面図については、
イ　様式は、別記様式第九とすること。
ロ　東京湾中等潮位、最低水面、海岸保全区域の指定の日の属する年の春分の日における満潮位及び干潮位、朔望平均満潮面、朔望平均干潮面及び既往最高潮位並びに調製年月日を記載すること。
5　帳簿及び図面の記載事項に変更があつたときは、海岸管理者は、すみやかにこれを訂正しなければならない。

【解説】
1　本条は、海岸保全区域台帳に関する規定である。
2　海岸管理者が、海岸保全区域の適正な管理を行うためには、海岸保全区域の状況を十分に把握しなければならず、そのためには、海岸保全区域の現況を記載した台帳を整備しておく必要がある。
3　本条1項では、海岸管理者は、海岸保全区域台帳を調製し、これを保管しなければならない、とされている。
　海岸保全区域台帳の記載事項等については、本条3項で主務省令で定めることとされているが、省令（8条）で、以下のように規定されている。
①　海岸保全区域台帳は、帳簿、図面をもって組成し、帳簿、図面は、一つの海岸保全区域（海岸保全区域に海岸管理者が異にする区域がある場合、主務大臣を異にする区域がある場合には、それぞれの区域）ごとに調製する。
②　帳簿には、海岸保全区域に指定された年月日、海岸線の延長、海岸保全区域の面積、海岸保全区域の概況、海岸保全施設の管理者名・位置・種類・構造・種類等を記載する（様式は、省令別記様式8）。
③　図面は、平面図、横断図、水準図面とする。

④ 平面図は、原則として縮尺2,000の1とし、原則として2mごとに等高線、等深線を記入し、海岸保全施設の位置・種類等、海岸保全区域の境界線、海岸保全施設以外の重要な施設・工作物等を記載する。
⑤ 横断図は、海岸保全施設、地形、その他の状況に応じて調製する。横縮尺、縦縮尺は、原則として、それぞれ、500分の1、100分の1とする。
⑥ 水準図面の様式は、省令別記様式9。

　海岸保全区域台帳の調製期限は定められていないが、海岸保全区域台帳は、海岸の現況、海岸保全施設の状況、土地の所有区分等を把握できる唯一の資料であり、海岸管理者は、海岸保全区域の指定後、速やかに、かつ、正確に調製し、また、記載内容に変更があったときは、速やかに訂正しなければならない、とされる。
4　本条2項では、海岸保全区域では、占用や一定の行為に対する規制措置等が設けられているなど国民の権利義務に関係があること等から、海岸管理者は、海岸保全区域台帳の閲覧を求められたときは、正当な理由がなければこれを拒むことができない、とされている。
5　本条は、一般公共海岸区域について準用がある（法37条の8）。

【法律】

第三章　海岸保全区域に関する費用

（海岸保全区域の管理に要する費用の負担原則）

第二十五条　海岸管理者が海岸保全区域を管理するために要する費用は、この法律及び公共土木施設災害復旧事業費国庫負担法（昭和二十六年法律第九十七号）並びに他の法律に特別の規定がある場合を除き、当該海岸管理者の属する地方公共団体の負担とする。ただし、第五条第六項の規定により市町村長が行う海岸保全区域の管理に要する費用は、当該市町村長が統括する市町村の負担とする。

【解説】

1　本条は、海岸保全区域の管理に要する費用の負担原則に関する規定である。

2　海岸保全区域を管理する事務は、海岸保全施設に関する工事に係るもの（法定受託事務）を除き、自治事務となっており、また、海岸保全区域の管理は、海岸管理者が統括する地域と特に密接な利害関係を有するため、原則として、当該地域を含む地方公共団体が負担することが適当である。

　このため、本条では、海岸管理者が海岸保全区域を管理するために要する費用は、海岸法、公共土木施設災害復旧事業費国庫負担法、他の法律に特別の規定がある場合を除き、海岸管理者の属する地方公共団体の負担とする、とされ、また、ただし書きで、法5条6項の規定により市町村長が行う海岸保全区域の管理に要する費用は、市町村長が統括する市町村の負担とする、とされている。

　「海岸管理者が海岸保全区域を管理するために要する費用」とは、海岸保全区域の管理に必要な一切の費用をいい、海岸保全施設の新設・改築・修繕、維持管理に要する費用、海岸保全区域内の行政処分等に要する費用、行政処分等により生ずる損失補償に要する費用、海岸保全区域台帳の調製・保管等に要する費用、訴訟費用、人件費等が含まれる。

　ただし書きで、法5条6項の規定により市町村長が管理の一部を行う場合には、市町村の負担としているが、これは、当該市町村長は海岸管理者には該当しないが、実質的には、海岸管理者が管理する場合と同様なので、海岸管理

3 上記の「海岸法～に特別の規定がある場合」の「特別の規定」とは、法26条（主務大臣の直轄工事に要する費用）、法27条（海岸管理者が管理する海岸保全施設の新設・改良に要する費用）、法28条（特別な関係を有する市町村の分担金）、法30条（兼用工作物の費用）、法31条（原因者負担金）、法32条（附帯工事に要する費用）、法33条（受益者負担金）、法37条（義務履行のために要する費用）、37条の2第4項（主務大臣による管理）の規定をいう。

公共土木施設災害復旧事業費国庫負担法を含め、「他の法律に特別の規定がある場合」としては、以下のようなものがある。

① 公共土木施設災害復旧事業費国庫負担法（昭和26年法律97号）

　イ　国は、法令により、地方公共団体、またはその機関の維持管理に属する海岸等の公共土木施設に関する災害の災害復旧事業で、地方公共団体、またはその機関が施行するものについては、事業費の一部を負担する（同法3条）。国の負担率は、災害復旧事業費の総額と地方公共団体の標準税収入との関係により、3分の2、4分の3、または4分の4である（同法4条、4条の2）。

　ロ　河川、海岸砂防設備等の公共土木施設について国が施行する災害復旧事業で、地方公共団体が費用の一部を負担するものについての地方公共団体の負担の割合は、他の法令の規定にかかわらず、イの方法で算定される地方公共団体の負担率と同様である（同法5条）。

　ハ　北海道における地方公共団体に対して、同法3条の規定により国が費用の一部を負担する場合における災害復旧事業費に対する国の負担率は、当分の間、同法4条の規定によって算定した率が5分の4に満たない場合においては、同条の規定にかかわらず、5分の4とする（同法附則3項）。

② 離島振興法（昭和28年法律72号）

　離島振興対策実施地域における災害復旧事業については、公共土木施設災害復旧事業費国庫負担法3条の規定により、地方公共団体に対して国が費用の一部を負担する場合における、災害復旧事業費に対する国の負担率は、同法4条の規定によって算出した率が5分の4に満たない場合においては、同法同条の規定にかかわらず、5分の4とする（離島振

興法7条4項)。
③　激甚災害に対処するための特別の財政援助等に関する法律（昭和37年法律150号）

　　国は、激甚災害に係る公共土木施設の災害復旧事業及びこれと合併して行う改良事業で、特定地方公共団体（政令で定める基準に該当する都道府県、または市町村）が費用の全部、または一部を負担するものについて、特定地方公共団体の負担を軽減するため、交付金を交付し、または特定地方公共団体の国に対する負担金を減少するものとする（同法3条1項）。国が交付し、または減少する金額の特定地方公共団体ごとの総額（特別財政援助額）の算定方法については、同法4条に定めるところによる。

④　奄美群島振興開発特別措置法（昭和29年法律189号）

　　奄美群島振興開発計画に基づく事業のうち、海岸法2条1項に規定する海岸保全施設の新設・改良で、政令で定めるものに要する経費に対する国の負担、または補助の割合は、他の法令の規定にかかわらず、3分の2以内で、政令で定める割合とする（奄美群島振興開発特別措置法6条1項、別表〈6条関係〉）。

　　奄美群島における災害復旧事業に対する国の負担率は、公共土木施設災害復旧事業費国庫負担法4条の規定によって算出した率が5分の4に満たない場合には、同法同条の規定にかかわらず、5分の4とする（同法6条5項）。

⑤　後進地域の開発に関する公共事業に係る国の負担割合の特例に関する法律（昭和36年法律112号）

　　開発指定事業に係る経費に対する国の負担の割合は、当分の間、適用団体ごとに開発指定事業に係る経費に対する通常の国の負担割合に、次の式により算定した数を乗じて算定するものとする。ただし、算定の結果、適用団体の負担割合が100分の10未満のときは、開発指定事業に係る経費に対する適用団体の負担割合が100分の10となるように国の負担割合を定める（同法3条1項、2項）。

$$1 + 0.25 \times \frac{0.46 - 当該適用団体の財政力指数}{0.46 - 財政力指数が最少の適用団体の当該財政力指数}$$

⑥　小笠原諸島振興特別措置法（昭和44年法律79号）

　小笠原諸島における災害復旧事業については、公共土木施設災害復旧事業費国庫負担法3条の規定により、地方公共団体に対して国が費用の一部を負担する場合における災害復旧事業費に対する国の負担率は、同法4条の規定によって算定した率が5分の4に満たない場合には、同法同条の規定にかかわらず、5分の4とする（小笠原諸島振興特別措置法7条2項）。

⑦　沖縄振興特別措置法（平成14年法律14号）

　沖縄振興計画に基づく事業のうち、海岸法2条1項に規定する海岸保全施設の新設・改良で、政令で定めるものに要する経費に対する国の負担または補助の割合は、他の法令の規定にかかわらず、10分の9.5（国以外の者の行う事業にあっては、10分の9）以内で、政令で定める割合とする（沖縄振興特別措置法105条1項、別表〈105条関係〉）。

　沖縄における災害復旧事業に対する国の負担率は、公共土木施設災害復旧事業費国庫負担法4条の規定によって算出した率が5分の4に満たない場合には、同法同条の規定にかかわらず、5分の4とする（沖縄振興特別措置法105条4項）。

4　海岸保全区域の管理に要する費用については、地方公共団体の財源の均衡化を図り、地方行政の計画的運営を保障するため、地方交付税法の対象となっている。

5　本条は、一般公共海岸区域について準用がある（法37条の8）。

第3章 海岸保全区域に関する費用

【法律】

（主務大臣の直轄工事に要する費用）

第二十六条　第六条第一項の規定により主務大臣が施行する海岸保全施設の新設、改良又は災害復旧に要する費用は、国がその三分の二を、当該海岸管理者の属する地方公共団体がその三分の一を負担するものとする。

2　前項の場合において、当該海岸保全施設の新設又は改良によつて他の都府県も著しく利益を受けるときは、主務大臣は、政令で定めるところにより、その利益を受ける限度において、当該海岸保全施設を管理する海岸管理者の属する地方公共団体の負担すべき負担金の一部を著しく利益を受ける他の都府県に分担させることができる。

3　前項の規定により主務大臣が著しく利益を受ける他の都府県に負担金の一部を分担させようとする場合においては、主務大臣は、あらかじめ当該都府県の意見をきかなければならない。

【関係政令】

（他の都府県が分担する負担金の額）

第七条　法第二十六条第二項の規定により他の都府県に分担させる負担金の額は、海岸保全施設の新設又は改良によつて当該他の都府県の受ける利益の程度並びに当該海岸保全施設の存する都府県及び当該他の都府県の受ける利益の割合を考慮して主務大臣が定めるものとする。

【解説】

1　本条は、主務大臣の直轄工事に要する費用に関する規定である。

　国土の保全上特に重要な海岸保全施設に関する国の直轄工事は、国の利害に重大な関係があるとともに、地元地方公共団体にも利害関係が密接であるため、費用は、国と海岸管理者の属する地方公共団体と分担することとしている。

2　本条1項では、法6条1項の規定により主務大臣が施行する海岸保全施設の新設、改良、または災害復旧に要する費用は、国がその3分の2を、海岸管理者の属する地方公共団体がその3分の1を負担するものとする、とされている。

国の負担率については、臨時行政推進審議会の答申等を踏まえ、国の補助金等の整理及び合理化等に関する法律（平成5年法律8号。直轄事業の国負担率は3分の2、補助事業の国負担率は2分の1を基本として恒久化）による海岸法の改正で、2分の1から現在の3分の2に改正された。

　それ以前は、特定海岸制度（改正前の法26条1項ただし書、法27条1項）という制度があり、この制度では、一定規模以上の事業で一定の効果を発現するものについて、特定海岸として指定し、当該特定海岸における海岸保全施設整備（直轄事業、または補助事業）については、国の負担率が、3分の2になっていたが、この制度は廃止された。

　このほか、他の法律に特別の規定がある場合については、法25条を参照のこと。

3　本条2項では、本条1項の場合で、海岸保全施設の新設・改良によって他の都府県も著しく利益を受けるときは、主務大臣は、その利益を受ける限度において、海岸管理者の属する地方公共団体の負担すべき負担金の一部を著しく利益を受ける他の都府県に分担させることができる、とされている。

　負担金の額については、政令(7条)で、海岸保全施設の新設・改良によって他の都府県の受ける利益の程度や、海岸保全施設のある都府県と他の都府県の受ける利益の割合を考慮して、主務大臣が定めるものとされている。この分担金は、受益者負担としての性格を有すると言える。

4　本条3項では、本条2項により他の都府県に負担金の一部を分担させようとする場合には、主務大臣は、事前に、当該都府県の意見をきかなければならない、とされている。

　これは、公平性の観点から、徴収側の主務大臣の一方的な判断によるのではなく、徴収される側の地方公共団体の事情にも配慮して、負担金の額を決定する必要があるためである。

【法律】

(海岸管理者が管理する海岸保全施設の新設又は改良に要する費用の一部負担)

第二十七条　海岸管理者が管理する海岸保全施設の新設又は改良に関する工事で政令で定めるものに要する費用は、政令で定めるところにより国がその一部を負担するものとする。

2　海岸管理者は、前項の工事を施行しようとするときは、あらかじめ、主務大臣に協議し、その同意を得なければならない。

3　主務大臣は、前項の同意をする場合には、第一項の規定により国が負担することとなる金額が予算の金額を超えない範囲内でしなければならない。

【関係政令】

(国が費用を負担する工事の範囲及び国庫負担率)

第八条　法第二十七条第一項の規定により国が費用を負担する工事及び当該工事に要する費用に対する国の負担率は、次のとおりとする。

　一　地盤の変動により必要を生じた海岸保全施設の新設又は改良に関する工事で海岸保全の機能を従前の状態までに復旧するもの　二分の一

　二　海水による著しい侵食を防止するための海岸保全施設の新設又は改良に関する工事　二分の一

　三　前二号に掲げるものを除き、海岸保全施設の新設又は改良に関する工事で公共土木施設災害復旧事業費国庫負担法(昭和二十六年法律第九十七号)第二条第二項に規定する災害復旧事業(同法第二条第三項において災害復旧事業とみなされるものを含む。)と合併して施行する必要があるもの　二分の一

　四　前三号に掲げるものを除き、海岸保全施設の新設又は改良に関する工事で大規模なもののうち次号に掲げるもの以外のもの　二分の一

　五　第一号から第三号までに掲げるものを除き、海岸保全施設の新設又は改良に関する工事で大規模なもののうち主として市街地を保護するためのもの　五分の二

　六　前各号に掲げるものを除き、海岸保全施設の新設又は改良に関する工事で主務大臣が指定するもの　三分の一

2　前項第一号、第二号、第四号及び第五号に掲げる工事で主務大臣が指定するものに要する費用に対する国の負担率は、同項の規定にかかわらず、三分の二とする。

3　第一項第二号から第五号までに掲げる工事で北海道において施行されるものに要する費用に対する国の負担率は、同項の規定にかかわらず、二十分の十一とする。

4　第一項第二号から第四号まで及び第六号に掲げる工事で離島振興法（昭和二十八年法律第七十二号）第四条第一項の離島振興計画に基づくもの（第二項又は前項に規定する工事を除く。）に要する費用に対する国の負担率は、第一項の規定にかかわらず、同項第二号から第四号までに掲げる工事にあつては二十分の十一、同項第六号に掲げる工事にあつては二分の一とする。

（国庫負担額）

第九条　国が法第二十七条第一項の規定により負担する金額は、海岸保全施設に関する工事に要する費用の額（法第三十一条から第三十三条までの規定による負担金（以下「収入金」という。）があるときは、当該費用の額から収入金を控除した額。以下「負担基本額」という。）に前条に規定する国の負担率をそれぞれ乗じて得た額とする。

【解説】

1　本条は、海岸管理者が管理する海岸保全施設の新設・改良に要する費用の一部負担に関する規定である。

2　海岸管理に要する費用は、法25条の規定により、原則として、海岸管理者の属する地方公共団体の負担とされているが、海岸保全施設が有する国土保全上の重要性・緊急性の程度により、一定の工事については、国が費用の一部を負担し、海岸管理者において、海岸保全施設の新設・改良に関する工事が計画的かつ円滑に実施される必要がある。

　このため、本条1項では、海岸管理者が管理する海岸保全施設の新設・改良に関する工事で、政令で定めるものに要する費用は、政令で定めるところにより、国がその一部を負担するものとする、とされている。

　国が負担する工事の範囲、補助率は、政令（8条）、他の法令（沖縄、奄美関係）で、以下のとおりとなっている。

　①　地盤の変動により必要を生じた海岸保全施設の新設・改良に関する工事で、海岸保全の機能を従前の状態までに復旧するもの

2分の1

（主務大臣が指定するもの：3分の2）

（沖縄：10分の9）

②　海水による著しい侵食を防止するための海岸保全施設の新設・改良に関する工事

　　　　　　　　　　　　　　　　　　　　　　　　　　2分の1
　　　　　　　　　　　　　　　　　（主務大臣が指定するもの：3分の2）
　　　　　　　（北海道、離島：20分の11、沖縄：10分の9、奄美：3分の2）

③　前記①、②を除き、海岸保全施設の新設・改良に関する工事で、災害復旧事業と合併して施行する必要があるもの

　　　　　　　　　　　　　　　　　　　　　　　　　　2分の1
　　　　　　　　　　　　　　（北海道、離島：20分の11、奄美：3分の2）

④　前記①～③を除き、海岸保全施設の新設・改良に関する工事で、大規模なもののうち、後記⑤以外のもの

　　　　　　　　　　　　　　　　　　　　　　　　　　2分の1
　　　　　　　　　　　　　　　　　（主務大臣が指定するもの：3分の2）
　　　　　　　（北海道、離島：20分の11、沖縄：10分の9、奄美：3分の2）

⑤　前記①～③を除き、海岸保全施設の新設・改良に関する工事で、大規模なもののうち、主として市街地を保護するためのもの

　　　　　　　　　　　　　　　　　　　　　　　　　　5分の2
　　　　　　　　　　　　　　　　　（主務大臣が指定するもの：3分の2）
　　　　　　　　　　　　　　　　（北海道：20分の11、沖縄10分の9）

⑥　前記①～⑤を除き、海岸保全施設の新設・改良に関する工事で、主務大臣が指定するもの

　　　　　　　　　　　　　　　　　　　　　　　　　　3分の1
　　　　　　　　　　　　　　　　　　　　（離島、奄美：2分の1）

　国の負担する金額（国庫負担額）は、政令（9条）で、海岸保全施設に関する工事に要する費用の額（原因者負担金〈法31条〉、附帯工事原因者負担金〈法32条3項〉、受益者負担金〈法33条〉があるときは、これらを控除した額）に、本条1項に規定する国の負担率を乗じた額とされている。

3　本条2項では、海岸管理者は、本条1項の工事を施行しようとするときは、事前に、主務大臣に協議し、同意を得なければならない、とされ、また、本条3項では、主務大臣は、同意をする場合には、国が負担することとなる金額が予算の金額を超えない範囲内でしなければならない、とされている。

これは、政令（8条）の要件に該当すれば、国が負担する義務が発生するのでなく、財政の重点的かつ効率的な配分を図る観点から、重要かつ緊急を要する工事について、優先的に配分することにより、計画的に海岸保全施設の新設・改良を図ろうとするものである。

4　海岸事業における主な事業種別ごとの補助率等については、333〜335頁参照。

【法律】

(市町村の分担金)

第二十八条　前三条の規定により海岸管理者の属する地方公共団体が負担する費用のうち、都道府県である地方公共団体が負担し、かつ、その工事又は維持が当該都道府県の区域内の市町村を利するものについては、当該工事又は維持による受益の限度において、当該市町村に対し、その工事又は維持に要する費用の一部を負担させることができる。

2　前項の費用について同項の規定により市町村が負担すべき金額は、当該市町村の意見をきいた上、当該都道府県の議会の議決を経て定めなければならない。

【解説】

1　本条は、市町村の負担金に関する規定である。

2　本条1項では、
　・法27条（管理に要する費用の負担原則）、法28条（主務大臣の直轄工事に要する費用）、法29条（国の海岸保全施設の新設・改良に要する費用の一部負担）の規定により、海岸管理者の属する地方公共団体が負担する費用のうち、
　・都道府県である地方公共団体が負担し、かつ、工事・維持が都道府県の区域内の市町村を利するものについては、
　・工事・維持による受益の限度において、
　・市町村に対し、工事・維持に要する費用の一部を負担させることができる、

とされている。

　これは、公平負担の見地から、工事・維持に要する費用の一部を、利益のある市町村に負担させるものであり、この負担金は、受益者負担金的な性格を有するものである。

　市町村に負担させることができる費用は、工事費・維持費に限られ、都道府県知事が作成する海岸保全基本計画の作成、海岸保全区域の指定のための費用は含まれない、とされる。

利益は、市町村として享受するものであり、特定の個人が享受する場合には、法33条の受益者負担金として処理されることになる。

3　本条2項では、市町村が負担すべき金額は、市町村の意見をきいた上、都道府県の議会の議決を経て定めなければならない、とされている。

　これは、公平性の観点から、徴収される側の地方公共団体の事情にも配慮しつつ、慎重に負担金の額を決定する必要があるためである。

4　地方財政法27条1項、3項にも、本条1項、2項と同様の規定があり、地方財政法27条3項〜5項では、総務大臣に対する異議申立ての制度が用意されている。

5　本条は、一般公共海岸区域について準用がある（法37条の8）。

第3章 海岸保全区域に関する費用

【法律】

（負担金の納付）

第二十九条　主務大臣が海岸保全施設の新設、改良又は災害復旧に関する工事を施行する場合においては、まず全額国費をもつてこれを施行した後、海岸管理者の属する地方公共団体又は負担金を分担すべき他の都府県は、政令で定めるところにより第二十六条第一項又は第二項の規定に基く負担金を国庫に納付しなければならない。

【関係政令】

（地方公共団体負担額）

第十条　地方公共団体が法第二十九条の規定により国庫に納付する負担金の額は、負担基本額に法第二十六条第一項に規定する地方公共団体の負担割合を乗じて得た額（収入金があるときは当該額に収入金を加算し、法第二十六条第二項の規定により分担を命ぜられた他の都府県があるときは当該額から当該分担額を控除した額。以下「地方公共団体負担額」という。）とする。

（負担基本額等の通知）

第十一条　主務大臣は、海岸保全施設に関する工事を施行する場合においては、負担基本額及び地方公共団体負担額を当該海岸保全施設を管理する海岸管理者の属する地方公共団体に対して（法第二十六条第二項の規定により他の都府県に分担を命じたときは、当該分担額並びに負担基本額及び地方公共団体負担額を関係地方公共団体に対して）通知しなければならない。負担基本額、地方公共団体負担額又は都府県分担額を変更したときも、同様とする。

【解説】

1　本条は、主務大臣の直轄事業における地方公共団体の負担金に関する規定である。

2　本条では、主務大臣が海岸保全施設の新設・改良・災害復旧に関する工事を施行する場合には、まず全額国費をもってこれを施行した後、海岸管理者の属する地方公共団体、または負担金を分担すべき他の都府県は、負担金を国庫に納付しなければならない、とされている。

　地方公共団体が国庫に納付する負担金の額（「地方公共団体負担額」という。）は、政令（10条）で、負担基本額（工事に要する費用の全額から、原因者負担金・附帯工事原因者負担金・受益者負担金の額を控除したもの）に、

法26条1項に規定する地方公共団体の負担割合を乗じて得た額に、原因者負担金・附帯工事原因者負担金・受益者負担金の額を加え、他の都府県の分担金があるときはその額を控除した額、とされている。

　負担基本額や、地方公共団体公共団体負担額、他の都府県の分担金が決定した場合には、政令（11条）で、主務大臣は、関係地方公共団体に対して、それらの額を通知しなければならない(変更の場合も同様)、とされている。

$$\text{地方公共団体負担額} = \left\{ \begin{pmatrix} \text{工事に要する} \\ \text{費用の金額} \end{pmatrix} - \begin{pmatrix} \text{原因者負担金} \\ \text{附帯工事原因者負担金} \\ \text{受益者負担金} \end{pmatrix} \right\} \times \text{地方公共団体の負担割合}$$

（下線部＝負担基本額）

$$+ \begin{pmatrix} \text{原因者負担金} \\ \text{附帯工事原因者負担金} \\ \text{受益者負担金} \end{pmatrix} - \text{他の都府県分担金}$$

【法律】

（兼用工作物の費用）

第三十条　海岸管理者の管理する海岸保全施設が他の工作物の効用を兼ねるときは、当該海岸保全施設の管理に要する費用の負担については、海岸管理者と当該他の工作物の管理者とが協議して定めるものとする。

【解説】

1　本条は、兼用工作物の管理の費用負担に関する規定である。
2　本条では、海岸管理者の管理する海岸保全施設が他の工作物の効用を兼ねるときは、公平負担の見地から、海岸保全施設の管理に要する費用の負担については、海岸管理者と他の工作物の管理者とが協議して定めるものとする、とされている。

　協議においては、海岸保全施設の管理に要する費用（新設・改良・修繕・維持等の管理に要する費用）の分担の方法、分担すべき金額等を定める。

　協議の時期について定めはないが、法15条の規定による兼用工作物の工事・維持させる場合の協議と、本条の規定による費用負担の協議は一括して行ってもよいし、個別に行ってもよいが、実務の運用においては、法15条の協議の際に一括して行っておくことが望ましい、とされる。

【法律】

（原因者負担金）

第三十一条　海岸管理者は、他の工事又は他の行為により必要を生じた当該海岸管理者の管理する海岸保全施設等に関する工事又は海岸保全施設等の維持の費用については、その必要を生じた限度において、他の工事又は他の行為につき費用を負担する者にその全部又は一部を負担させるものとする。

2　前項の場合において、他の工事が河川工事、道路に関する工事、地すべり防止工事又は急傾斜地崩壊防止工事であるときは、当該海岸保全施設等に関する工事の費用については、河川法第六十八条、道路法第五十九条第一項及び第三項、地すべり等防止法第三十五条第一項及び第三項又は急傾斜地の崩壊による災害の防止に関する法律第二十二条第一項の規定を適用する。

【解説】

1　本条は、原因者負担金の負担に関する規定である。
2　本条1項では、公平負担の見地から、海岸管理者は、
　・他の工事・他の行為により、必要を生じた
　・海岸管理者の管理する海岸保全施設等に関する工事、または海岸保全施設等の維持の費用については、
　・必要を生じた限度において、
　・他の工事、または他の行為につき費用を負担する者に、全部、または一部を負担させるものとする、
とされている。

　他の工事・他の行為により必要を生じた、海岸管理者の管理する海岸保全施設等に関する工事、または海岸保全施設等の維持については、法16条の規定に基づき原因者工事の施行命令を発して、原因者に当該工事・維持をさせることができるが、海岸管理者は、海岸の管理上、これが適当でない場合には、自ら工事・維持を行うことができる。本条の規定は、いずれの場合にも適用がある。

「必要を生じた限度」とは、原因者が行う他の工事・他の行為により直接必要を生じた海岸保全施設等に関する工事、または海岸保全施設等の維持に要する費用の全額である。

　しかし、工事・維持が、結果的に海岸管理者が行う工事または行為の代わりとなる場合には、全額負担とせず、一部負担とすることが適当である、とされる。

　なお、原因者工事の施行に伴い海岸保全施設の改良を要する場合、その原因が従来の構造によることが困難、または不適当な場合等、経済的、技術的理由によるときは、改良に要する費用は原因者負担となる、とされる。また、海岸管理者側の要請により改良する場合で、海岸保全施設にとって客観的に改良となるときは、直接必要を生じた限度を超える費用については、海岸管理者の負担となる、とされる。

3　本条3項では、他の工事が、河川工事、道路に関する工事、地すべり防止工事または急傾斜地崩壊防止工事であるときは、海岸保全施設等に関する工事の費用については、河川法68条、道路法59条1項、3項、地すべり等防止法35条1項、3項または急傾斜地の崩壊による災害の防止に関する法律22条1項の規定を適用する、とされている。

　これは、他の工事により必要を生じた工事の費用を原因者に負担させる場合において、他の工事が、河川工事、道路工事、地すべり工事、または急傾斜地崩壊防止工事であるときは、河川法等の該当条項で、当該負担については、河川管理者等が附帯工事に要する費用として負担する旨、規定されていることから、重複適用を避けるため、本条1項の適用はないものとし、それぞれの該当条項の規定により負担させることとしたものである。

4　本条は、一般公共海岸区域について準用がある（法37条の8）。

【法律】

（附帯工事に要する費用）

第三十二条　海岸管理者の管理する海岸保全施設に関する工事により必要を生じた他の工事又は当該海岸保全施設に関する工事を施行するため必要を生じた他の工事に要する費用は、第七条第一項及び第八条第一項の規定による許可に附した条件に特別の定がある場合並びに第十条第二項の規定による協議による場合を除き、その必要を生じた限度において、当該海岸管理者の属する地方公共団体がその全部又は一部を負担するものとする。

2　前項の場合において、他の工事が河川工事、道路に関する工事、砂防工事又は地すべり防止工事であるときは、他の工事に要する費用については、河川法第六十七条、道路法第五十八条第一項、砂防法第十六条又は地すべり等防止法第三十四条第一項の規定を適用する。

3　海岸管理者は、第一項の海岸保全施設に関する工事が他の工事又は他の行為のため必要となつたものである場合においては、同項の他の工事に要する費用の全部又は一部をその必要を生じた限度において、その原因となつた工事又は行為につき費用を負担する者に負担させることができる。

【解説】

1　本条は、附帯工事に要する費用負担に関する規定である。
2　本条1項では、公平負担の見地から、
　・海岸管理者の管理する海岸保全施設に関する工事により必要を生じた他の工事、または海岸保全施設に関する工事を施行するため必要を生じた他の工事に要する費用は、
　・法7条1項（海岸保全区域における占用の許可）、法8条1項（海岸保全区域における禁止行為の解除の許可）の規定による許可に附した条件に特別の定がある場合、法10条2項（国・地方公共団体の場合の特例）の規定による協議による場合を除き、
　・必要を生じた限度において、

・海岸管理者の属する地方公共団体が、全部、または一部を負担するものとする、

とされている。

附帯工事に要する費用とは、附帯工事に直接要する費用のほか、附帯工事を施行するために必要な調査・測量、仮設物の設置、用地取得、機械器具の購入の費用等、附帯工事に通常必要となる全ての費用である。

附帯工事の施行の結果、施設等の維持管理費が従前より著しく増大する場合もあり得るが、維持管理費は附帯工事に要する費用に含まれない。このような場合、補償の対象となることもあり得るが、補償の有無、補償の方針等について、海岸管理者と対象施設等の管理者が附帯工事に関する協定を締結する際に併せて協議しておくことが望ましい、とされる。

「海岸管理者の管理する海岸保全施設に関する工事により必要を生じた他の工事」における「必要が生じた限度」とは、附帯工事に係る工作物の従前の機能・効用と同等の機能・効用を保持するために必要な工事に要する費用の範囲に限られる。ただし、従前の構造によることが困難・不適当な場合には、これに代わるべき必要な施設等を設置するために必要な費用も含まれ、また、経済的、技術的な理由から改良となることがやむを得ない場合には、当該改良に必要な費用も含まれる、とされる。

なお、対象施設等の管理者からの要請により、附帯工事に含めて、質的、機能的増加を伴う改良工事を施行した場合には、当該増加部分については、対象施設等の管理者が負担すべきものである。

「海岸保全施設に関する工事を施行するため必要を生じた他の工事」における「必要が生じた限度」については、海岸管理者自らのために必要とする工事であることから、上記の従前の機能・効用の保持という概念を持ち出す必要はなく、必要を生じた工事に要する費用が負担の範囲となる。

なお、対象施設等の管理者から附帯工事として必要とする限度を超える工事の施行要請があった場合には、海岸管理者は、経済的、技術的に合理的なときは、委託を受ける形で工事を施行することはできるが、限度を超える工事に要する費用については、施設等の管理者が負担すべきものである。

本条1項では、例外として、占用の許可（法7条1項）、禁止行為の解除の許可（法8条1項）、またはこれらに代わる承認（法10条2項）の条件で、

特別の定めがある場合は、海岸管理者は附帯工事の費用負担をしなくてもよいことになっている。

ただし、そもそも、許可・承認の条件は、これを受ける者に不当な義務を課してはならない（法38条の2第2項）、とされている。また、許可・承認を受けた者といえども、特別の犠牲を強いる場合には、損失補償が必要である（法12条の2第1項）。許可・承認の条件を定めるに当たっては、このような考え方に配慮する必要がある。

このため、予測困難な抽象的な定め（例：海岸保全施設に関する工事のため必要が生じた場合には、損失補償なしで、占用物件等の改築・移転・除去等を行わなければならない。）を設けることは困難であり、少なくとも、予測可能な具体的な定めとすること（例えば、工事内容・時期等を明示すること）が必要であると、と解される。

3　本条2項では、他の工事が、河川工事、道路に関する工事、砂防工事、または地すべり防止工事であるときは、他の工事に要する費用については、河川法67条、道路法58条1項、砂防法16条、または地すべり等防止法34条1項の規定を適用する、とされている。

これは、海岸管理者が附帯工事として費用を負担する場合で、他の工事が、河川工事、道路に関する工事、砂防工事、または地すべり防止工事であるときは、河川法等の該当条項では、海岸管理者が原因者負担金を負担する旨、規定されているので、重複適用を避けるため、本条1項の適用はないとし、それぞれの該当条項によるとしたものである。

4　本条3項では、海岸管理者は、
・本条1項の海岸保全施設に関する工事が、他の工事、または他の行為のため必要となったものである場合には、
・同項の他の工事に要する費用の全部、または一部を
・その必要を生じた限度において、
・原因となった工事、または行為について費用を負担する者に負担させることができる、

とされている。

これは、法31条の原因者負担金に関する規定では、「他の工事又は他の行為により必要を生じた海岸保全施設に関する工事に要する費用」の費用負担

のみ規定しており、「海岸管理者が施行する附帯工事」に原因者がある場合の費用負担については規定していないので、これを規定したものである。

【法律】

（受益者負担金）

第三十三条　海岸管理者は、その管理する海岸保全施設に関する工事によつて著しく利益を受ける者がある場合においては、その利益を受ける限度において、当該工事に要する費用の一部を負担させることができる。

2　前項の場合において、負担金の徴収を受ける者の範囲及びその徴収方法については、海岸管理者の属する地方公共団体の条例で定める。

【解説】

1　本条は、受益者負担金に関する規定である。
2　本条1項では、公平負担の見地から、海岸管理者は、
　・管理する海岸保全施設に関する工事によって著しく利益を受ける者がある場合には、
　・利益を受ける限度において、
　・工事に要する費用の一部を負担させることができる、
とされている。
　「著しく利益を受ける」については、海岸保全施設に関する工事によって受ける利益が、住民が一般的に期待し得る利益の限度を超えて、その程度が顕著であることが必要である。
3　本条2項では、負担金の徴収を受ける者の範囲と徴収方法については、海岸管理者の属する地方公共団体の条例で定める、とされている。
　これは、受益者負担金の賦課・徴収は、住民にとって利害関係が大きいこと、その収入は海岸管理者の属する地方公共団体に帰属すること等による。

【法律】

（負担金の通知及び納入手続等）

第三十四条　第十二条及び前三条の規定による負担金の額の通知及び納入手続その他負担金に関し必要な事項は、政令で定める。

【関係政令】

（負担金の徴収手続）

第十二条　法第三十四条に規定する負担金の徴収については、地方自治法施行令（昭和二十二年政令第十六号）第百五十四条に規定する手続の例による。

【解説】

1　本条は、負担金の徴収手続きに関する規定である。

2　本条では、法12条10項（他の施設等の除去・保管等に要した費用の負担金）、法31条（原因者負担金）、法32条3項（附帯工事原因者負担金）、法33条（受益者負担金）の規定による負担金の額の通知、納入手続、そのほか負担金に関し必要な事項は、政令で定める、とされている。

　　政令（12条）では、負担金の徴収については、地方自治法施行令（昭和22年政令16号）154条に規定する手続の例による、とされている。

　　具体的には、以下のとおり、歳入を調定し、納入義務者に納入の通知をしなければならない。

　　① 歳入の調定は、所属年度、歳入科目、納入すべき金額、納入義務者等を誤っていないかどうか、そのほか法令等に違反する事実がないかどうかを調査する。

　　② 納入の通知は、所属年度、歳入科目、納入すべき金額、納入期限、納入場所、納入の請求事由を記載した納入通知書で行う。

3　本条は、一般公共海岸区域について準用がある（法37条の8）。

【法律】

(強制徴収)

第三十五条　第十一条の規定に基づく占用料及び土石採取料並びに第十二条第十項、第三十条、第三十一条第一項、第三十二条第三項及び第三十三条第一項の規定に基づく負担金(以下この条及び次条においてこれらを「負担金等」と総称する。)を納付しない者があるときは、海岸管理者は、督促状によつて納付すべき期限を指定して督促しなければならない。

2　前項の場合においては、海岸管理者は、主務省令で定めるところにより延滞金を徴収することができる。ただし、延滞金は、年十四・五パーセントの割合を乗じて計算した額をこえない範囲内で定めなければならない。

3　第一項の規定による督促を受けた者がその指定する期限までにその納付すべき金額を納付しないときは、海岸管理者は、国税滞納処分の例により、前二項に規定する負担金等及び延滞金を徴収することができる。この場合における負担金等及び延滞金の先取特権の順位は、国税及び地方税に次ぐものとする。

4　延滞金は、負担金等に先だつものとする。

5　負担金等及び延滞金を徴収する権利は、これらを行使することができる時から五年間行使しないときは、時効により消滅する。

【関係省令】

(延滞金)

第九条　法第三十五条第二項に規定する延滞金は、同条第一項に規定する負担金等の額につき年十・七五パーセントの割合で、納期限の翌日からその負担金等の完納の日又は財産差押えの日の前日までの日数により計算した額とする。

【解説】

1　本条は、負担金等の強制徴収の規定である。

本条の対象となる負担金等については、債権の確保の確実性とその履行の迅速性を図るため、私法上の手続きによらず、特別の手続きによって強制徴収ができることとされている。

本条の対象となる負担金等は、以下のとおりである。
① 占用料、土石採取料（法11条）
② 他の施設等の除去、保管等に要した費用の負担金（法12条10項）
③ 兼用工作物の費用（法30条）
④ 原因者負担金（法31条）
⑤ 附帯工事原因者負担金（法32条3項）
⑥ 受益者負担金（法33条）

2 本条1項では、前記①～③の負担金等を納付しない者があるときは、海岸管理者は、督促状によって納付すべき期限を指定して、督促しなければならない、とされている。

督促とは、金銭債権の履行が遅延している場合に、債務者に対して履行を促す催告行為であって、本条2項の延滞金徴収、本条3項の滞納処分の執行の前提となるものである。督促状を発する時期については規定がないが、著しい遅延は許されない、と解される。

3 本条2項では、海岸管理者は、主務省令で定めるところにより、延滞金を徴収することができる、とされている。

具体的には、省令（9条）で、延滞金は、負担金等の額につき年10.75％の割合で、納期限の翌日から、負担金等の完納の日、または財産差押えの日の前日までの日数により、計算した額とされている。

4 本条3項では、督促を受けた者が指定する期限までに納付すべき金額を納付しないときは、海岸管理者は、国税滞納処分の例により、負担金等と延滞金を徴収することができる、とされ、また、この場合、負担金等と延滞金の先取特権の順位は、国税と地方税に次ぐ、とされている。

滞納処分とは、債権の徴収を所掌する行政機関の職員が、納付期限までに完全な履行がなされない場合に、その履行を督促し、指定期限に完納がない場合に、私法上の手続きによらず、自ら債権者の財産を差し押え、換価し、換価代金で未納の債権の弁済に充当する簡易な強制的換価手続きである。

「国税滞納処分の例により」とは、国税徴収法（昭和34年法律147号）5章の規定による手続きを準用して行うことを意味する。

徴収金の先取特権の順位は、国税と地方税に次ぐとされているが、滞納処分に係る滞納処分費は、国税、地方税等の債権に先立って徴収する（国税徴

収法10条)。

5 本条4項では、負担金等と延滞金の充当については、まず、延滞金に充当し、その後、負担金等に充当する、とされている。

　充当方法については、民法では、順次、費用、利息、元本の順で充当することが原則とされ（民法489条)、これは債権者にとって有利な充当方法であるが、本条でも同様の充当方法が採用されている。

6 本条5項では、負担金等と延滞金を徴収する権利は、5年間行わないときは、時効により消滅する、とされている。

7 本条は、一般公共海岸区域について準用がある（法37条の8)。

230　第3章　海岸保全区域に関する費用

【法律】

(収入の帰属)

第三十六条　負担金等及び前条第二項の延滞金は、当該海岸管理者の属する地方公共団体に帰属する。ただし、第五条第六項の規定により市町村長が行う海岸保全区域の管理に係るものは当該市町村長が統括する市町村に、主務大臣が第六条第一項の規定に基づき工事を施行する場合における第十二条第十項の規定に基づく負担金で主務大臣が負担させるものは国に帰属する。

【解説】

1　本条は、収入(負担金等と延滞金)の帰属に関する規定である。
2　本条では、後記①～⑥の負担金等とその延滞金は、
　　・海岸管理者の属する地方公共団体に帰属する、
　とされ、また、
　　・ただし書きで、例外として、法5条6項の規定により市町村長が行う海岸保全区域の管理に係るものは、当該市町村長が統括する市町村に、
　　・主務大臣が法6条1項の規定に基づき工事を施行する場合における法12条10項の費用(他の施設等の除去・保管等に要した費用)で主務大臣が負担させるものは国に帰属する、
　とされている。
　　①　占用料、土石採取料(法11条)
　　②　他の施設等の除去、保管等に要した費用(法12条10項)
　　③　兼用工作物の費用(法30条)
　　④　原因者負担金(法31条)
　　⑤　附帯工事原因者負担金(法32条3項)
　　⑥　受益者負担金(法33条)
　　これは、公平負担の見地から、海岸保全区域の管理に要する費用の負担原則の規定(法25条、ただし書きを含む。)に則り、費用を負担する者に、収入を帰属させようとするものである。
　　このことからすると、主務大臣の直轄工事における権限代行により生ずる

負担金も、原則として、海岸管理者の属する地方公共団体に帰属することになるが、例外的に、法12条10項の費用（他の施設等の除去、保管等に要した費用）は、主務大臣が直接他の施設等の除去等を行うため、国に帰属するものとされている。

3　本条は、一般公共海岸区域について準用がある（法37条の8）。

【法律】

（義務履行のために要する費用）

第三十七条　この法律又はこの法律によつてする処分による義務を履行するために必要な費用は、この法律に特別の規定がある場合を除き、当該義務者が負担しなければならない。

【解説】
1　本条は、義務履行のために要する費用負担に関する規定である。
2　本条では、公平負担の見地から、海岸法、または海岸法によってする処分による義務を履行するために必要な費用は、海岸法に特別の規定がある場合を除き、義務者が負担しなければならない、とされている。
　　「海岸法に特別の規定がある場合」の「特別の規定」とは、例えば、処分に伴う損失補償の規定（法12条の2等）、原因者負担金の規定（法31条）、附帯工事に要する費用の規定（法32条）がある。
3　本条は、一般公共海岸区域について準用がある（法37条の8）。

【法律】

第三章の二　海岸保全区域に関する管理等の特例

（主務大臣による管理）

第三十七条の二　国土保全上極めて重要であり、かつ、地理的条件及び社会的状況により都道府県知事が管理することが著しく困難又は不適当な海岸で政令で指定したものに係る海岸保全区域の管理は、第五条第一項から第四項までの規定にかかわらず、主務大臣が行うものとする。

2　主務大臣は、前項の政令の制定又は改廃の立案をしようとするときは、あらかじめ関係都道府県知事の意見を聴かなければならない。

3　第一項の規定により指定された海岸に係る第三条の規定による海岸保全区域の指定又は廃止は、主務大臣が行うものとする。

4　第一項の海岸保全区域を管理するために要する費用は、第二十五条の規定にかかわらず、国が負担するものとする。

5　第一項の規定により主務大臣が海岸保全区域の管理を行う場合における第三条第四項、第三十二条第一項、第三十三条第二項及び第三十六条の規定の適用については、第三条第四項中「都道府県知事」とあるのは「主務大臣」と、第三十二条第一項及び第三十六条中「当該海岸管理者の属する地方公共団体」とあるのは「国」と、第三十三条第二項中「海岸管理者の属する地方公共団体の条例」とあるのは「政令」とする。

【解説】

1　本条は、主務大臣による海岸保全区域の管理に関する規定である。平成11年の海岸法の改正で、追加された。

　本条が追加され、主務大臣による海岸保全区域の管理の制度を設けることについては、以下の説明がなされている。

　・沖ノ鳥島は、東京都に属する日本最南端の孤島であり、住民は存在しないが、同島の周辺には、同島を基線とする広大な排他的経済水域（日本の国土面積より広い約40万 km^2）が存在している。

　・同島は、平成11年の海岸法の改正前は、東京都知事により海岸保全区域に指定された上で、法6条の規定に基づき、旧建設大臣が直轄工事を実

施し、東京都が累計100億円を超える費用負担を行っていた。また、同島は、立地条件上、気象、海象条件が極めて過酷であり、侵食が激しいため、重大な被害が生じないよう定期的な点検、観測、防護ネットやコンクリートの補修等の定常的な維持管理が必要である。

・同島の保全は、東京都には利害関係はなく、国全体として重大な利害関係があるという特殊性があり、国と地方の役割分担を明確化する上でも、国の費用負担で、国により管理することが必要である。

・今後の地震、気候変動等により、沖ノ鳥島と同様に国の責任において管理する必要が生じる島等が想定されるため、それらについても適用可能な制度を設ける必要がある。

【図表18：沖ノ鳥島の主務大臣による管理】

○沖ノ鳥島は、日本の国土面積より広い約40万km²の排他的経済水域や、広大な大陸棚を有する極めて重要な島。
○平成11年改正法で、全額国費により国が直轄で管理。

沖ノ鳥島の環礁は、東西約4,500m、南北約1,700m

S62撮影

護岸コンクリートや消波ブロックを設置（S62～H元）

チタン製防護工を設置（H11）

日本最南端（北緯20°25′,東経136°05′）に位置

東小島

北小島

S62撮影

観測施設

気温や風向・風速、水温、潮位、波高などの気象・海象観測を実施

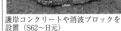

護岸コンクリートや消波ブロックを設置（S62～H元）

（出典：国土交通省資料）

2 本条1項では、

・国土保全上極めて重要であり、かつ、地理的条件と社会的状況により、都道府県知事が管理することが著しく困難、または不適当な海岸で、
・政令で指定したものに係る海岸保全区域の管理は、

・法5条1項～4項の規定にかかわらず、主務大臣が行うものとする、とされている。
3 本条2項では、主務大臣は、本条1項の政令の制定・改廃の立案をしようとするときは、事前に、関係都道府県知事の意見を聴かなければならない、とされ、また、本条3項では、本条1項の規定により指定された海岸に係る海岸保全区域の指定・廃止（法3条）は、主務大臣が行うものとする、とされている。
4 本条4項では、本条1項の海岸保全区域を管理するために要する費用は、法25条の規定にかかわらず、国が負担するものとする、とされている。
5 主務大臣が海岸保全区域の管理を行う場合には、法2条3項の「海岸管理者」の定義により、主務大臣が海岸管理者となり、海岸管理者に関する規定が適用されるが、本条5項では、その際に必要となる読替えが、以下のとおり規定されている。

・法3条（海岸保全区域の指定）
　　4項中、「都道府県知事」→「主務大臣」
・法32条（附帯工事に要する費用）
　　1項中、「当該海岸管理者の属する地方公共団体」→「国」
・法33条（受益者負担金）
　　2項中、「海岸管理者の属する地方公共団体の条例」→「政令」
・法36条（収入の帰属）
　　1項中、「当該海岸管理者の属する地方公共団体」→「国」

【法律】

第三章の三　一般公共海岸区域に関する管理及び費用

（管理）

第三十七条の三　一般公共海岸区域の管理は、当該一般公共海岸区域の存する地域を統括する都道府県知事が行うものとする。

2　前項の規定にかかわらず、海岸保全区域、港湾区域又は漁港区域（以下この条及び第四十条において「特定区域」という。）に接する一般公共海岸区域のうち、特定区域を管理する海岸管理者、港湾管理者の長又は漁港管理者である地方公共団体の長（以下この条及び第四十条において「特定区域の管理者」という。）が管理することが適当であると認められ、かつ、都道府県知事と当該特定区域の管理者とが協議して定める区域については、当該特定区域の管理者がその管理を行うものとする。

3　前二項の規定にかかわらず、市町村の長は、都道府県知事（前項の規定により特定区域の管理者が管理する一般公共海岸区域にあつては、都道府県知事及び当該特定区域の管理者）との協議に基づき、当該市町村の区域に存する一般公共海岸区域の管理を行うことができる。

4　都道府県知事又は市町村長は、第二項の規定により協議して区域を定めるとき、又は前項の規定により協議して一般公共海岸区域の管理を行うときは、主務省令で定めるところにより、これを公示しなければならない。これを変更するときも、同様とする。

5　第二項及び第三項に規定する協議は、前項の公示によつてその効力を生ずる。

【解説】

1　本条～法37条の8は、一般公共海岸区域の管理に関する規定である。平成11年の海岸法の改正で設けられた。

　一般公共海岸区域とは、公共海岸のうち、海岸保全区域以外の区域であり、平成11年の海岸法の改正前は、基本的に、法定外公共物である国有海浜地として管理が行われていた区域で、国有財産法や条例等に基づく、緩やかな管理が行われてきた区域であったが、平成11年の海岸法の改正で、海岸法に位

置づけられ、管理主体、管理権限が規定されることとなった。公共海岸、一般公共海岸区域の定義については、法2条2項参照。

このような経緯から、一般公共海岸区域は、施設整備を伴う能動的な防護の観点は備えていない区域であるが、施設整備を伴わない、土地の占用、土砂の採取等の許可等を通じた受動的防護の観点は備えており、その観点から、必要な管理権限が、法37条の4、法37条の5、法37条の6、法37条の8に規定されている。

2　本条1項では、法定外公共物である国有海浜地の管理は、一般公共海岸区域のある地域を統括する都道府県知事が行うものとする、とされている。

これは、法定外公共物である国有海浜地の管理は、平成11年の海岸法の改正までは、国有財産法に基づき都道府県が管理（機関委任事務）していたこと、海岸保全区域の管理が原則として都道府県知事とされていること（法5条1項）から、都道府県知事を管理者とすることが妥当と考えられたためである。

一般公共海岸区域については、公有（地方公共団体所有）の海浜地や水面を除いて、海岸保全区域のような指定の行為はなく、平成11年の海岸法の改正により、都道府県知事等が管理者になった。なお、海岸は、道路等の人工公物と異なり、自然のままで公共の用に供される自然公物であるため、道路法のような供用開始行為はない。また、用途の廃止については、自然公物の場合、可能な限り回避すべきであるが、どうしても避けられない場合には代償措置をとるべき、とする有力な見解がある（『行政法概説 Ⅲ　行政組織法／公務員法／公物法［第5版］』宇賀克也 著、584頁、参照）。

また、海岸保全区域のように民有地を区域に入れて、一定行為に対する規制を行う制度（法8条等）は、設けられていない。

3　本条2項では、本条1項の規定にかかわらず、
　・海岸保全区域、港湾区域、または漁港区域（「特定区域」という。）に接する一般公共海岸区域のうち、
　・特定区域を管理する海岸管理者、港湾管理者の長、または漁港管理者である地方公共団体の長（「特定区域の管理者」）が管理することが適当であると認められ、かつ、都道府県知事と特定区域の管理者とが協議して定める区域については、

・特定区域の管理者が、管理を行うものとする、
とされている。
　一般公共海岸区域は、海岸保全区域の後背地に存在したり、あるいは港湾区域・漁港区域である水面に接する砂浜等として存在する。このため、平成11年の海岸法の改正以前は、海岸保全区域等の管理者が、一般公共海岸区域に相当する区域で海岸の清潔の保持等を実態的に行っていたのであり、また、一般公共海岸区域での占用等による利用は、海岸保全区域等と一体的に行われる蓋然性が高いともいえる。これらを踏まえ、本条2項では、海岸保全区域等の管理者が、一般公共海岸区域の管理をできるようにしている。

4　本条3項では、本条1項、2項の規定にかかわらず、市町村の長は、都道府県知事（特定区域の管理者が管理する一般公共海岸区域にあっては、都道府県知事と当該特定区域の管理者）との協議に基づき、市町村の区域に存する一般公共海岸区域の管理を行うことができる、とされている。
　これは、海岸保全区域の市町村の管理制度（法5条6項）と同様の趣旨から、設けられたものである。

5　本条4項では、都道府県知事、または市町村長は、本条2項の規定により協議して区域を定めるとき、または本条3項の規定により協議して一般公共海岸区域の管理を行うときは、主務省令で定めるところにより、これを公示しなければならない（変更するときも、同様）とされ、また、本条5項では、本条2項、3項に規定する協議は、公示によってその効力を生ずる、とされている。

【法律】

（一般公共海岸区域の占用）

第三十七条の四　海岸管理者以外の者が一般公共海岸区域（水面を除く。）内において、施設又は工作物を設けて当該一般公共海岸区域を占用しようとするときは、主務省令で定めるところにより、海岸管理者の許可を受けなければならない。

【関係省令】

（海岸保全区域の占用の許可）

第三条　法第七条第一項の規定による許可を受けようとする者は、次の各号に掲げる事項を記載した申請書を海岸管理者に提出しなければならない。
一　海岸保全区域の占用の目的
二　海岸保全区域の占用の期間
三　海岸保全区域の占用の場所
四　施設又は工作物の構造
五　工事実施の方法
六　工事実施の期間

（一般公共海岸区域への準用）

第十一条　<u>第三条から第五条の四まで、第六条第一項、第七条から第七条の五まで及び第九条の規定は、一般公共海岸区域について準用する</u>。この場合において、第三条及び第七条の五中「第七条第一項」とあるのは「第三十七条の四」と、（略）読み替えるものとする。

【解説】

1　本条は、一般公共海岸区域における占用に関する規定である。平成11年の海岸法の改正で設けられた。

2　本条では、海岸管理者以外の者が一般公共海岸区域（水面を除く。）内において、施設・工作物を設けて、一般公共海岸区域を占用しようとするときは、海岸管理者の許可を受けなければならない、とされている。

　これは、一般公共海岸区域の海岸の適正な保全（海岸の受動的な防護に加え、海岸環境の保全、公衆の適正な利用の確保）を図るため、平成11年の海岸法の改正までは、国有財産法18条3項の規定により行っていた使用収益の許可に代えて、法7条の規定にならい、海岸管理者の許可としたものである。

行政法学上の公共用物の使用関係の分類でいうと（84〜85頁参照）、この海岸管理者の許可は、特許使用（特別使用）の許可であり、特定人に特定の排他的利用を認めることである。
　なお、法37条の8で準用される法10条の規定により、海岸管理者以外の者が、国・地方公共団体（港務局を含む。）である場合には、許可ではなく、事前に、海岸管理者に協議することで足りる、とされている。
　本条1項の「工作物」とは、通常、土地に固定された物的設備をいうが、他方、「施設」とは、物的設備と同じような意味であるがそれより広く、物に加えて、人によって運営される事業活動全体を意味する。施設には、道路、運動場、ゴルフ場、海水浴場の脱衣場、自動販売機、簡易なレストラン、売店等のほか、杭や縄等で囲った物置場や耕作の用に供する田畑等も含まれる、とされる。
　なお、施設・工作物を設けて、土地を排他的・独占的に継続して使用する場合には許可が必要であるが、漁具、漁獲物の干場等のような簡易、軽微、一時的なものについては、許可は必要がない、とされる。
3　占用許可の申請については、省令（11条で準用される3条）で、以下の事項が記載された申請書を海岸管理者に提出しなければならない、とされている。
　①　海岸保全区域の占用の目的
　②　海岸保全区域の占用の期間
　③　海岸保全区域の占用の場所
　④　施設・工作物の構造
　⑤　工事実施の方法
　⑥　工事実施の期間
4　占用許可の基準については、特に規定は設けられていない。
　一般的に、占用許可については、特定の人に利益を与える行政処分であり、個人の権利を制限し、義務を課す行政処分と異なり、比較的、裁量性が高いものとされているが、海岸法の目的（「海岸の防御」、「海岸環境の整備・保全」、「公衆の海岸の適正な利用」）や、公共海岸たる土地の公共的性格に、十分留意の上、適切な判断を行うことが求められる。
　ちなみに、これに関し、一般公共海岸区域の占用不許可処分を違法とした

最高裁判決（平成19年12月7日）がある。

本事案は、鹿児島県の離島における桟橋設置（採取した岩石の搬出用）のための占用が問題となったものであるが、本最高裁判決では、本事案の特殊な事情（以下の〈注〉参照）も踏まえ、本件占用不許可処分は、「考慮すべきでない事情を考慮し、他方、当然考慮すべき事情を十分考慮しておらず、その結果、社会通念に照らし著しく妥当性を欠いたものということができ、本件不許可処分は、裁量権の範囲を超え又はその濫用があったものとして違法となる」、とされている。

〈注〉例えば、事前に、採石法に基づく知事の事業者に対する採石計画の不認可が、公害等調整委員会により水産資源の生息環境に悪影響が認められないとする理由で取り消され、知事が許可をしていたこと、許可の要件ではない地元漁業協同組合の同意書〈占用期間に係る再度のもの〉の添付がないことを占用不許可処分の理由の一つとしていること、占用許可がなければ採石業を行うことが相当困難になること、県知事が漁港などの港湾区域内に桟橋を設けるという実現困難な勧告をして、本件桟橋を設けさせないとしたこと。

本判決の最高裁調査官解説で、「これは、本件海岸の占用の許可の申請をめぐり極めて例外的な不当な事情が存在することが考慮された結果であると思われる」（ジュリスト〈No.1357 2008.6.1.〉156頁～、内野俊夫 前最高裁調査官 著）とされているように、本判決の判断については本事案固有の特殊な事情に留意することが必要である。もっとも、実務において、「極めて不当な事情」がないように対応すべきことは、言うまでもない。

ちなみに、本最高裁判決では、その判断の前提として、

「一般公共海岸区域の占用の許可の申請があった場合において、申請に係る占用が当該一般公共海岸区域の用途又は目的を妨げるときには、海岸管理者は、占用の許可をすることができないものというべきである。」

「申請に係る占用が当該一般公共海岸区域の用途又は目的を妨げないときであっても、海岸管理者は、必ず占用の許可をしなければならないものではなく、海岸法の目的等を勘案した裁量判断として占用の許可をしないことが相当であれば、占用の許可をしないことができるものというべきである。なぜなら、一般公共海岸区域の占用の諾否の判断に当たっては、当該地域の自然的又は社会的な条件、海岸環境、海岸利用の状況等の諸般の事情を十分に

勘案し、行政財産の管理としての側面からだけではなく、同法の目的の下で地域の実情に即してその諾否の判断をしなければならないのであって、このような判断は、その性質上、海岸管理者の裁量にゆだねるのでなければ適切な結果を期待することができないからである。」
と判示しており、実務において参考となる。

　本判決が示すとおり、許可・不許可の判断に当たっては、海岸法の目的や仕組み等を踏まえた上で、関連する諸事情について適切な事実認定を行いつつ、適切に総合的な裁量判断を行うことが必要である。

5　占用許可の効力は、占用期間の満了、許可を受けた占有者による占用の廃止、海岸管理者による占用許可の取消し・撤回等によって消滅する。占用期間が満了した場合で、占用を継続する意思があるときは、再び占用許可の申請を行うことになる。

6　海岸管理者は、占用許可に当たって、法38条の2第1項の規定により、海岸の保全上、必要な条件をつけることができる。

　海岸における占用条件等については、平成15年3月31日付けで「海岸における占用条件等の事例について」（国土交通省からの事務連絡）が出されている（94〜98頁参照）。

7　海岸管理者の許可を受けずに、許可の内容に違反して、または許可に付された条件に違反して、占用した場合には、法42条5号の規定により、その者は、6月以下の懲役、または30万円以下の罰金が科される。

【法律】

（一般公共海岸区域における行為の制限）

第三十七条の五　一般公共海岸区域内において、次に掲げる行為をしようとする者は、主務省令で定めるところにより、海岸管理者の許可を受けなければならない。ただし、政令で定める行為については、この限りではない。
一　土石を採取すること。
二　水面において施設又は工作物を新設し、又は改築すること。
三　土地の掘削、盛土、切土その他海岸の保全に支障を及ぼすおそれのある行為で政令で定める行為をすること。

【関係政令】

（一般公共海岸区域内における制限行為で許可を要しない行為）

第十二条の二　第二条（第八号を除く。）の規定は、法第三十七条の五ただし書の政令で定める行為について準用する。この場合において、第二条第十一号中「海岸保全施設の構造又は地形、地質その他の状況により海岸管理者が深さを指定した場合には、当該深さ）以内の土地の掘削又は切土（海岸保全施設から五メートル（海岸保全施設の構造又は地形、地質その他の状況により海岸管理者が距離を指定した場合には、当該距離）以内の地域及び水面における土地の掘削又は切土を除く。）」とあるのは「地形、地質その他の状況により海岸管理者が深さを指定した場合には、当該深さ）以内の土地の掘削又は切土」と、同条第十二号中「海岸保全施設の構造又は地形」とあるのは「地形」と読み替えるものとする。

（海岸保全区域内における制限行為で許可を要しない行為）

第二条　法第八条第一項ただし書の政令で定める行為は、次の各号に掲げるものとする。
一　公有水面埋立法（大正十年法律第五十七号）の規定による埋立ての免許又は承認を受けた者が行う当該免許又は承認に係る行為
二　鉱業権者又は租鉱権者が行う行為で次に掲げるもの
　イ　鉱山保安法（昭和二十四年法律第七十号）第十三条第一項の規定により届出をした施設の設置又は変更の工事
　ロ　鉱山保安法第三十六条の規定による産業保安監督部長の命令又は同法第四十八条第一項の規定による鉱務監督官の命令の実施に係る行為
　ハ　鉱業法（昭和二十五年法律第二百八十九号）第六十三条第一項の規定により

届出をし、又は同条第二項（同法第八十七条において準用する場合を含む。）若しくは同法第六十三条の二第一項若しくは第二項の規定により認可を受けた施業案（同法第六十三条の三の規定により同法第六十三条の二第一項又は第二項の認可を受けたものとみなされた施業案を含む。）の実施に係る行為

三　土地改良法（昭和二十四年法律第百九十五号）の規定に基づき、同法の規定による土地改良事業の計画の実施に係る行為

四　漁港及び漁場の整備等に関する法律（昭和二十五年法律第百三十七号）第三十九条第一項本文の規定による許可を受けた者が行う当該許可に係る行為、同法第十七条第一項、第十八条第一項及び第十九条第一項の規定による特定漁港漁場整備事業計画並びに同法第二十六条の規定による漁港管理規程に基づいてする行為並びに同法第四十四条第一項に規定する認定計画（同法第四十二条第二項第二号及び第三号に掲げる事項（水面又は土地の占用に係るものに限る。）、同条第四項第二号に掲げる事項又は同法第五十条第一項各号に掲げる事項が定められたものに限る。）に従つてする行為（同法第六条第一項から第四項までの規定により市町村長、都道府県知事又は農林水産大臣が指定した漁港の区域（以下「漁港区域」という。）内において行うものに限る。）

五　港湾法（昭和二十五年法律第二百十八号）の規定に基づき、港湾管理者のする港湾工事

六　森林法（昭和二十六年法律第二百四十九号）第三十四条第二項（同法第四十四条において準用する場合を含む。）の規定による許可を受けた者が行う当該許可に係る行為

七　工業用水法（昭和三十一年法律第百四十六号）第三条第一項の規定による許可を受けた者が行う当該許可に係る井戸の新設又は改築

八　載荷重が一平方メートルにつき十トン（海岸保全施設の構造又は地形、地質その他の状況により海岸管理者が載荷重を指定した場合には、当該載荷重）以内の施設又は工作物の公共海岸の土地以外の土地における新設又は改築

九　漁業を営むための施設又は工作物の水面における新設又は改築

十　海岸管理者が海岸の保全に支障があると認めて指定する施設又は工作物以外のものの水面における新設又は改築

十一　地表から深さ一・五メートル（海岸保全施設の構造又は地形、地質その他の状況により海岸管理者が深さを指定した場合には、当該深さ）以内の土地の掘削又は切土（海岸保全施設から五メートル（海岸保全施設の構造又は地形、地質その他の状況により海岸管理者が距離を指定した場合には、当該距離）以内の地域及び水面における土地の掘削又は切土を除く。）

十二　載荷重が一平方メートルにつき十トン（海岸保全施設の構造又は地形、地質その他の状況により海岸管理者が載荷重を指定した場合には、当該載荷重）以内の盛土

（一般公共海岸区域における制限行為）

第十二条の三　法第三十七条の五第三号の政令で定める行為は、木材その他の物件を投棄し、又は係留する等の行為で海岸管理者が管理する施設又は工作物を損壊するおそれがあると認めて海岸管理者が指定するものとする。

2　第三条第二項の規定は、前項の規定による指定について準用する。

（海岸保全区域における制限行為）

第三条　（略）

2　海岸管理者は、前項の規定による指定をするときは、主務省令で定めるところにより、その旨を公示しなければならない。これを変更し、又は廃止するときも、同様とする。

【関係省令】

（海岸保全区域における制限行為の許可）

第四条　法第八条第一項第一号に該当する行為をしようとするため同条同項の許可を受けようとする者は、次の各号に掲げる事項を記載した申請書を海岸管理者に提出しなければならない。

　一　土石（砂を含む。以下同じ。）の採取の目的
　二　土石の採取の期間
　三　土石の採取の場所
　四　土石の採取の方法
　五　土石の採取量

2　法第八条第一項第二号に該当する行為をしようとするため同条同項の許可を受けようとする者は、次の各号に掲げる事項を記載した申請書を海岸管理者に提出しなければならない。

　一　施設又は工作物を新設又は改築する目的
　二　施設又は工作物を新設又は改築する場所
　三　新設又は改築する施設又は工作物の構造
　四　工事実施の方法
　五　工事実施の期間

3　法第八条第一項第三号に該当する行為をしようとするため同条同項の許可を受けようとする者は、次の各号に掲げる事項を記載した申請書を海岸管理者に提出しなければならない。

一　行為の目的
二　行為の内容
三　行為の期間
四　行為の場所
五　行為の方法

（海岸保全区域における制限行為の指定の公示）

第四条の二　令第三条第二項の規定による指定の公示は、官報、公報又は新聞紙に掲載して行うものとする。

（一般公共海岸区域への準用）

第十一条　第三条から第五条の四まで、第六条第一項、第七条から第七条の五まで及び第九条の規定は、一般公共海岸区域について準用する。この場合において、（略）第四条第一項中「第八条第一項第一号」とあるのは「第三十七条の五第一号」と、同条中「同条同項」とあるのは「同条」と、同条第二項中「第八条第一項第二号」とあるのは「第三十七条の五第二号」と、同条第三項中「第八条第一項第三号」とあるのは「第三十七条の五第三号」と、第四条の二中「第三条第二項」とあるのは「第十二条の三第二項」と（略）と読み替えるものとする。

【解説】

1　本条は、一般公共海岸区域における行為の制限（禁止行為を解除する許可制度）に関する規定である。平成11年の海岸法の改正で設けられた。

　行政法学上の公共用物の使用関係の分類でいうと（83頁参照）、「許可使用」の許可である。

2　本条では、一般公共海岸区域内において、以下の行為をしようとする者は、政令で定める行為を除き、海岸管理者の許可を受けなければならない、とされている。

　① 土石（砂を含む。）の採取
　② 水面における施設・工作物の新設、改築
　③ 土地の掘削、盛土、切土その他政令で定める行為。なお、政令で定める行為とは、政令（12条の3）で、木材等の物件を投棄し、係留する等の行為で海岸保全施設等を損壊するおそれがあると認めて、海岸管理者が指定したものである（指定は、官報、公報、新聞紙に掲載して公示する。変更、廃止も同様）

これは、一般公共海岸区域の海岸の適正な保全（海岸の受動的な防護に加え、海岸環境の保全、公衆の適正な利用の確保）を図るため、平成11年の海岸法の改正までは、国有財産法18条3項の規定により使用収益の許可の対象となっていた行為を含め、法8条の規定にならい、一定の行為について、海岸管理者の許可を要するとしたものである。
　なお、法37条の8で準用される法10条2項の規定により、海岸管理者以外の者が、国・地方公共団体（港務局を含む。）である場合には、許可ではなく、事前に、海岸管理者に協議することで足りる。
3　上記のとおり、具体的に許可の対象となる行為については、土石の採取等の行為から、「政令で定める行為」は除かれている。
　この適用除外される行為については、「他の法律に基づいて許可、認可等を得た行為」と、「軽微な行為で、客観的に海岸の保全上支障がないと認められる行為」の2つのグループがある。
　前者については、他の法律に基づく許可、認可等の手続により、海岸の保全上支障がないことが確認されていると考えられ、二重行政を排除する観点も踏まえ、適用除外されている。具体的には、政令（12条の2で準用する2条）で、以下の行為とされている。
　①　公有水面埋立法の規定による埋立ての免許、承認を受けた者が行う当該免許、承認に係る行為
　②　鉱業権者、租鉱権者が行う行為で次のもの
　　イ　鉱山保安法13条1項の規定により届出をした施設の設置、変更の工事
　　ロ　鉱山保安法36条の規定による産業保安監督部長の命令、同法48条1項の規定による鉱務監督官の命令の実施に係る行為
　　ハ　鉱業法63条1項の規定により届出をし、同条2項（同法87条において準用する場合を含む。）、同法63条の2第1項、第2項の規定により認可を受けた施業案（同法63条の3の規定により同法63条の2第1項、第2項の認可を受けたものとみなされた施業案を含む。）の実施に係る行為
　③　土地改良法の規定に基づき、同法の規定による土地改良事業の計画の実施に係る行為

④　漁港及び漁場の整備等に関する法律39条１項本文の規定による許可を受けた者が行う当該許可に係る行為、同法17条１項、18条１項、19条１項の規定による特定漁港漁場整備事業計画・同法26条の規定による漁港管理規程に基づいてする行為、同法44条１項に規定する認定計画（必要な事項が定められているものに限る。）に従ってする行為（同法６条１項から４項までの規定により市町村長、都道府県知事、農林水産大臣が指定した漁港区域内において行うものに限る。）

　⑤　港湾法の規定に基づき、港湾管理者のする港湾工事

　⑥　森林法34条２項（同法44条において準用する場合を含む。）の規定による許可を受けた者が行う当該許可に係る行為

　⑦　工業用水法３条１項の規定による許可を受けた者が行う当該許可に係る井戸の新設・改築

後者の「軽微な行為で、客観的に海岸の保全上支障がないと認められる行為」については、具体的には、政令（12条の２で準用する２条）で、以下の行為とされている。

　⑧　漁業を営むための施設・工作物の水面における新設・改築

　⑨　海岸管理者が海岸の保全に支障があると認めて指定する施設・工作物以外のものの水面における新設・改築

　⑩　地表から深さ1.5m（地形・地質等の状況により海岸管理者が深さを指定した場合には、当該深さ）以内の土地の掘削・切土

　⑪　載荷重が１m^2につき10トン（地形・地質等の状況により海岸管理者が載荷重を指定した場合には、当該載荷重）以内の盛土

４　許可の申請については、省令（11条で準用する４条）で、以下のとおり、それぞれの行為ごとに、必要な事項を申請書に記載することとされている。

　①　土石（砂を含む。）の採取
　　イ　土石の採取の目的
　　ロ　土石の採取の期間
　　ハ　土石の採取の場所
　　ニ　土石の採取の方法
　　ホ　土石の採取量

　②　水面、公共海岸の土地以外の土地における他の施設等の新設・改築

イ　施設・工作物を新設・改築する目的
　　　ロ　施設・工作物を新設・改築する場所
　　　ハ　新設・改築する施設・工作物の構造
　　　ニ　工事実施の方法
　　③　土地の掘削、盛土、切土、そのほか政令で定める行為
　　　イ　行為の目的
　　　ロ　行為の内容
　　　ハ　行為の期間
　　　ニ　行為の場所
　　　ホ　行為の方法
5　許可の基準については、特に規定は設けられていない。
　一般的に、行政処分には、その目的・趣旨等をふまえ、一定の裁量があるとされるが、海岸法の目的（「海岸の防護」、「海岸環境の整備・保全」、「公衆の海岸の適正な利用」）に十分留意の上、適切な判断を行うことが求められる。
6　海岸管理者は、許可に当たって、法38条の2第1項の規定により、海岸の保全上、必要な条件をつけることができる。
7　海岸管理者の許可を受けずに、制限行為を行った場合には、法42条6号の規定により、その者は、6月以下の懲役、または30万円以下の罰金が科される。

【法律】

第三十七条の六　何人も、一般公共海岸区域（第二号から第四号までにあつては、海岸の利用、地形その他の状況により、海岸の保全上特に必要があると認めて海岸管理者が指定した区域に限る。）内において、みだりに次に掲げる行為をしてはならない。
　一　海岸管理者が管理する施設又は工作物を損傷し、又は汚損すること。
　二　油その他の通常の管理行為による処理が困難なものとして主務省令で定めるものにより海岸を汚損すること。
　三　自動車、船舶その他の物件で海岸管理者が指定したものを入れ、又は放置すること。
　四　その他海岸の保全に著しい支障を及ぼすおそれのある行為で政令で定めるものを行うこと。
2　海岸管理者は、前項各号列記以外の部分の規定又は同項第三号の規定による指定をするときは、主務省令で定めるところにより、その旨を公示しなければならない。これを廃止するときも、同様とする。
3　前項の指定又はその廃止は、同項の公示によつてその効力を生ずる。

【関係政令】

（海岸保全区域における制限行為）

第三条　（略）
2　海岸管理者は、前項の規定による指定をするときは、主務省令で定めるところにより、その旨を公示しなければならない。これを変更し、又は廃止するときも、同様とする。

（海岸の保全に著しい支障を及ぼすおそれのある行為の禁止）

第十二条の四　法第三十七条の六第一項第四号の政令で定める海岸の保全に著しい支障を及ぼすおそれのある行為は、次に掲げるものとする。
　一　土石（砂を含む。）を捨てること。
　二　土地の表層のはく離、たき火その他の行為であつて、動物若しくは動物の卵又は植物の生息地又は生育地の保護に支障を及ぼすおそれがあるため禁止する必要があると認めて海岸管理者が指定するものを行うこと。
2　第三条第二項の規定は、前項第二号の規定による指定について準用

【関係省令】

（一般公共海岸区域への準用）

第十一条　第三条から第五条の四まで（略）の規定は、一般公共海岸区域について準用する。この場合において、（略）第四条の三中「第八条の二第一項第二号」とあるのは「第三十七条の六第一項第二号」と、第四条の四第一項中「第三条の二第二項」とあるのは「第十二条の四第二項」と、第四条の五第一項及び第二項中「第八条の二第二項」とあるのは「第三十七条の六第二項」と（略）読み替えるものとする。

（通常の管理行為による処理が困難なもの）
第四条の三　法第八条の二第一項第二号に規定する通常の管理行為による処理が困難なものは、次に掲げるものとする。
　一　油
　二　海洋汚染等及び海上災害の防止に関する法律（昭和四十五年法律第百三十六号）第三条第三号の政令で定める海洋環境の保全の見地から有害である物質
　三　粗大ごみ、建設廃材その他の廃物

（動物の生息地等の保護に支障を及ぼすおそれがある行為の指定の公示）
第四条の四　令第三条の二第二項の規定により準用される令第三条第二項の規定による指定の公示は、官報、公報又は新聞紙に掲載するほか、当該指定に係る区域又はその周辺の見やすい場所に掲示して行うものとする。この場合においては、漁業を営むために通常行われる行為については当該指定に係る行為に該当しない旨を併せて明示するものとする。
2　前項の公示は、当該公示に係る指定の適用の日の十日前までに行わなければならない。ただし、緊急に当該指定の適用を行わなければ海岸の管理に重大な支障を及ぼすおそれがあると認められるときは、この限りでない。

（海岸の保全上支障のある行為を禁止する区域の指定等の公示）
第四条の五　法第八条の二第二項の規定による区域の指定の公示は、当該区域の指定が同条第一項第二号から第四号までのいずれの規定に関するものであるかを明らかにし、第一条の四第二項各号の一以上により当該区域を明示して、官報、公報又は新聞紙に掲載するほか、当該指定に係る区域又はその周辺の見やすい場所に掲示して行うものとする。
2　法第八条の二第二項の規定による物件の指定の公示は、官報、公報又は新聞紙に掲載するほか、当該指定に係る区域又はその周辺の見やすい場所に掲示して行うものとする。
3　前条第二項の規定は、前二項の規定による公示について準用する。

【解説】
1 本条は、一般公共海岸区域における行為の制限（行為の禁止）に関する規定である。平成11年の海岸法の改正で設けられた。

行政法学上の公共用物の使用関係の分類でいうと（83頁参照）、一般使用の例外としての一定行為の禁止に関する規定である。

2 本条1項では、何人も、一般公共海岸区域(以下②～④の行為にあっては、海岸の利用・地形等の状況により、海岸の保全上特に必要があると認めて海岸管理者が指定した区域に限る。)内において、みだりに、以下の行為をしてはならない、とされている。

　① 海岸管理者が管理する施設・工作物の損傷・汚損
　② 油等の通常の管理行為による処理が困難なものとして、主務省令で定めるものによる海岸の汚損
　③ 自動車、船舶等の物件で海岸管理者が指定したものの乗入れ・放置
　④ そのほか海岸の保全に著しい支障を及ぼすおそれのある行為で、政令で定めるもの

3 前記①の「損傷」とは、破壊・毀損等により、海岸保全施設等の効用を損ない、失わせることであり、また、「汚損」とは、汚したり、汚物を付着させたりすること等により、海岸保全施設等の効用を損ない、失わせることである。

前記②の「通常の管理行為による処理が困難なものとして、主務省令で定めるもの」とは、省令（11条で準用される4条の3）で、以下のものとされている。

　イ 油
　ロ 「海洋汚染等及び海上災害の防止に関する法律」3条3号の政令で定める海洋環境の保全の見地から有害である物質
　ハ 粗大ごみ、建設廃材等の廃物

前記④の「海岸の保全に著しい支障を及ぼすおそれのある行為で、政令で定めるもの」とは、政令（12条の4）で、以下のものとされている。

　イ 土石（砂を含む。）の投棄
　ロ 土地の表層のはく離、たき火等の行為であって、動物、動物の卵、植物の生息地・生育地の保護に支障を及ぼすおそれがあるため禁止する必

要があると認めて、海岸管理者が指定するもの

> 指定の公示は、省令（11条で準用される4条の4）で、以下のとおりとなっている。なお、公示は、緊急の必要性がある場合を除き、適用の10日前までに行う必要がある。
>
> ・官報、公報、または新聞紙に掲載するほか、指定区域、またはその周辺の見やすい場所に掲示して公示する。漁業を営むために通常行われる行為については、指定行為に該当しない旨を併せて明示する。
>
> ・公示は、緊急の必要性がある場合を除き、適用の10日前までに行う。
>
> ・変更、廃止についても同様

4　禁止の対象となる行為は、海岸管理者が管理する海岸保全施設等の損傷・汚損（前記①）、海岸の保全に著しい支障を及ぼすおそれのある行為（前記②〜④）であるが、前記①については一律、前記②〜④については個別の状況に応じて海岸の保全上特に必要があると認める場合に、禁止している。

　個々の行為ごとに見る海岸に与える影響については、111〜112頁参照。

5　本条2項では、海岸管理者は、前記②〜④の禁止の対象区域を指定したり、前記③の物件を指定するときは、その旨を公示しなければならない（廃止のときも同様）とされ、また、本条3項では、指定・廃止の効力は、公示によって効力が発生する、とされている。

　公示の方法については、省令（11条で準用される4条の5）で、以下のとおりとされている。なお、公示は、緊急の必要性がある場合を除き、適用の10日前までに行う必要がある。

　　イ　区域の指定の公示は、前記②〜④のいずれかによるものであるか明らかにし、以下の一つ以上により当該区域を明示して、官報、公報または新聞紙に掲載するほか、当該指定区域またはその周辺の見やすい場所に掲示して行う。

　　　a　市町村・大字・字・小字・地番
　　　b　一定の地物・施設・工作物、これらからの距離・方向
　　　c　平面図

　　ロ　物件の指定の公示は、官報、公報または新聞等に掲載するほか、当該

指定区域またはその周辺の見やすい場所に掲示して行う。

6 本条1項の規定に違反し、前記①〜④の行為を行った場合には、法42条7号の規定により、その者は、6ケ月以下の懲役、または30万円以下の罰金が科される。

【法律】

（経過措置）

第三十七条の七　一般公共海岸区域に新たに該当することとなつた際現に当該一般公共海岸区域内において権原に基づき施設又は工作物を設置（工事中の場合を含む。）している者は、従前と同様の条件により、当該施設又は工作物の設置について第三十七条の四又は第三十七条の五の規定による許可を受けたものとみなす。一般公共海岸区域に新たに該当することとなつた際現に当該一般公共海岸区域内において権原に基づき同条第一号及び第三号に掲げる行為を行つている者についても、同様とする。

【解説】

1　本条は、一般公共海岸区域における占用許可（法37条の４）と禁止行為の解除の許可（法37条の５）についての経過措置に関する規定である。平成11年の海岸法の改正で設けられた。

2　一般公共海岸区域では、法37条の４、法37条の５の規定により、占用許可、行為制限の規制がかかるが、従前から、権原（例：所有権・地上権・賃借権・等の民法上の権利、国有財産法・条例等に基づく貸付・占用許可）に基づいて、海岸保全施設以外の施設・工作物を設置（工事中の場合を含む。）している者についてどのように取り扱うかについては、法的に問題となる。

　　原則論としては、海岸の保全等の観点から、このような者まで規制をかけること望ましいが、従前から、法的に正当な権利に基づいて、施設・工作物を設置してきている者に対して規制をかけることは、既存の権利を著しく変更することになり、特別の犠牲を強いることになる恐れもあるため、本条で、既存の権利の範囲で、これを尊重することとした。

3　本条前段では、一般公共海岸区域に新たに該当することとなった際に、現に、当該海岸保全区域内において権原に基づき、施設・工作物を設置（工事中の場合を含む。）している者は、従前と同様の条件により、占用許可（法37条の４）、禁止行為の解除の許可（法37条の５）を受けたものとみなす、とされている。

「従前と同様の条件」とは、海岸保全区域の指定の際に有している権利と同様な条件ということであり、「みなす」とは、占用許可、禁止行為の解除の許可を受けたと同様の法律効果を生じさせるということである。

4　本条後段では、一般公共海岸区域に新たに該当することとなった際に、現に一般公共海岸区域内において権原に基づき、法37条の6第1項1号・3号に掲げる行為を行っている者についても、同様とするとされ、施設・工作物に限らず、土石の採取、土地の掘削等の行為についても、同様に取り扱っている。これは、上述の施設・工作物に係る既存の権利の保護と同様の趣旨による。

　　ただし、土石の採取等については、あくまで、一般公共海岸区域に新たに該当することとなった際に行われている行為と一連のものと認められる行為であり、いつまでも可能であるということではないことに留意すべきである。

【法律】

（準用規定）

第三十七条の八　第十条第二項、第十一条、第十二条（第三項を除く。）、第十二条の二、第十六条、第十八条、第二十三条、第二十三条の三から第二十三条の七まで、第二十四条、第二十五条、第二十八条、第三十一条及び第三十四条から第三十七条までの規定は、一般公共海岸区域について準用する。この場合において、第十条第二項、第十一条、第十二条第一項及び第二項並びに第二十三条の七中「第七条第一項」とあるのは「第三十七条の四」と、第十条第二項、第十二条第一項及び第二項並びに第二十三条の七中「第八条第一項」とあるのは「第三十七条の五」と、第十一条中「第八条第一項第一号」とあるのは「第三十七条の五第一号」と、第十二条第一項中「第八条の二第一項第三号」とあるのは「第三十七条の六第一項第三号」と、「第八条の二第一項」とあるのは「第三十七条の六第一項」と、第二十四条中「海岸保全区域台帳」とあるのは「一般公共海岸区域台帳」と読み替えるものとする。

【解説】

1　本条は、一般公共海岸区域の管理・費用についての準用規定に関する規定である。平成11年の海岸法の改正で設けられた。
2　本条では、一般公共海岸区域の管理・費用に関しては、以下の海岸法の規定が準用され、必要な場合に、所要の読み替えを行うものとされている。
　① 法10条2項（許可の特例）
　　所要の読替え：「第七条第一項」→「第三十七条の四」、「第八条第一項」→「第三十七条の五」
　② 法11条（占用料、土石採取料）
　　所要の読替え：「第七条第一項」→「第三十七条の四」、「第八条第一項第一号」→「第三十七条の五第一号」
　③ 法12条（3項を除く。）（監督処分）
　　所要の読替え：（1項、2項）「第七条第一項」→「第三十七条の四」、「第八条第一項」→「第三十七条の五」

（1項）「第八条の二第一項第三号」→「第三十七条の六第一項第三号」、「第八条の二第一項」→「第三十七条の六第一項」

④ 法12条の2（損失補償）
⑤ 法16条（工事原因者の工事の施行等）
⑥ 法18条（土地等の立入り、一時使用、損失補償）
⑦ 法23条（災害における緊急措置）
⑧ 法23条の3～法23条の7（海岸協力団体の業務等）
　　所要の読替え：(23条の7)「第七条第一項」→「第三十七条の四」、「第八条第一項」→「第三十七条の五」
⑨ 法24条（海岸保全区域台帳）
　　所要の読替え：「海岸保全区域台帳」→「一般公共海岸区域台帳」
⑩ 法25条（海岸保全区域の管理に要する費用の負担原則）
⑪ 法28条（市町村の分担金）
⑫ 法31条（原因者負担金）
⑬ 法34条（負担金の通知、納入手続き等）
⑭ 法35条（強制徴収）
⑮ 法36条（収入の帰属）
⑯ 法37条（義務履行のために要する費用）

【法律】

第四章　雑則

（報告の徴収）

第三十八条　主務大臣は、この法律の施行に関し必要があると認めるときは、都道府県知事、市町村長及び海岸管理者に対し報告又は資料の提出を求めることができる。

【解説】

1　本条は、主務大臣の報告・資料提出権限に関する規定である。
2　本条では、主務大臣は、海岸法の施行に関し必要があると認めるときは、都道府県知事・市町村長・海岸管理者に対し、報告・資料提出を求めることができる、とされている。

　　地方自治法（地方自治法245条の4）では、各大臣は、担当する事務に関して、地方公共団体に対し、助言・勧告をしたり、事務の適正処理に関する情報を提供するため、必要な資料の提出を求めることができるとされているが、本条は、これに加え、海岸法の施行に関して必要があると認める場合に、主務大臣に都道府県知事、市町村長、海岸管理者に対し報告や資料提出を求める権限を与えている。

　　報告・資料提出を求めることのできる範囲については、「海岸法の施行に関し必要があると認めるとき」であるので、非常に広範であり、海岸法に基づく海岸行政上必要なものは全て含まれる、とされる。

【法律】

(許可等の条件)

第三十八条の二　海岸管理者は、この法律の規定による許可又は承認には、海岸の保全上必要な条件を付することができる。

2　前項の条件は、許可又は承認を受けた者に対し、不当な義務を課することとなるものであつてはならない。

【解説】

1　本条は、許可・承認の条件に関する規定である。平成11年の海岸法の改正で設けられた。

2　本条1項では、海岸管理者は、海岸法の規定による許可・承認には、海岸の保全上必要な条件を付することができる、とれ、また、本条2項では、条件は、許可・承認を受けた者に対し、不当な義務を課することとなるものであつてはならない、とされている。

　本条の「条件」とは、行政法学において、「行政行為の附款」といわれるものであり、行政行為(本条では、許可・承認)の効果を制限したり、特別な効果を付加するため、本体に付加された付随的な事項であるとされ、法令上の根拠がある場合や、裁量のある行政行為についてその裁量の範囲内である場合には、附款を付けることができるとされている。

　具体的には、附款には、以下のようなものがあるとされる。

① 条件：行政行為の効力の発生・消滅を発生不確実な事実にかからしめる附款である。例えば、占用許可に当たっての施設・工作物の構造に関する条件、工事の実施方法・実施時期がある。

② 期限：行政行為の効力の発生・消滅を将来到来することが確実な事実にかからしめる附款である。期限の到来によって効力が生じるもの(始期)、期限の到来によって効力が失われるもの(終期)がある。なお、例えば、占用許可にも許可の期間が定められているが、これは付随的な事項ではなく、許可本体の重要な要素であるため、附款でなく、許可の内容と解される。

③ 負担：法令に規定されている義務以外の義務(作為、不作為)を付加

する附款である。例えば、占用許可の許可期間満了後の監督処分によらない現状回復義務がある。

④ 取消し（撤回）権の留保：行政行為を行うに当たって、取り消しすることがあることを予め宣言しておくことを内容とする附款である。ただし、現実的に取消権を行使するためには、単に附款とするだけでは不十分であり、何ら事情変化がないのに私人の利益を侵害する場合は許されないなど、取消し権の行使には様々な制約があるとされる。実務的には、法12条1項、2項の監督処分の規定により対応できると考えられる。

3　本条2項では、条件は、許可・承認を受けた者に対し、不当な義務を課することとなるものであってはならない、とされている。

　許可・承認に当たっては、実務上、様々な条件が付ける場合が想定されるが、条件は、許可・承認の内容を不安定にし、相手方に負担をかけるものであるため、条件は必要最小限のものにとどめる必要がある。

　例えば、損失補償の考え方（特別の犠牲を強いる者には、損失補償が必要である。）も踏まえると、予測困難な抽象的な定め（例：海岸保全施設に関する工事のため必要が生じた場合には、損失補償なしで、占用物件等の改築・移転・除去等を行わなければならない。）を設けることは困難であり、少なくとも、予測可能な具体的な定めとすること（例えば、工事内容・時期等を明示すること）が必要であると、と解される。

　海岸における占用条件等については、平成15年3月31日付けで「海岸における占用条件等の事例について」（事務連絡）が出されている（94～98頁参照）。

4　許可・承認に付された条件に不服があるものは、法39条、行政不服審査法に定めるところにより、不服申立てをすることができる。このため、条件を付す場合には、不服申立てに関する教示が必要である（法39条参照）。

5　許可・承認に付した条件に違反した者は、監督処分の対象になる（法12条1項2号、法21条1項2号参照）。

【法律】

（審査請求）

第三十九条　海岸管理者がこの法律の規定によつてした処分（第四十条の四第一項各号に掲げる事務に係るものに限る。）について不服がある者は、主務大臣に対して審査請求をすることができる。

【解説】

1　本条は、海岸管理者の行った処分（法定受託事務）に対する審査請求に関する規定である。

2　行政処分や、不作為に対する審査請求に関しては、行政不服審査法（平成26年法律68号）に規定されているが、審査請求を行う行政庁は、「法律に特別の定めがある場合」を除き、処分庁の最上級行政庁とし、処分庁に上級行政庁がない場合は当該行政庁となっている（行政不服審査法4条）。

　　また、地方自治法上は、地方公共団体の長（知事、市町村長）には上級行政庁は存在しないが、法定受託事務に関しては、都道府県知事の処分については所管の大臣に、市町村長の処分については市町村が属する都道府県知事に、審査請求ができることとしている（地方自治法255条の2）。

　　本条は、前記の「法律に特別の定めがある場合」であるが、本条では、以上の一般原則によらず、海岸管理者が海岸法の規定によってした処分（法定受託事務に係るものに限る。）について不服がある者は、主務大臣に対して、審査請求をすることができる、とされている。

　　他方、海岸法の規定によってした処分で、前記処分（法定受託事務に係るもの）以外については、以下のとおり、一般原則によることとなる。

　　・主務大臣の権限委任を行った者（地方整備局長等）の処分・不作為：主務大臣

　　・都道府県知事・市町村長の処分・不作為：当該都道府県知事・市町村長

3　審査請求ができる期間は、原則として、処分があったことを知った日の翌日から起算して3ケ月以内（不作為については、不作為が解消されるまでの間は、いつでも可能）である（行政不服審査法18条）。また、審査請求に対する裁決に不服がある者は、原則として、裁決があったことを知った日から

6ヶ月以内に、その取消しを求める訴えを裁判所に提起することができる(行政事件訴訟法14条)。

　処分庁・審査庁は、処分・裁決をする場合、審査請求制度・取消訴訟が適切に活用されるよう、相手方に対し、審査請求、取消訴訟ができる旨や相手先等を教示することになっている（行政不服審査法82条、行政事件訴訟法46条)。

【法律】

（裁定の申請）

第三十九条の二　次に掲げる処分に不服がある者は、その不服の理由が鉱業、採石業又は砂利採取業との調整に関するものであるときは、公害等調整委員会に対して裁定の申請をすることができる。この場合には、審査請求をすることができない。

　一　第七条第一項、第八条第一項、第三十七条の四若しくは第三十七条の五の規定による許可又はこれらの規定による許可を与えないこと。

　二　第十二条第一項若しくは第二項（第三十七条の八において準用する場合を含む。）の規定による処分又はこれらの規定による必要な措置の命令

2　行政不服審査法(平成二十六年法律第六十八号)第二十二条の規定は、前項各号の処分につき、処分をした行政庁が誤つて審査請求又は再調査の請求をすることができる旨を教示した場合に準用する。

【解説】

1　本条は、公害等調整委員会に対する裁定申請に関する規定である。

2　公害等調整委員会とは、公害等調査委員会設置法（昭和47年法律52号）により総務省の外局として設置されている行政委員会で、鉱業・採石業・砂利採取業と一般公益・その他の産業との調整を図ることを任務の一つとしている。

3　本条1項では、以下の処分に対する不服で、不服の理由が鉱業、採石業または砂利採取業との調整に関するものであるときは、専門機関である公害等調整委員会が調整に当たることが妥当であることから、公害等調整委員会に対して裁定の申請をすることができ、この場合には、審査請求はできない、とされている。

　　① 海岸保全区域の占用の許可・不作為（法7条1項）

　　② 海岸保全区域のおける制限行為の解除の許可・不作為（法8条1項）

　　③ 一般公共海岸区域の占用の許可・不作為（法37条の4）

　　④ 一般公共海岸区域における制限行為の解除の許可・不作為（法37条の

5）

⑤　海岸管理者の処分・措置命令（法12条1項、2項〈法37条の8で準用される場合を含む。〉）

「鉱業」とは、石炭、金銀、硫黄、石灰石等の鉱物を試掘、採掘、精錬等する事業をいい（鉱業法3条、4条）、「採石業」とは、花崗岩、安山岩当の岩石を採取する事業をいい（採石法2条、10条1項3号）、「砂利採取業」とは、砂利を採取する事業をいう（砂利採取法2条）。

裁定申請ができる場合には、審査請求ができず、裁定の申請ができる事項に関する訴えは、裁定に対してのみ提起することができることから、当該処分自体の取消訴訟は提起できない（鉱業等に係る土地利用の調整手続等に関する法律50条）。

4　本条2項では、処分をした行政庁が誤つて審査請求等をすることができる旨を教示した場合には、行政不服審査法22条の規定（誤った教示をした場合の救済）を準用する、とされる。具体的には、以下のとおりである。

①　処分庁が誤って、行政庁に審査請求できる旨を教示した場合で、当該行政庁に書面で審査請求がされたときは、当該行政庁は、速やかに、審査請求書を、処分庁、または公害等調整委員会に送付し、その旨を審査請求人に通知しなければならない。

　　また、処分庁が誤って、当該処分庁に審査請求できる旨を教示した場合で、当該処分庁に審査請求書が送付されたときは、当該処分庁は、速やかに、これを公害等調整委員会に送付し、その旨を審査請求人に通知しなければならない。

　　審査請求書が公害等調整委員会に送付されたときは、初めから公害等調整委員会に審査請求がされたものとみなす。

②　処分庁が誤って再調査の請求ができる旨を教示した場合で、当該処分庁に再調査の請求がされたときは、当該処分庁は、速やかに、再調査の請求書、または再調査の請求録取書を、公害等調整委員会に送付し、その旨を再調査の請求人に通知しなければならない。

　　再調査の請求書、または再調査の請求録取書が公害等調整委員会に送付されたときは、初めから公害等調整委員会に審査請求がされたものとみなす。

【法律】

（主務大臣等）
第四十条　この法律における主務大臣は、次のとおりとする。
　一　港湾区域、港湾隣接地域、公告水域及び特定離島港湾区域に係る海岸保全区域に関する事項については、国土交通大臣
　二　漁港区域に係る海岸保全区域に関する事項については、農林水産大臣
　三　第三条の規定による海岸保全区域の指定の際現に国、都道府県、土地改良区その他の者が土地改良法（昭和二十四年法律第百九十五号）第二条第二項の規定による土地改良事業として管理している施設で海岸保全施設に該当するものの存する地域に係る海岸保全区域及び同法の規定により決定されている土地改良事業計画に基づき海岸保全施設に該当するものを設置しようとする地域に係る海岸保全区域に関する事項については、農林水産大臣
　四　第三条の規定による海岸保全区域の指定の際現に都道府県、市町村その他の者が農地の保全のため必要な事業として管理している施設で海岸保全施設に該当するものの存する地域（前号に規定する地域を除く。）に係る海岸保全区域に関する事項については、農林水産大臣及び国土交通大臣
　五　一般公共海岸区域のうち、第三十七条の三第二項の規定により特定区域の管理者が管理するものに関する事項については、前各号の規定により特定区域に関する事項を所掌する大臣
　六　前各号に掲げる海岸保全区域等以外の海岸保全区域等に関する事項については、国土交通大臣
2　前項の規定にかかわらず、主務大臣を異にする海岸保全区域相互にわたる海岸保全施設で一連の施設として一の主務大臣がその管理を所掌することが適当であると認められるものについては、関係主務大臣が協議して別にその管理の所掌の方法を定めることができる。
3　前項の協議が成立したときは、関係主務大臣は、政令で定めるところにより、成立した協議の内容を公示するとともに、関係都道府県知事及

び関係海岸管理者に通知しなければならない。
4　この法律における主務省令は、主務大臣の発する命令とする。
【関係政令】
（関係主務大臣の協議の内容の公示）
第十三条　法第四十条第三項の公示は、次に掲げる事項を官報に掲載して行うものとする。
　一　海岸保全施設の位置及び種類
　二　管理を所掌する主務大臣
　三　管理を所掌する期間
　四　所掌する管理の内容

【解説】
1　本条は、主務大臣に関する規定である。
2　海岸に関する行政は、海岸法が制定される前から、農林省、旧運輸省、旧建設省の所管事務として行われてきたが、当時は法制が整備されていなかったため、海岸に関する各省の所掌事務の範囲が明確でなく、事務の実施に相当の混乱が生じている等の問題が指摘されていた。
　このため、本条では、各大臣の海岸法に関する所掌の範囲を明確にし、海岸行政を円滑に行うため、事項ごとに、それぞれの主務大臣が規定されている。
　具体的には、海岸法制定の際に各大臣が行っている海岸行政に関する実態も踏まえ、以下のとおりとされている。
　①　港湾区域、港湾隣接地域、公告水域、特定離島港湾区域に係る海岸保全区域に関する事項：国土交通大臣（旧運輸大臣由来）
　②　漁港区域に係る海岸保全区域に関する事項：農林水産大臣
　③　以下に関する事項：農林水産大臣
　　・海岸保全区域の指定の際、現に国、都道府県、土地改良区等の者が、土地改良事業として管理している施設で、海岸保全施設に該当するもの（干拓堤防、護岸等）が存在する地域に係る海岸保全区域
　　・土地改良事業計画に基づき海岸保全施設に該当するもの（干拓堤防、護岸等）を設置しようとする地域に係る海岸保全区域

④　海岸保全区域の指定の際、現に都道府県、市町村その他の者が、農地の保全のため必要な事業として土地改良法に基づかず管理している施設で、海岸保全施設に該当するもの（干拓堤防、護岸等）が存在する地域に係る海岸保全区域に関する事項：農林水産大臣と国土交通大臣（旧建設大臣由来）

　⑤　一般公共海岸区域のうち、法37条の３第２項の規定により特定区域の管理者が管理するものに関する事項：前記①〜④により特定区域に関する事項を所掌する大臣

　⑥　前記①〜⑤の海岸保全区域等以外の海岸保全区域等に関する事項：国土交通大臣（旧建設大臣由来）

3　本条２項では、本条１項の規定にかかわらず、主務大臣を異にする海岸保全区域相互にわたる海岸保全施設で、一連の施設として前記１の主務大臣がその管理を所掌することが適当であると認められるものについては、関係主務大臣が協議して、別にその管理の所掌の方法を定めることができる、とされている。

　本条３項では、協議が成立したときは、関係主務大臣は、成立した協議の内容を公示するとともに、関係都道府県知事と関係海岸管理者に通知しなければならない、とされている。

　公示の方法については、政令（13条）で、次の事項を、官報に掲載して行うものとされている。

　①　海岸保全施設の位置・種類
　②　管理を所掌する主務大臣
　③　管理を所掌する期間
　④　所掌する管理の内容

　なお、この場合で、海岸管理者が異なるときは、主務大臣の監督を受ける海岸管理者が法５条５項の規定により、他の海岸管理者が管理する海岸保全施設を一連の施設として管理することとなる。

4　本条４項では、海岸法における主務省令は、主務大臣の発する命令とするとされている。

　これは、海岸法の条項では、省令への委任事項について、「主務省令」で定める旨の規定があるが、この主務省令は、主務大臣が発する命令（省令）

であることをいっている。具体的には、「海岸法施行規則」(昭和31年農林省・運輸省・建設省令1号)、「海岸保全施設の技術上の基準を定める省令」(平成16年農林水産省・国土交通省令1号)である。

【法律】

(権限の委任)

第四十条の二　この法律に規定する主務大臣の権限は、政令で定めるところにより、その一部を地方支分部局の長に委任することができる。

【関係政令】

(権限の委任)

第十四条　法に規定する主務大臣の権限（農林水産大臣の権限のうち漁港区域に係る海岸保全区域に関する事項に係るものを除く。）のうち、第一条の五に規定するもの、法第二十三条の二第一項に規定するもの及び法第二十七条第二項に規定するもの（主務省令で定める工事に係るものを除く。）は、次の表の上欄に掲げる主務大臣の権限ごとに、同表の下欄に掲げる地方支分部局の長に委任する。これらの主務大臣の権限に係る法第三十八条に規定する権限についても、同様とする。

2　法第三十七条の二第一項の規定による主務大臣の権限のうち、国土交通大臣に属する権限は、地方整備局長及び北海道開発局長に委任する。

主務大臣の権限	地方支分部局の長
農林水産大臣の権限	地方農政局長及び北海道開発局長
国土交通大臣の権限	地方整備局長及び北海道開発局長

【関係省令】

(令第十四条第一項の主務省令で定める工事)

第十二条　令第十四条第一項の主務省令で定める工事は、次に掲げるものとする。

一　法第五条第三項から第五項までの規定により港湾管理者の長が管理する海岸保全施設の新設又は改良に関する工事で港湾法第二条第二項に規定する国際戦略港湾、国際拠点港湾又は重要港湾に係るもの

二　令第八条第一項第三号に規定する工事

(国が費用を負担する工事の範囲及び国庫負担率)

第八条　法第二十七条第一項の規定により国が費用を負担する工事及び当該工事に要する費用に対する国の負担率は、次のとおりとする。

　　　(略)

三　前二号に掲げるものを除き、海岸保全施設の新設又は改良に関する工事で公共土木施設災害復旧事業費国庫負担法（昭和二十六年法律第九十七号）第二条第二項に規定する災害復旧事業（同法第二条第三項において災害復旧事業とみなされるものを含む。）と合併して施行する必要があるもの　二分の一

　　　(略)

【解説】
1 本条は、主務大臣の権限の委任に関する規定である。
　「権限の委任」とは、行政法上の用語としては、一般的に、特定の行政庁の権限を別の行政庁に行わせることで、委任により、権限を有していた行政庁は権限を喪失し、委任を受けた行政庁は自己の名と責任でその権限を行うことになる。ただ、主務大臣は、委任された権限の行使について、指揮監督権限を有する。権限の委任は、法令上の権限を変更することとなるので、委任を行うためには法令上の根拠が必要である。
2 本条では、海岸法に規定する主務大臣の権限は、政令で定めるところにより、一部を地方支分部局の長に委任することができる、とされている。
　政令（14条）では、以下の権限とこれら権限に係る報告徴収の権限（ただし、農林水産大臣の権限のうち、漁港区域に係る海岸保全区域に関する事項は除く。）について、農林水産大臣の権限は、地方農政局長（沖縄総合事務局の長を含む。）・北海道開発局長に、国土交通大臣の権限は、地方整備局長（沖縄総合事務局の長を含む。）・北海道開発局長に委任するとされている。
　① 主務大臣の直轄工事において主務大臣が海岸管理者に代わって行う権限（法6条2項、政令1条の5）
　② 協議会を組織する権限（法23条の2第1項）
　③ 海岸保全施設の新設・改良に要する費用の一部を国が負担する場合に、海岸管理者が当該工事を施行するとき、海岸管理者から、事前に、協議を受け、同意する権限（省令12条で定める工事に係るものを除く。）
　また、政令（14条2項）では、主務大臣による直轄管理の権限（法37条の2）について、国土交通大臣に属する権限は、地方整備局長（沖縄総合事務局の長を含む。）・北海道開発局長に委任するとされている。
　なお、政令（14条1項）では、「委任する」と規定されているので、具体的な委任行為は必要ではない、と解される。

第4章 雑則

【法律】

（国有財産の無償貸付け）

第四十条の三　国の所有する公共海岸の土地は、国有財産法（昭和二十三年法律第七十三号）第十八条の規定にかかわらず、当該土地の存する海岸保全区域等を管理する海岸管理者の属する地方公共団体に無償で貸し付けられたものとみなす。

【解説】
1　本条は、国が所有する公共海岸の土地の無償貸付けに関する規定である。平成11年の地方分権改革一括法による海岸法の改正で設けられた。
2　平成11年の地方分権一括法による海岸法の改正で、海岸保全区域の管理（海岸保全施設に関する工事に係るものを除く。）、一般公共海岸区域の管理が、自治事務になったことに伴い、海岸管理者が、国有の公共海岸の区域で占用許可等の管理を行うためには、海岸管理者の属する地方公共団体が、国有の公共海岸の土地の権原を持っていることが必要となった。

　このため、本条では、国が所有する公共海岸の土地は、国有財産法18条（無償貸付けの禁止）の規定にかかわらず、土地の存する海岸保全区域、一般公共海岸区域を管理する海岸管理者の属する地方公共団体に無償で貸し付けられたものとみなす、とされている。

【法律】

（事務の区分）

第四十条の四　この法律の規定により地方公共団体が処理することとされている事務のうち次に掲げるものは、地方自治法（昭和二十二年法律第六十七号）第二条第九項第一号に規定する第一号法定受託事務（次項において単に「第一号法定受託事務」という。）とする。

一　第二条第一項及び第二項、第二条の三、第三条第一項、第二項及び第四項、第四条第一項、第五条第一項から第五項まで、第七項及び第八項、第十三条、第十四条の五第一項、第十五条、第十六条第一項、第十七条第一項、第十八条第一項、第二項、第四項、第五項及び第七項、同条第八項において準用する第十二条の二第二項及び第三項、第十九条第一項、第三項及び第四項、第二十条第一項及び第二項、第二十一条第一項から第三項まで、同条第四項において準用する第十二条の二第二項及び第三項、第二十一条の三第一項から第三項まで、同条第四項において準用する第十二条の二第二項及び第三項、第二十二条第二項、同条第三項において準用する漁業法第百七十七条第二項、第三項前段、第四項から第八項まで、第十一項及び第十二項、第二十三条の三第一項、第二項及び第四項、第二十三条の五、第二十三条の六、第二十四条第一項及び第二項、第三十条、第三十一条第一項、第三十二条第三項、第三十三条第一項、第三十五条第一項及び第三項並びに第三十八条の規定により都道府県が処理することとされている事務（第五条第一項から第五項まで、第十四条の五第一項、第十五条、第十六条第一項、第十八条第一項、第二項、第四項、第五項及び第七項、同条第八項において準用する第十二条の二第二項及び第三項、第二十条第一項及び第二項、第二十三条の五、第二十三条の六、第三十条、第三十一条第一項、第三十五条第一項及び第三項並びに第三十八条に規定する事務にあつては、海岸保全施設に関する工事に係るものに限る。）

二　第二条第一項、第二条の三第四項（同条第七項において準用する場合を含む。）、第五条第二項から第五項まで、第十三条、第十四条の五

第一項、第十五条、第十六条第一項、第十七条第一項、第十八条第一項、第二項、第四項、第五項及び第七項、同条第八項において準用する第十二条の二第二項及び第三項、第十九条第一項、第三項及び第四項、第二十条第一項及び第二項、第二十一条第一項から第三項まで、同条第四項において準用する第十二条の二第二項及び第三項、第二十一条の三第一項から第三項まで、同条第四項において準用する第十二条の二第二項及び第三項、第二十二条第二項、同条第三項において準用する漁業法第百七十七条第二項、第三項前段、第四項から第八項まで、第十一項及び第十二項、第二十三条の三第一項、第二項及び第四項、第二十三条の五、第二十三条の六、第二十四条第一項及び第二項、第三十条、第三十一条第一項、第三十二条第三項、第三十三条第一項、第三十五条第一項及び第三項並びに第三十八条の規定により市町村が処理することとされている事務（第五条第二項から第五項まで、第十四条の五第一項、第十五条、第十六条第一項、第十八条第一項、第二項、第四項、第五項及び第七項、同条第八項において準用する第十二条の二第二項及び第三項、第二十条第一項及び第二項、第二十三条の五、第二十三条の六、第三十条、第三十一条第一項、第三十五条第一項及び第三項並びに第三十八条に規定する事務にあつては、海岸保全施設に関する工事に係るものに限る。）
2　他の法律及びこれに基づく政令の規定により、前項に規定する事務に関して都道府県又は市町村が処理することとされている事務は、第一号法定受託事務とする。

【解説】
1　本条は、法定受託事務と自治事務の区分に関する規定である。平成11年の地方分権改革一括法による海岸法の改正で設けられた。
2　平成11年の地方分権一括法による改正前は、海岸法に基づく管理事務は、機関委任事務とされていたが、改正後は、基本的には、以下のとおり、法定受託事務と自治事務に区分された。

〈国家の統治の基本に密接な関連を有する事務〉
　① 海岸保全基本計画の策定（全国的な国土保全の観点から作成すべきもので、海岸の工事の前提となるもの）
　　　・・・都道府県知事の法定受託事務
　② 海岸保全区域等の指定等（海岸保全区域の指定は、国土保全の観点から重要な海岸法の適用区域を確定させるもの）
　　　・・・都道府県知事の法定受託事務
　③ 海岸の工事に関する事務（海岸の防護のための工事は、海岸の形状を変更し、広域的な海岸管理に大きな影響を与えるものであり、国民の生命・財産の確保に密接に関連するもの）
　　　・・・海岸管理者の法定受託事務
〈基本的に地域の実情に応じてなされる事務で、国家的見地から行う必要のない事務〉
　① 海岸工事以外の事務（占用許可等）・・・自治事務
3　本条1項では、具体的に、海岸法の規定による地方公共団体の処理事務のうち、次のものは、第1号法定受託事務（法律等による都道府県・市町村等の処理事務のうち、国が本来果たすべき役割に係るものであって、国においてその適正な処理を特に確保する必要があるものとして法律等に特に定めるもの。地方自治法2条9項1号）とする、とされている。これら以外の海岸法の規定による地方公共団体の処理事務は、自治事務である。

なお、第2号法定受託事務とは、法律等による市町村等の処理事務のうち、都道府県が本来果たすべき役割に係るものであって、都道府県においてその適正な処理を特に確保する必要があるものとして法律等に特に定めるものである。

（注）以下、※の付いているものは、海岸保全施設に関する工事に係るものに限る。
　① 以下に規定された都道府県知事、都道府県知事（海岸管理者）の処理事務
　　イ　法2条1項（砂浜指定、樹林指定）、2項（公有公共海岸の指定等、水面の指定等）
　　ロ　法2条の3（海岸保全基本計画の策定等）
　　ハ　法3条1項、2項、4項（海岸保全区域の指定等）

ニ 法4条1項（海岸保全区域の指定の協議）
ホ 法5条1項～5項（※）、7項、8項（海岸保全区域の管理）
ヘ 法13条（承認工事）
ト 法14条の5第1項（※）（維持・修繕）
チ 法15条（※）（兼用工作物の工事の施行）
リ 法16条1項（※）（工事原因者の工事の施行）
ヌ 法17条1項（附帯工事の施行）
ル 法18条1項・2項・4項・5項・7項（※）（土地等の立入り、一時使用、損失補償）
ヲ 法18条8項（12条の2第2項、3項の準用）（※）（損失補償の協議）
ワ 法19条1項、3項、4項（海岸保全施設の新設・改良に伴う損失補償）
カ 法20条1項・2項（※）（他の管理者の管理する海岸保全施設への立入り等）
ヨ 法21条1項～3項（他の管理者の管理する海岸保全施設に関する措置命令）
タ 法21条4項（12条2項、3項の準用）（損失補償の協議）
レ 法21条の3第1項～3項（他の管理者が勧告に従わない場合で著しい被害の発生のあるときの措置命令）
ソ 法21条の3第4項（12条の2第2項、3項の準用）（損失補償の協議）
ツ 法22条2項（漁業権の取消し等の補償）
ネ 法22条3項（漁業法177条2項、3項前段、4項～8項、11項、12項の準用）（漁業権の取消し等の補償）
ナ 法23条の3第1項、2項、4項（海岸協力団体の指定）
ラ 法23条の5（※）（海岸協力団体に対する監督等）
ム 法23条の6（※）（海岸協力団体に対する情報の提供等）
ウ 法24条1項、2項（海岸保全区域台帳）
ヰ 法30条（※）（兼用工作物の費用）
ノ 法31条1項（※）（原因者負担金）
オ 法32条3項（附帯工事原因者負担金）

ク　法33条1項（受益者負担金）
ヤ　法35条1項、3項（※）（強制徴収）
マ　法38条（※）（主務大臣への報告提出等）
② 以下に規定された市町村長（海岸管理者）、市町村長の処理事務
イ　法2条1項（砂浜指定、樹林指定）
ロ　法2条の3第4項、7項（海岸保全基本計画の案の作成等）
ハ　法5条2項〜5項（※）（海岸保全区域の管理）
ニ　法13条（承認工事）
ホ　法14条の5第1項（※）（維持・修繕）
ヘ　法15条（※）（兼用工作物の工事の施行）
ト　法16条1項（※）（工事原因者の工事の施行）
チ　法17条1項（附帯工事の施行）
リ　法18条1項・2項・4項・5項・7項（※）（土地等の立入り、一時使用、損失補償）
ヌ　法18条8項（12条の2第2項、3項の準用）（※）（損失補償の協議）
ル　法19条1項、3項、4項（海岸保全施設の新設・改良に伴う損失補償）
ヲ　法20条1項・2項（※）（他の管理者の管理する海岸保全施設への立入り等）
ワ　法21条1項〜3項（他の管理者の管理する海岸保全施設に関する措置命令）
カ　法21条4項（12条2項、3項の準用）（損失補償の協議）
ヨ　法21条の3第1項〜3項（他の管理者が勧告に従わない場合で著しい被害の発生のあるときの措置命令）
タ　法21条の3第4項（12条の2第2項、3項の準用）（損失補償の協議）
レ　法22条2項（漁業権の取消し等の補償）
ソ　法22条3項（漁業法177条2項、3項前段、4項〜8項、11項、12項の準用）（漁業権の取消し等の補償）
ツ　法23条の3第1項、2項、4項項（海岸協力団体の指定）
ネ　法23条の5（※）（海岸協力団体に対する監督等）

ナ　法23条の6（※）（海岸協力団体に対する情報の提供等）
　ラ　法24条1項、2項（海岸保全区域台帳）
　ム　法30条（※）（兼用工作物の費用）
　ウ　法31条1項（※）（原因者負担金）
　ヰ　法32条3項（附帯工事に要する費用）
　ノ　法33条1項（受益者負担金）
　オ　法35条1項・3項（※）（強制徴収）
　ク　法38条（※）（主務大臣への報告提出等）
4　本条2項では、他の法律、法律に基づく政令の規定により、本条1項に規定する事務に関して、都道府県・市町村が処理することとされている事務は、第一号法定受託事務とする、とされている。
　これは、本条1項の法定受託事務に関連して、他の法律、法律に基づく政令の規定により、本条1項の法定受託事務に関連する事務で、都道府県・市町村が処理することとされている事務は、同様に法定受託事務となると確認的に規定するものである。

【法律】

（経過措置）

第四十条の五　この法律の規定に基づき政令又は主務省令を制定し、又は改廃する場合においては、それぞれ、政令又は主務省令で、その制定又は改廃に伴い合理的に必要と判断される範囲内において、所要の経過措置（罰則に関する経過措置を含む。）を定めることができる。

【解説】

1　本条は、政省令の制定・改廃に伴う経過措置の政省令への委任に関する規定である。平成11年の海岸法の改正で設けられた。
2　本条では、海岸法の規定に基づき、政令・省令を制定・改廃する場合には、それぞれ、政令・省令で、制定・改廃に伴い合理的に必要と判断される範囲内で、所要の経過措置（罰則に関する経過措置を含む。）を定めることができる、とされている。

　これは、規制の対象となる行為の重要な要素等を政令・省令で定めることとしている場合で、法律において経過措置を一律の定めることが適当でないときもあるため、政令・省令で経過措置を定めることができることを明確化したものである。

【法律】

第五章　罰則

（罰則）

第四十一条　次の各号の一に該当する者は、一年以下の懲役又は五十万円以下の罰金に処する。
　一　第七条第一項の規定に違反して海岸保全区域を占用した者
　二　第八条第一項の規定に違反して同項各号の一に該当する行為をした者
　三　第八条の二第一項の規定に違反して海岸管理者が管理する海岸保全施設を損傷し、又は汚損した者

注　第41条中の改正は、刑法等の一部を改正する法律の施行に伴う関係法律の整理等に関する法律（令和4年6月17日法律第68号）により改正され、令和7年6月1日施行

第四十一条　次の各号のいずれかに該当する者は、一年以下の拘禁刑又は五十万円以下の罰金に処する。
　一　（略）
　二　第八条第一項の規定に違反して同項各号のいずれかに該当する行為をした者
　三　（略）

【解説】

1　本条は、罰則（1年以下の懲役（拘禁刑）または50万円以下の罰金）に関する規定である。
2　本条では、以下の者は、1年以下の懲役（拘禁刑）、または50万円以下の罰金が科される、とされている。
　① 海岸保全区域内で、海岸管理者の許可を受けずに、許可の内容に違反して、または許可に付された条件に違反して、海岸保全区域を占用した者
　② 海岸保全区域内で、海岸管理者の許可を受けずに、許可の内容に違反して、または許可に付された条件に違反して、土石の採取、水面・公共海岸以外の土地での海岸保全施設以外の施設・工作物の新築・改築、土地の掘削・盛土・切土等を行った者
　③ 海岸保全区域内で、禁止行為（法8条の2第1項違反の行為）を行い、海岸管理者が管理する海岸保全施設を損傷・汚損した者

【法律】

第四十二条　次の各号の一に該当する者は、六月以下の懲役又は三十万円以下の罰金に処する。
一　第八条の二第一項の規定に違反して同項各号の一に該当する行為をした者（前条第三号に掲げる者を除く。）
二　第十八条第六項（第三十七条の八において準用する場合を含む。）の規定に違反して土地若しくは水面の立入若しくは一時使用を拒み、又は妨げた者
三　第二十条第一項の規定による報告若しくは資料の提出をせず、又は虚偽の報告若しくは資料の提出をした者
四　第二十条第一項の規定による立入検査を拒み、妨げ、又は忌避した者
五　第三十七条の四の規定に違反して一般公共海岸区域を占用した者
六　第三十七条の五の規定に違反して同条各号の一に該当する行為をした者
七　第三十七条の六第一項の規定に違反して同項各号の一に該当する行為をした者

注　第42条中の改正は、刑法等の一部を改正する法律の施行に伴う関係法律の整理等に関する法律（令和4年6月17日法律第68号）により改正され、令和7年6月1日施行

第四十二条　次の各号のいずれかに該当する者は、六月以下の拘禁刑又は三十万円以下の罰金に処する。
一　第八条の二第一項の規定に違反して同項各号のいずれかに該当する行為をした者（前条第三号に掲げる者を除く。）
二　（略）の規定に違反して土地若しくは水面の立入り若しくは一時使用を拒み、又は妨げた者
三　（略）
四　（略）
五　（略）
六　第三十七条の五の規定に違反して同条各号のいずれかに該当する行為をした者
七　第三十七条の六第一項の規定に違反して同項各号のいずれかに該当する行為をした者

【解説】

1　本条は、罰則（6ケ月以下の懲役（拘禁刑）または30万円以下の罰金）に

関する規定である。

2 本条では、以下の者は、6ヶ月以下の懲役（拘禁刑）、または30万円以下の罰金が科される、とされている。

① 海岸保全区域内で、禁止行為（法8条の2第1項違反の行為）を行った者（法41条の〔解説〕の中の③を除く。）

② 土地・水面の所有者等で、正当な理由がないのに、海岸管理者の立入り、一時使用（法18条1項）を拒み、妨げた者

③ 海岸管理者が求めているのに（法20条）、報告・資料提出を行わず、または虚偽の報告・資料提出を行った者

④ 海岸管理者の他の管理者が管理する海岸保全施設への立入り、検査（法20条）を拒み、妨げ、またが忌避した者

⑤ 海岸管理者の許可を受けずに、許可の内容に違反して、または許可に付された条件に違反して、一般公共海岸区域を占用した者

⑥ 一般公共海岸区域内で、海岸管理者の許可を受けずに、許可の内容に違反して、または許可に付された条件に違反して、土石の採取、水面・公共海岸以外の土地での海岸保全施設以外の施設・工作物の新築・改築、土地の掘削・盛土・切土等を行った者

⑦ 一般公共海岸区域内で、禁止行為（法37条の6第1項違反の行為）を行った者

【法律】

（両罰規定）

第四十三条　法人の代表者又は法人若しくは人の代理人、使用人その他の従業者が、その法人又は人の業務に関し、前二条の違反行為をしたときは、行為者を罰するのほか、その法人又は人に対して各本条の罰金刑を科する。

【解説】

1　本条は、いわゆる両罰規定に関する規定である。

2　本条では、法人の代表者、または法人・人の代理人、使用人等の従業者が、その法人または人の業務に関し、法41条、法42条の違反行為をしたときは、その行為者を罰するのほか、法人または人に対して、それぞれの条の罰金刑を科するとされている。

　これは、法人の代表者、人の代理人等が法律違反を犯した場合には、厳格に行為者責任の原則のみを貫くことが妥当ではないので、行為者によって代表される法人または雇主である人にも罰金刑を科すこととしたものである。ある意味で、民法上の使用者責任（民法715条）に似た制度である。

関係資料

○海岸法

(昭和三十一年五月十二日　法律第百一号)
最終改正　令和五年五月二十六日　法律第三十四号

目次
第一章　総則（第一条—第四条）
第二章　海岸保全区域に関する管理（第五条—第二十四条）
第三章　海岸保全区域に関する費用（第二十五条—第三十七条）
第三章の二　海岸保全区域に関する管理等の特例（第三十七条の二）
第三章の三　一般公共海岸区域に関する管理及び費用（第三十七条の三—第三十七条の八）
第四章　雑則（第三十八条—第四十条の五）
第五章　罰則（第四十一条—第四十三条）
附則

第一章　総則

（目的）
第一条　この法律は、津波、高潮、波浪その他海水又は地盤の変動による被害から海岸を防護するとともに、海岸環境の整備と保全及び公衆の海岸の適正な利用を図り、もつて国土の保全に資することを目的とする。

（定義）
第二条　この法律において「海岸保全施設」とは、第三条の規定により指定される海岸保全区域内にある堤防、突堤、護岸、胸壁、離岸堤、砂浜（海岸管理者が、消波等の海岸を防護する機能を維持するために設けたもので、主務省令で定めるところにより指定したものに限る。）その他海水の侵入又は海水による侵食を防止するための施設（堤防又は胸壁にあつては、津波、高潮等により海水が当該施設を越えて侵入した場合にこれによる被害を軽減する

ため、当該施設と一体的に設置された根固工又は樹林（樹林にあつては、海岸管理者が設けたもので、主務省令で定めるところにより指定したものに限る。）を含む。）をいう。

2　この法律において、「公共海岸」とは、国又は地方公共団体が所有する公共の用に供されている海岸の土地（他の法令の規定により施設の管理を行う者がその権原に基づき管理する土地として主務省令で定めるものを除き、地方公共団体が所有する公共の用に供されている海岸の土地にあつては、都道府県知事が主務省令で定めるところにより指定し、公示した土地に限る。）及びこれと一体として管理を行う必要があるものとして都道府県知事が指定し、公示した低潮線までの水面をいい、「一般公共海岸区域」とは、公共海岸の区域のうち第三条の規定により指定される海岸保全区域以外の区域をいう。

3　この法律において「海岸管理者」とは、第三条の規定により指定される海岸保全区域及び一般公共海岸区域（以下「海岸保全区域等」という。）について第五条第一項から第四項まで及び第三十七条の二第一項並びに第三十七条の三第一項から第三項までの規定によりその管理を行うべき者をいう。

（海岸保全基本方針）

第二条の二　主務大臣は、政令で定めるところにより、海岸保全区域等に係る海岸の保全に関する基本的な方針（以下「海岸保全基本方針」という。）を定めなければならない。

2　主務大臣は、海岸保全基本方針を定めようとするときは、あらかじめ関係行政機関の長に協議しなければならない。

3　主務大臣は、海岸保全基本方針を定めたときは、遅滞なく、これを公表しなければならない。

4　前二項の規定は、海岸保全基本方針の変更について準用する。

（海岸保全基本計画）

第二条の三　都道府県知事は、海岸保全基本方針に基づき、政令で定めるところにより、海岸保全区域等に係る海岸の保全に関する基本計画（以下「海岸保全基本計画」という。）を定めなければならない。

2　都道府県知事は、海岸保全基本計画を定めようとする場合において必要があると認めるときは、あらかじめ海岸に関し学識経験を有する者の意見を聴

かなければならない。

3　都道府県知事は、海岸保全基本計画を定めようとするときは、あらかじめ関係市町村長及び関係海岸管理者の意見を聴かなければならない。

4　都道府県知事は、海岸保全基本計画のうち、海岸保全施設の整備に関する事項で政令で定めるものについては、関係海岸管理者が作成する案に基づいて定めるものとする。

5　関係海岸管理者は、前項の案を作成しようとする場合において必要があると認めるときは、あらかじめ公聴会の開催等関係住民の意見を反映させるために必要な措置を講じなければならない。

6　都道府県知事は、海岸保全基本計画を定めたときは、遅滞なく、これを公表するとともに、主務大臣に提出しなければならない。

7　第二項から前項までの規定は、海岸保全基本計画の変更について準用する。

（海岸保全区域の指定）

第三条　都道府県知事は、海水又は地盤の変動による被害から海岸を防護するため海岸保全施設の設置その他第二章に規定する管理を行う必要があると認めるときは、防護すべき海岸に係る一定の区域を海岸保全区域として指定することができる。ただし、河川法（昭和三十九年法律第百六十七号）第三条第一項に規定する河川の河川区域、砂防法（明治三十年法律第二十九号）第二条の規定により指定された土地又は森林法（昭和二十六年法律第二百四十九号）第二十五条第一項若しくは第二十五条の二第一項若しくは第二項の規定による保安林（同法第二十五条の二第一項後段又は第二項後段において準用する同法第二十五条第二項の規定による保安林を除く。以下次項において「保安林」という。）若しくは同法第四十一条の規定による保安施設地区（以下次項において「保安施設地区」という。）については、指定することができない。

2　都道府県知事は、前項ただし書の規定にかかわらず、海岸の防護上特別の必要があると認めるときは、保安林又は保安施設地区の全部又は一部を、農林水産大臣（森林法第二十五条の二の規定により都道府県知事が指定した保安林については、当該保安林を指定した都道府県知事）に協議して、海岸保全区域として指定することができる。

3　前二項の規定による指定は、この法律の目的を達成するため必要な最小限

度の区域に限つてするものとし、陸地においては満潮時（指定の日の属する年の春分の日における満潮時をいう。）の水際線から、水面においては干潮時（指定の日の属する年の春分の日における干潮時をいう。）の水際線からそれぞれ五十メートルをこえてしてはならない。ただし、地形、地質、潮位、潮流等の状況により必要やむを得ないと認められるときは、それぞれ五十メートルをこえて指定することができる。

4　都道府県知事は、第一項又は第二項の規定により海岸保全区域を指定するときは、主務省令で定めるところにより、当該海岸保全区域を公示するとともに、その旨を主務大臣に報告しなければならない。これを廃止するときも、同様とする。

5　海岸保全区域の指定又は廃止は、前項の公示によつてその効力を生ずる。

（指定についての協議）

第四条　都道府県知事は、港湾法（昭和二十五年法律第二百十八号）第二条第三項に規定する港湾区域（以下「港湾区域」という。）、同法第三十七条第一項に規定する港湾隣接地域（以下「港湾隣接地域」という。）若しくは同法第五十六条第一項の規定により都道府県知事が公告した水域（以下この条及び第四十条において「公告水域」という。）、排他的経済水域及び大陸棚の保全及び利用の促進のための低潮線の保全及び拠点施設の整備等に関する法律（平成二十二年法律第四十一号）第九条第一項の規定により国土交通大臣が公告した水域（以下この条及び第四十条において「特定離島港湾区域」という。）又は漁港及び漁場の整備等に関する法律（昭和二十五年法律第百三十七号）第六条第一項から第四項までの規定により市町村長、都道府県知事若しくは農林水産大臣が指定した漁港の区域（以下「漁港区域」という。）の全部又は一部を海岸保全区域として指定しようとするときは、港湾区域又は港湾隣接地域については港湾管理者に、公告水域については公告水域を管理する都道府県知事に、特定離島港湾区域については国土交通大臣に、漁港区域については漁港管理者に協議しなければならない。

2　港湾管理者が港湾区域について前項の規定による協議に応じようとする場合において、当該港湾が港湾法第二条第二項に規定する国際戦略港湾、国際拠点港湾又は重要港湾であるときは、港湾管理者は、あらかじめ国土交通大臣に協議しなければならない。

第二章　海岸保全区域に関する管理

（管理）

第五条　海岸保全区域の管理は、当該海岸保全区域の存する地域を統括する都道府県知事が行うものとする。

2　前項の規定にかかわらず、市町村長が管理することが適当であると認められる海岸保全区域で都道府県知事が指定したものについては、当該海岸保全区域の存する市町村の長がその管理を行うものとする。

3　前二項の規定にかかわらず、海岸保全区域と港湾区域若しくは港湾隣接地域又は漁港区域とが重複して存するときは、その重複する部分については、当該港湾区域若しくは港湾隣接地域の港湾管理者の長又は当該漁港の漁港管理者である地方公共団体の長がその管理を行うものとする。

4　第一項及び第二項の規定にかかわらず、港湾区域若しくは港湾隣接地域又は漁港区域に接する海岸保全区域のうち、港湾管理者の長又は漁港管理者である地方公共団体の長が管理することが適当であると認められ、かつ、都道府県知事と当該港湾管理者の長又は漁港管理者である地方公共団体の長とが協議して定める区域については、当該港湾管理者の長又は漁港管理者である地方公共団体の長がその管理を行うものとする。

5　前四項の規定にかかわらず、海岸管理者を異にする海岸保全区域相互にわたる海岸保全施設で一連の施設として一の海岸管理者が管理することが適当であると認められるものがある場合において、第四十条第二項の規定による関係主務大臣の協議が成立したときは、当該協議に基きその管理を所掌する主務大臣の監督を受ける海岸管理者がその管理を行うものとする。

6　市町村の長は、海岸管理者との協議に基づき、政令で定めるところにより、当該市町村の区域に存する海岸保全区域の管理の一部を行うことができる。

7　都道府県知事は、第二項の規定による指定をしようとするときは、あらかじめ当該市町村長の意見をきかなければならない。

8　都道府県知事は、第二項の規定により指定をするとき、又は第四項の規定により協議して区域を定めるときは、主務省令で定めるところにより、これを公示するとともに、その旨を主務大臣に報告しなければならない。これを変更するときも、同様とする。

9　市町村長は、第六項の規定により協議して海岸保全区域の管理を行うとき

は、主務省令で定めるところにより、これを公示しなければならない。これを変更するときも、同様とする。
10 第二項に規定する指定並びに第四項及び第六項に規定する協議は、前二項の公示によつてその効力を生ずる。

（主務大臣の直轄工事）
第六条　主務大臣は、次の各号の一に該当する場合において、当該海岸保全施設が国土の保全上特に重要なものであると認められるときは、海岸管理者に代つて自ら当該海岸保全施設の新設、改良又は災害復旧に関する工事を施行することができる。この場合においては、主務大臣は、あらかじめ当該海岸管理者の意見をきかなければならない。
　一　海岸保全施設の新設、改良又は災害復旧に関する工事の規模が著しく大であるとき。
　二　海岸保全施設の新設、改良又は災害復旧に関する工事が高度の技術を必要とするとき。
　三　海岸保全施設の新設、改良又は災害復旧に関する工事が高度の機械力を使用して実施する必要があるとき。
　四　海岸保全施設の新設、改良又は災害復旧に関する工事が都府県の区域の境界に係るとき。
2　主務大臣は、前項の規定により海岸保全施設の新設、改良又は災害復旧に関する工事を施行する場合においては、政令で定めるところにより、海岸管理者に代つてその権限を行うものとする。
3　主務大臣は、第一項の規定により海岸保全施設の新設、改良又は災害復旧に関する工事を施行する場合においては、主務省令で定めるところにより、その旨を公示しなければならない。

（海岸保全区域の占用）
第七条　海岸管理者以外の者が海岸保全区域（公共海岸の土地に限る。）内において、海岸保全施設以外の施設又は工作物（以下次条、第九条及び第十二条において「他の施設等」という。）を設けて当該海岸保全区域を占用しようとするときは、主務省令で定めるところにより、海岸管理者の許可を受けなければならない。
2　海岸管理者は、前項の規定による許可の申請があつた場合において、その

申請に係る事項が海岸の防護に著しい支障を及ぼすおそれがあると認めるときは、これを許可してはならない。
（海岸保全区域における行為の制限）
第八条　海岸保全区域内において、次に掲げる行為をしようとする者は、主務省令で定めるところにより、海岸管理者の許可を受けなければならない。ただし、政令で定める行為については、この限りでない。
　一　土石（砂を含む。以下同じ。）を採取すること。
　二　水面又は公共海岸の土地以外の土地において、他の施設等を新設し、又は改築すること。
　三　土地の掘削、盛土、切土その他政令で定める行為をすること。
２　前条第二項の規定は、前項の許可について準用する。
第八条の二　何人も、海岸保全区域（第二号から第四号までにあつては、公共海岸に該当し、かつ、海岸の利用、地形その他の状況により、海岸の保全上特に必要があると認めて海岸管理者が指定した区域に限る。）内において、みだりに次に掲げる行為をしてはならない。
　一　海岸管理者が管理する海岸保全施設その他の施設又は工作物（以下「海岸保全施設等」という。）を損傷し、又は汚損すること。
　二　油その他の通常の管理行為による処理が困難なものとして主務省令で定めるものにより海岸を汚損すること。
　三　自動車、船舶その他の物件で海岸管理者が指定したものを入れ、又は放置すること。
　四　その他海岸の保全に著しい支障を及ぼすおそれのある行為で政令で定めるものを行うこと。
２　海岸管理者は、前項各号列記以外の部分の規定又は同項第三号の規定による指定をするときは、主務省令で定めるところにより、その旨を公示しなければならない。これを廃止するときも、同様とする。
３　前項の指定又はその廃止は、同項の公示によつてその効力を生ずる。
（経過措置）
第九条　第三条の規定による海岸保全区域の指定の際現に当該海岸保全区域内において権原に基づき他の施設等を設置（工事中の場合を含む。）している者は、従前と同様の条件により、当該他の施設等の設置について第七条第一

項又は第八条第一項の規定による許可を受けたものとみなす。当該指定の際現に当該指定に係る海岸保全区域内において権原に基づき第八条第一項第一号及び第三号に掲げる行為を行つている者についても、同様とする。
（許可の特例）
第十条　港湾法第三十七条第一項若しくは第五十六条第一項又は排他的経済水域及び大陸棚の保全及び利用の促進のための低潮線の保全及び拠点施設の整備等に関する法律第九条第一項の規定による許可を受けた者は、当該許可に係る事項については、第七条第一項又は第八条第一項の規定による許可を受けることを要しない。
2　国又は地方公共団体（港湾法に規定する港務局を含む。以下同じ。）が第七条第一項の規定による占用又は第八条第一項の規定による行為をしようとするときは、あらかじめ海岸管理者に協議することをもつて足りる。
（占用料及び土石採取料）
第十一条　海岸管理者は、主務省令で定める基準に従い、第七条第一項又は第八条第一項第一号の規定による許可を受けた者から占用料又は土石採取料を徴収することができる。ただし、公共海岸の土地以外の土地における土石の採取については、土石採取料を徴収することができない。
（監督処分）
第十二条　海岸管理者は、次の各号の一に該当する者に対して、その許可を取り消し、若しくはその条件を変更し、又はその行為の中止、他の施設等の改築、移転若しくは除却（第八条の二第一項第三号に規定する放置された物件の除却を含む。）、他の施設等により生ずべき海岸の保全上の障害を予防するために必要な施設をすること若しくは原状回復を命ずることができる。
　一　第七条第一項、第八条第一項又は第八条の二第一項の規定に違反した者
　二　第七条第一項又は第八条第一項の規定による許可に付した条件に違反した者
　三　偽りその他不正な手段により第七条第一項又は第八条第一項の規定による許可を受けた者
2　海岸管理者は、次の各号の一に該当する場合においては、第七条第一項又は第八条第一項の規定による許可を受けた者に対し、前項に規定する処分をし、又は同項に規定する必要な措置を命ずることができる。

一　海岸保全施設に関する工事のためやむを得ない必要が生じたとき。
二　海岸の保全上著しい支障が生じたとき。
三　海岸の保全上の理由以外の理由に基く公益上やむを得ない必要が生じたとき。

3　海岸管理者は、海岸保全区域内において発生した船舶の沈没又は乗揚げに起因して当該海岸管理者が管理する海岸保全施設等が損傷され、若しくは汚損され、又は損傷され、若しくは汚損されるおそれがあり、当該損傷又は汚損が海岸の保全に支障を及ぼし、又は及ぼすおそれがあると認める場合（当該船舶が第八条の二第一項第三号に規定する放置された物件に該当する場合を除く。）においては、当該沈没し、又は乗り揚げた船舶の船舶所有者に対し、当該船舶の除却その他当該損傷又は汚損の防止のため必要な措置を命ずることができる。

4　前三項の規定により必要な措置をとることを命じようとする場合において、過失がなくて当該措置を命ずべき者を確知することができないときは、海岸管理者は、当該措置を自ら行い、又はその命じた者若しくは委任した者にこれを行わせることができる。この場合においては、相当の期限を定めて、当該措置を行うべき旨及びその期限までに当該措置を行わないときは、海岸管理者又はその命じた者若しくは委任した者が当該措置を行う旨を、あらかじめ公告しなければならない。

5　海岸管理者は、前項の規定により他の施設等（除却を命じた第一項及び第三項の物件を含む。以下この条において同じ。）を除却し、又は除却させたときは、当該他の施設等を保管しなければならない。

6　海岸管理者は、前項の規定により他の施設等を保管したときは、当該他の施設等の所有者、占有者その他当該他の施設等について権原を有する者（以下この条において「所有者等」という。）に対し当該他の施設等を返還するため、政令で定めるところにより、政令で定める事項を公示しなければならない。

7　海岸管理者は、第五項の規定により保管した他の施設等が滅失し、若しくは破損するおそれがあるとき、又は前項の規定による公示の日から起算して三月を経過してもなお当該他の施設等を返還することができない場合において、政令で定めるところにより評価した当該他の施設等の価額に比し、その

保管に不相当な費用若しくは手数を要するときは、政令で定めるところにより、当該他の施設等を売却し、その売却した代金を保管することができる。
8 海岸管理者は、前項の規定による他の施設等の売却につき買受人がない場合において、同項に規定する価額が著しく低いときは、当該他の施設等を廃棄することができる。
9 第七項の規定により売却した代金は、売却に要した費用に充てることができる。
10 第四項から第七項までに規定する他の施設等の除却、保管、売却、公示その他の措置に要した費用は、当該他の施設等の返還を受けるべき所有者等その他第四項に規定する当該措置を命ずべき者の負担とする。
11 第六項の規定による公示の日から起算して六月を経過してもなお第五項の規定により保管した他の施設等（第七項の規定により売却した代金を含む。以下この項において同じ。）を返還することができないときは、当該他の施設等の所有権は、主務大臣が保管する他の施設等にあつては国、都道府県知事が保管する他の施設等にあつては当該都道府県知事が統括する都道府県、市町村長が保管する他の施設等にあつては当該市町村長が統括する市町村に帰属する。

（損失補償）
第十二条の二　海岸管理者は、前条第二項の規定による処分又は命令により損失を受けた者に対し通常生ずべき損失を補償しなければならない。
2　前項の規定による損失の補償については、海岸管理者と損失を受けた者とが協議しなければならない。
3　前項の規定による協議が成立しない場合においては、海岸管理者は、自己の見積つた金額を損失を受けた者に支払わなければならない。この場合において、当該金額について不服がある者は、政令で定めるところにより、補償金の支払を受けた日から三十日以内に収用委員会に土地収用法（昭和二十六年法律第二百十九号）第九十四条の規定による裁決を申請することができる。
4　海岸管理者は、第一項の規定による補償の原因となつた損失が前条第二項第三号の規定による処分又は命令によるものであるときは、当該補償金額を当該理由を生じさせた者に負担させることができる。

（緊急時における主務大臣の指示）

第十二条の三　主務大臣は、津波、高潮等の発生のおそれがあり、海岸の防護のため緊急の措置をとる必要があると認めるときは、海岸管理者に対し、第十二条第一項又は第二項の規定による処分又は命令を行うことを指示することができる。

（海岸管理者以外の者の施行する工事）
第十三条　海岸管理者以外の者が海岸保全施設に関する工事を施行しようとするときは、あらかじめ当該海岸保全施設に関する工事の設計及び実施計画について海岸管理者の承認を受けなければならない。ただし、第六条第一項の規定による場合は、この限りでない。
2　第十条第二項に規定する者は、前項本文の規定にかかわらず、海岸保全施設に関する工事の設計及び実施計画について海岸管理者に協議することをもつて足りる。

（技術上の基準）
第十四条　海岸保全施設は、地形、地質、地盤の変動、侵食の状態その他海岸の状況を考慮し、自重、水圧、波力、土圧及び風圧並びに地震、漂流物等による振動及び衝撃に対して安全な構造のものでなければならない。
2　海岸保全施設の形状、構造及び位置は、海岸環境の保全、海岸及びその近傍の土地の利用状況並びに船舶の運航及び船舶による衝撃を考慮して定めなければならない。
3　前二項に定めるもののほか、主要な海岸保全施設の形状、構造及び位置について、海岸の保全上必要とされる技術上の基準は、主務省令で定める。

（操作規則）
第十四条の二　海岸管理者は、その管理する海岸保全施設のうち、操作施設（水門、陸閘　その他の操作を伴う施設で主務省令で定めるものをいう。以下同じ。）については、主務省令で定めるところにより、操作規則を定めなければならない。
2　前項の操作規則は、津波、高潮等の発生時における操作施設の操作に従事する者の安全の確保が図られるように配慮されたものでなければならない。
3　海岸管理者は、第一項の操作規則を定めようとするときは、あらかじめ関係市町村長の意見を聴かなければならない。
4　前二項の規定は、第一項の操作規則の変更について準用する。

（操作規程）

第十四条の三　海岸管理者以外の海岸保全施設の管理者（以下「他の管理者」という。）は、その管理する海岸保全施設のうち、操作施設については、主務省令で定めるところにより、当該操作施設の操作の方法、訓練その他の措置に関する事項について操作規程を定め、海岸管理者の承認を受けなければならない。

2　前項の操作規程は、津波、高潮等の発生時における操作施設の操作に従事する者の安全の確保が図られるように配慮されたものでなければならない。

3　海岸管理者は、第一項の操作規程を承認しようとするときは、あらかじめ関係市町村長の意見を聴かなければならない。

4　第十条第二項に規定する者は、第一項の規定にかかわらず、その管理する操作施設について同項の操作規程を定め、海岸管理者に協議することをもつて足りる。

5　前各項の規定は、第一項の操作規程の変更について準用する。

第十四条の四　前条第一項の規定による承認を受けた他の管理者は、その管理する操作施設の操作については、当該承認を受けた操作規程に従つて行わなければならない。

（維持又は修繕）

第十四条の五　海岸管理者は、その管理する海岸保全施設を良好な状態に保つように維持し、修繕し、もつて海岸の防護に支障を及ぼさないように努めなければならない。

2　海岸管理者が管理する海岸保全施設の維持又は修繕に関する技術的基準その他必要な事項は、主務省令で定める。

3　前項の技術的基準は、海岸保全施設の修繕を効率的に行うための点検に関する基準を含むものでなければならない。

（兼用工作物の工事の施行）

第十五条　海岸管理者は、その管理する海岸保全施設が道路、水門、物揚場その他の施設又は工作物（以下これらを「他の工作物」と総称する。）の効用を兼ねるときは、当該他の工作物の管理者との協議によりその者に当該海岸保全施設に関する工事を施行させ、又は当該海岸保全施設を維持させることができる。

（工事原因者の工事の施行等）

第十六条　海岸管理者は、その管理する海岸保全施設等に関する工事以外の工事（以下「他の工事」という。）又は海岸保全施設等に関する工事若しくは海岸保全施設等の維持（海岸保全区域内の公共海岸の維持を含む。以下同じ。）の必要を生じさせた行為（以下「他の行為」という。）により必要を生じたその管理する海岸保全施設等に関する工事又は海岸保全施設等の維持を当該他の工事の施行者又は他の行為の行為者に施行させることができる。

2　前項の場合において、他の工事が河川工事（河川法第三条第一項に規定する河川の河川工事をいう。以下同じ。）、道路（道路法（昭和二十七年法律第百八十号）による道路をいう。以下同じ。）に関する工事、地すべり防止工事（地すべり等防止法（昭和三十三年法律第三十号）による地すべり防止工事をいう。以下同じ。）又は急傾斜地崩壊防止工事（急傾斜地の崩壊による災害の防止に関する法律（昭和四十四年法律第五十七号）による急傾斜地崩壊防止工事をいう。以下同じ。）であるときは、当該海岸保全施設等に関する工事については、河川法第十九条、道路法第二十三条第一項、地すべり等防止法第十五条第一項又は急傾斜地の崩壊による災害の防止に関する法律第十六条第一項の規定を適用する。

（附帯工事の施行）

第十七条　海岸管理者は、その管理する海岸保全施設に関する工事により必要を生じた他の工事又はその管理する海岸保全施設に関する工事を施行するため必要を生じた他の工事をその海岸保全施設に関する工事とあわせて施行することができる。

2　前項の場合において、他の工事が河川工事、道路に関する工事、砂防工事（砂防法による砂防工事をいう。以下同じ。）又は地すべり防止工事であるときは、当該他の工事の施行については、河川法第十八条、道路法第二十二条第一項、砂防法第八条又は地すべり等防止法第十四条第一項の規定を適用する。

（土地等の立入及び一時使用並びに損失補償）

第十八条　海岸管理者又はその命じた者若しくはその委任を受けた者は、海岸保全区域に関する調査若しくは測量又は海岸保全施設に関する工事のためやむを得ない必要があるときは、あらかじめその占有者に通知して、他人の占

有する土地若しくは水面に立ち入り、又は特別の用途のない他人の土地を材料置場若しくは作業場として一時使用することができる。ただし、あらかじめ通知することが困難であるときは、通知することを要しない。
2　前項の規定により宅地又はかき、さく等で囲まれた土地若しくは水面に立ち入ろうとするときは、立入の際あらかじめその旨を当該土地又は水面の占有者に告げなければならない。
3　日出前及び日没後においては、占有者の承認があつた場合を除き、前項に規定する土地又は水面に立ち入つてはならない。
4　第一項の規定により土地又は水面に立ち入ろうとする者は、その身分を示す証明書を携帯し、関係人の請求があつたときは、これを提示しなければならない。
5　第一項の規定により特別の用途のない他人の土地を材料置場又は作業場として一時使用しようとするときは、あらかじめ当該土地の占有者及び所有者に通知して、その者の意見をきかなければならない。
6　土地又は水面の占有者又は所有者は、正当な理由がない限り、第一項の規定による立入又は一時使用を拒み、又は妨げてはならない。
7　海岸管理者は、第一項の規定による立入又は一時使用により損失を受けた者に対し通常生ずべき損失を補償しなければならない。
8　第十二条の二第二項及び第三項の規定は、前項の場合について準用する。
9　第四項の規定による証明書の様式その他証明書に関し必要な事項は、主務省令で定める。

（海岸保全施設の新設又は改良に伴う損失補償）
第十九条　土地収用法第九十三条第一項の規定による場合を除き、海岸管理者が海岸保全施設を新設し、又は改良したことにより、当該海岸保全施設に面する土地又は水面について、通路、みぞ、かき、さくその他の施設若しくは工作物を新築し、増築し、修繕し、若しくは移転し、又は盛土若しくは切土をするやむを得ない必要があると認められる場合においては、海岸管理者は、これらの工事をすることを必要とする者（以下この条において「損失を受けた者」という。）の請求により、これに要する費用の全部又は一部を補償しなければならない。この場合において、海岸管理者又は損失を受けた者は、補償金の全部又は一部に代えて、海岸管理者が当該工事を施行することを要

求することができる。
2　前項の規定による損失の補償は、海岸保全施設に関する工事の完了の日から一年を経過した後においては、請求することができない。
3　第一項の規定による損失の補償については、海岸管理者と損失を受けた者とが協議しなければならない。
4　前項の規定による協議が成立しない場合においては、海岸管理者又は損失を受けた者は、政令で定めるところにより、収用委員会に土地収用法第九十四条の規定による裁決を申請することができる。

（他の管理者の管理する海岸保全施設に関する監督）
第二十条　海岸管理者は、その職務の執行に関し必要があると認めるときは、他の管理者に対し報告若しくは資料の提出を求め、又はその命じた者に当該他の管理者の管理する海岸保全施設に立ち入り、これを検査させることができる。
2　前項の規定により立入検査をする者は、その身分を示す証明書を携帯し、関係人の請求があつたときは、これを提示しなければならない。
3　第一項の規定による立入検査の権限は、犯罪捜査のために認められたものと解してはならない。
4　第二項の規定による証明書の様式その他証明書に関し必要な事項は、主務省令で定める。

第二十一条　海岸管理者は、他の管理者の管理する海岸保全施設が次の各号のいずれかに該当する場合において、当該海岸保全施設が第十四条の規定に適合しないときは、当該他の管理者に対し改良、補修その他当該海岸保全施設の管理につき必要な措置を命ずることができる。
　一　第十三条第一項本文の規定に違反して工事が施行されたとき。
　二　第十三条第一項本文の規定による承認に付した条件に違反して工事が施行されたとき。
　三　偽りその他不正な手段により第十三条第一項本文の承認を受けて工事が施行されたとき。
2　海岸管理者は、海岸保全施設が前項各号のいずれにも該当しない場合において、当該海岸保全施設が第十四条の規定に適合しなくなり、かつ、海岸の保全上著しい支障があると認められるときは、その管理者に対し前項に規定

する措置を命ずることができる。
3　海岸管理者は、前項の規定による命令により損失を受けた者に対し通常生ずべき損失を補償しなければならない。
4　第十二条の二第二項及び第三項の規定は、前項の場合について準用する。
5　前三項の規定は、第十条第二項に規定する者の管理する海岸保全施設については、適用しない。

（他の管理者の管理する操作施設に関する監督）
第二十一条の二　海岸管理者は、他の管理者が次の各号のいずれかに該当する場合においては、当該他の管理者に対し、その管理する操作施設の操作規程を定め、又は変更することを勧告することができる。
　一　第十四条の三第一項の規定に違反したとき。
　二　第十四条の三第一項の規定による承認に付した条件に違反したとき。
　三　偽りその他不正な手段により第十四条の三第一項の規定による承認を受けたとき。
2　海岸管理者は、他の管理者が管理する操作施設について、その操作が第十四条の四の規定に違反して行われている場合においては、当該他の管理者に対し、当該操作規程の遵守のため必要な措置をとることを勧告することができる。
3　海岸管理者は、前二項の規定によるほか、海岸の状況の変化その他当該海岸に関する特別の事情により、第十四条の三第一項の規定による承認を受けた操作規程によつては津波、高潮等による被害を防止することが困難であると認められるときは、当該承認を受けた他の管理者に対し、当該操作規程を変更することを勧告することができる。
4　海岸管理者は、前三項の規定による勧告をした場合において、当該勧告を受けた他の管理者が、正当な理由がなく、その勧告に従わなかつたときは、その旨を公表することができる。
第二十一条の三　海岸管理者は、他の管理者が、その管理する操作施設について、前条第一項又は第二項の規定による勧告に従わない場合において、これを放置すれば津波、高潮等による著しい被害が生ずるおそれがあると認められるときは、その被害の防止のため必要であり、かつ、当該操作施設の管理の状況その他の状況からみて相当であると認められる限度において、当該他

の管理者に対し、相当の猶予期限を付けて、当該操作施設の開口部の閉塞その他当該操作施設を含む海岸保全施設の管理につき必要な措置を命ずることができる。
2　海岸管理者は、他の管理者が、その管理する操作施設について、前条第三項の規定による勧告に従わない場合において、これを放置すれば津波、高潮等による著しい被害が生ずるおそれがあると認められるときは、その被害の防止のため必要であり、かつ、当該操作施設の管理の状況その他の状況からみて相当であると認められる限度において、当該他の管理者に対し前項に規定する措置を命ずることができる。
3　海岸管理者は、前項の規定による命令により損失を受けた者に対し通常生ずべき損失を補償しなければならない。
4　第十二条の二第二項及び第三項の規定は、前項の場合について準用する。
（漁業権の取消等及び損失補償）
第二十二条　都道府県知事は、海岸管理者の申請があつた場合において、海岸保全施設に関する工事を行うため特に必要があるときは、海岸保全区域内の水面に設定されている漁業権を取り消し、変更し、又はその行使の停止を命じなければならない。
2　海岸管理者は、前項の規定による漁業権の取消、変更又はその行使の停止によつて生じた損失を当該漁業権者に対し補償しなければならない。
3　漁業法（昭和二十四年法律第二百六十七号）第百七十七条第二項、第三項前段、第四項から第八項まで、第十一項及び第十二項の規定は、前項の規定による損失の補償について準用する。この場合において、同条第三項前段中「農林水産大臣が」とあるのは「都道府県知事が海区漁業調整委員会の意見を聴いて」と、同条第五項、第六項及び第十一項中「国」とあるのは「海岸管理者」と、同条第七項中「第五項」とあるのは「第五項並びに第八十九条第三項から第七項まで」と、同条第八項中「国税滞納処分」とあるのは「地方税の滞納処分」と、同条第十一項中「第一項第二号又は第三号の土地」とあるのは「海岸法（昭和三十一年法律第百一号）第二十二条第一項の規定により取り消された漁業権」と、同項及び同条第十二項中「有する者」とあるのは「有する者（登録先取特権者等に限る。）と読み替えるものとする。
（災害時における緊急措置）

第二十三条　津波、高潮等の発生のおそれがあり、これによる被害を防止する措置をとるため緊急の必要があるときは、海岸管理者は、その現場において、必要な土地を使用し、土石、竹木その他の資材を使用し、若しくは収用し、車両その他の運搬具若しくは器具を使用し、又は工作物その他の障害物を処分することができる。
2　海岸管理者は、前項に規定する措置をとるため緊急の必要があるときは、その付近に居住する者又はその現場にある者を当該業務に従事させることができる。
3　海岸管理者は、第一項の規定による収用、使用又は処分により損失を受けた者に対し通常生ずべき損失を補償しなければならない。
4　第十二条の二第二項及び第三項の規定は、前項の場合について準用する。
5　第二項の規定により業務に従事した者が当該業務に従事したことにより死亡し、負傷し、若しくは病気にかかり、又は当該業務に従事したことによる負傷若しくは病気により死亡し、若しくは障害の状態となつたときは、海岸管理者は、政令で定めるところにより、その者又はその者の遺族若しくは被扶養者がこれらの原因によつて受ける損害を補償しなければならない。

（協議会）
第二十三条の二　海岸管理者（第六条第一項の規定により海岸保全施設の新設、改良又は災害復旧に関する工事を施行する主務大臣を含む。）、国の関係行政機関の長及び関係地方公共団体の長は、海岸保全施設とその近接地に存する海水の侵入による被害を軽減する効用を有する施設の一体的な整備その他海岸の保全に関し必要な措置について協議を行うための協議会（以下この条において「協議会」という。）を組織することができる。
2　協議会は、必要があると認めるときは、学識経験を有する者その他の協議会が必要と認める者をその構成員として加えることができる。
3　協議会において協議が調つた事項については、協議会の構成員は、その協議の結果を尊重しなければならない。
4　前三項に定めるもののほか、協議会の運営に関し必要な事項は、協議会が定める。

（海岸協力団体の指定）
第二十三条の三　海岸管理者は、次条に規定する業務を適正かつ確実に行うこ

とができると認められる法人その他これに準ずるものとして主務省令で定める団体を、その申請により、海岸協力団体として指定することができる。
2 海岸管理者は、前項の規定による指定をしたときは、当該海岸協力団体の名称、住所及び事務所の所在地を公示しなければならない。
3 海岸協力団体は、その名称、住所又は事務所の所在地を変更しようとするときは、あらかじめ、その旨を海岸管理者に届け出なければならない。
4 海岸管理者は、前項の規定による届出があつたときは、当該届出に係る事項を公示しなければならない。
（海岸協力団体の業務）
第二十三条の四　海岸協力団体は、当該海岸協力団体を指定した海岸管理者が管理する海岸保全区域について、次に掲げる業務を行うものとする。
　一　海岸管理者に協力して、海岸保全施設等に関する工事又は海岸保全施設等の維持を行うこと。
　二　海岸保全区域の管理に関する情報又は資料を収集し、及び提供すること。
　三　海岸保全区域の管理に関する調査研究を行うこと。
　四　海岸保全区域の管理に関する知識の普及及び啓発を行うこと。
　五　前各号に掲げる業務に附帯する業務を行うこと。
（監督等）
第二十三条の五　海岸管理者は、前条各号に掲げる業務の適正かつ確実な実施を確保するため必要があると認めるときは、海岸協力団体に対し、その業務に関し報告をさせることができる。
2 海岸管理者は、海岸協力団体が前条各号に掲げる業務を適正かつ確実に実施していないと認めるときは、海岸協力団体に対し、その業務の運営の改善に関し必要な措置を講ずべきことを命ずることができる。
3 海岸管理者は、海岸協力団体が前項の規定による命令に違反したときは、その指定を取り消すことができる。
4 海岸管理者は、前項の規定により指定を取り消したときは、その旨を公示しなければならない。
（情報の提供等）
第二十三条の六　主務大臣又は海岸管理者は、海岸協力団体に対し、その業務の実施に関し必要な情報の提供又は指導若しくは助言をするものとする。

(海岸協力団体に対する許可の特例)
第二十三条の七　海岸協力団体が第二十三条の四各号に掲げる業務として行う主務省令で定める行為についての第七条第一項及び第八条第一項の規定の適用については、海岸協力団体と海岸管理者との協議が成立することをもつて、これらの規定による許可があつたものとみなす。

(海岸保全区域台帳)
第二十四条　海岸管理者は、海岸保全区域台帳を調製し、これを保管しなければならない。
2　海岸管理者は、海岸保全区域台帳の閲覧を求められたときは、正当な理由がなければこれを拒むことができない。
3　海岸保全区域台帳の記載事項その他その調製及び保管に関し必要な事項は、主務省令で定める。

　　　第三章　海岸保全区域に関する費用
(海岸保全区域の管理に要する費用の負担原則)
第二十五条　海岸管理者が海岸保全区域を管理するために要する費用は、この法律及び公共土木施設災害復旧事業費国庫負担法(昭和二十六年法律第九十七号)並びに他の法律に特別の規定がある場合を除き、当該海岸管理者の属する地方公共団体の負担とする。ただし、第五条第六項の規定により市町村長が行う海岸保全区域の管理に要する費用は、当該市町村長が統括する市町村の負担とする。

(主務大臣の直轄工事に要する費用)
第二十六条　第六条第一項の規定により主務大臣が施行する海岸保全施設の新設、改良又は災害復旧に要する費用は、国がその三分の二を、当該海岸管理者の属する地方公共団体がその三分の一を負担するものとする。
2　前項の場合において、当該海岸保全施設の新設又は改良によつて他の都府県も著しく利益を受けるときは、主務大臣は、政令で定めるところにより、その利益を受ける限度において、当該海岸保全施設を管理する海岸管理者の属する地方公共団体の負担すべき負担金の一部を著しく利益を受ける他の都府県に分担させることができる。
3　前項の規定により主務大臣が著しく利益を受ける他の都府県に負担金の一部を分担させようとする場合においては、主務大臣は、あらかじめ当該都府

県の意見をきかなければならない。

（海岸管理者が管理する海岸保全施設の新設又は改良に要する費用の一部負担）

第二十七条　海岸管理者が管理する海岸保全施設の新設又は改良に関する工事で政令で定めるものに要する費用は、政令で定めるところにより国がその一部を負担するものとする。

2　海岸管理者は、前項の工事を施行しようとするときは、あらかじめ、主務大臣に協議し、その同意を得なければならない。

3　主務大臣は、前項の同意をする場合には、第一項の規定により国が負担することとなる金額が予算の金額を超えない範囲内でしなければならない。

（市町村の分担金）

第二十八条　前三条の規定により海岸管理者の属する地方公共団体が負担する費用のうち、都道府県である地方公共団体が負担し、かつ、その工事又は維持が当該都道府県の区域内の市町村を利するものについては、当該工事又は維持による受益の限度において、当該市町村に対し、その工事又は維持に要する費用の一部を負担させることができる。

2　前項の費用について同項の規定により市町村が負担すべき金額は、当該市町村の意見をきいた上、当該都道府県の議会の議決を経て定めなければならない。

（負担金の納付）

第二十九条　主務大臣が海岸保全施設の新設、改良又は災害復旧に関する工事を施行する場合においては、まず全額国費をもってこれを施行した後、海岸管理者の属する地方公共団体又は負担金を分担すべき他の都府県は、政令で定めるところにより第二十六条第一項又は第二項の規定に基く負担金を国庫に納付しなければならない。

（兼用工作物の費用）

第三十条　海岸管理者の管理する海岸保全施設が他の工作物の効用を兼ねるときは、当該海岸保全施設の管理に要する費用の負担については、海岸管理者と当該他の工作物の管理者とが協議して定めるものとする。

（原因者負担金）

第三十一条　海岸管理者は、他の工事又は他の行為により必要を生じた当該海

岸管理者の管理する海岸保全施設等に関する工事又は海岸保全施設等の維持の費用については、その必要を生じた限度において、他の工事又は他の行為につき費用を負担する者にその全部又は一部を負担させるものとする。

2　前項の場合において、他の工事が河川工事、道路に関する工事、地すべり防止工事又は急傾斜地崩壊防止工事であるときは、当該海岸保全施設等に関する工事の費用については、河川法第六十八条、道路法第五十九条第一項及び第三項、地すべり等防止法第三十五条第一項及び第三項又は急傾斜地の崩壊による災害の防止に関する法律第二十二条第一項の規定を適用する。

（附帯工事に要する費用）

第三十二条　海岸管理者の管理する海岸保全施設に関する工事により必要を生じた他の工事又は当該海岸保全施設に関する工事を施行するため必要を生じた他の工事に要する費用は、第七条第一項及び第八条第一項の規定による許可に附した条件に特別の定がある場合並びに第十条第二項の規定による協議による場合を除き、その必要を生じた限度において、当該海岸管理者の属する地方公共団体がその全部又は一部を負担するものとする。

2　前項の場合において、他の工事が河川工事、道路に関する工事、砂防工事又は地すべり防止工事であるときは、他の工事に要する費用については、河川法第六十七条、道路法第五十八条第一項、砂防法第十六条又は地すべり等防止法第三十四条第一項の規定を適用する。

3　海岸管理者は、第一項の海岸保全施設に関する工事が他の工事又は他の行為のため必要となつたものである場合においては、同項の他の工事に要する費用の全部又は一部をその必要を生じた限度において、その原因となつた工事又は行為につき費用を負担する者に負担させることができる。

（受益者負担金）

第三十三条　海岸管理者は、その管理する海岸保全施設に関する工事によつて著しく利益を受ける者がある場合においては、その利益を受ける限度において、当該工事に要する費用の一部を負担させることができる。

2　前項の場合において、負担金の徴収を受ける者の範囲及びその徴収方法については、海岸管理者の属する地方公共団体の条例で定める。

（負担金の通知及び納入手続等）

第三十四条　第十二条及び前三条の規定による負担金の額の通知及び納入手続

その他負担金に関し必要な事項は、政令で定める。
（強制徴収）
第三十五条　第十一条の規定に基づく占用料及び土石採取料並びに第十二条第十項、第三十条、第三十一条第一項、第三十二条第三項及び第三十三条第一項の規定に基づく負担金（以下この条及び次条においてこれらを「負担金等」と総称する。）を納付しない者があるときは、海岸管理者は、督促状によつて納付すべき期限を指定して督促しなければならない。

2　前項の場合においては、海岸管理者は、主務省令で定めるところにより延滞金を徴収することができる。ただし、延滞金は、年十四・五パーセントの割合を乗じて計算した額をこえない範囲内で定めなければならない。

3　第一項の規定による督促を受けた者がその指定する期限までにその納付すべき金額を納付しないときは、海岸管理者は、国税滞納処分の例により、前二項に規定する負担金等及び延滞金を徴収することができる。この場合における負担金等及び延滞金の先取特権の順位は、国税及び地方税に次ぐものとする。

4　延滞金は、負担金等に先だつものとする。

5　負担金等及び延滞金を徴収する権利は、これらを行使することができる時から五年間行使しないときは、時効により消滅する。

（収入の帰属）
第三十六条　負担金等及び前条第二項の延滞金は、当該海岸管理者の属する地方公共団体に帰属する。ただし、第五条第六項の規定により市町村長が行う海岸保全区域の管理に係るものは当該市町村長が統括する市町村に、主務大臣が第六条第一項の規定に基づき工事を施行する場合における第十二条第十項の規定に基づく負担金で主務大臣が負担させるものは国に帰属する。

（義務履行のために要する費用）
第三十七条　この法律又はこの法律によつてする処分による義務を履行するために必要な費用は、この法律に特別の規定がある場合を除き、当該義務者が負担しなければならない。

第三章の二　海岸保全区域に関する管理等の特例

（主務大臣による管理）
第三十七条の二　国土保全上極めて重要であり、かつ、地理的条件及び社会的

状況により都道府県知事が管理することが著しく困難又は不適当な海岸で政令で指定したものに係る海岸保全区域の管理は、第五条第一項から第四項までの規定にかかわらず、主務大臣が行うものとする。
2 主務大臣は、前項の政令の制定又は改廃の立案をしようとするときは、あらかじめ関係都道府県知事の意見を聴かなければならない。
3 第一項の規定により指定された海岸に係る第三条の規定による海岸保全区域の指定又は廃止は、主務大臣が行うものとする。
4 第一項の海岸保全区域を管理するために要する費用は、第二十五条の規定にかかわらず、国が負担するものとする。
5 第一項の規定により主務大臣が海岸保全区域の管理を行う場合における第三条第四項、第三十二条第一項、第三十三条第二項及び第三十六条の規定の適用については、第三条第四項中「都道府県知事」とあるのは「主務大臣」と、第三十二条第一項及び第三十六条中「当該海岸管理者の属する地方公共団体」とあるのは「国」と、第三十三条第二項中「海岸管理者の属する地方公共団体の条例」とあるのは「政令」とする。

　　第三章の三　一般公共海岸区域に関する管理及び費用
（管理）
第三十七条の三　一般公共海岸区域の管理は、当該一般公共海岸区域の存する地域を統括する都道府県知事が行うものとする。
2 前項の規定にかかわらず、海岸保全区域、港湾区域又は漁港区域（以下この条及び第四十条において「特定区域」という。）に接する一般公共海岸区域のうち、特定区域を管理する海岸管理者、港湾管理者の長又は漁港管理者である地方公共団体の長（以下この条及び第四十条において「特定区域の管理者」という。）が管理することが適当であると認められ、かつ、都道府県知事と当該特定区域の管理者とが協議して定める区域については、当該特定区域の管理者がその管理を行うものとする。
3 前二項の規定にかかわらず、市町村の長は、都道府県知事（前項の規定により特定区域の管理者が管理する一般公共海岸区域にあつては、都道府県知事及び当該特定区域の管理者）との協議に基づき、当該市町村の区域に存する一般公共海岸区域の管理を行うことができる。
4 都道府県知事又は市町村長は、第二項の規定により協議して区域を定める

とき、又は前項の規定により協議して一般公共海岸区域の管理を行うときは、主務省令で定めるところにより、これを公示しなければならない。これを変更するときも、同様とする。

5　第二項及び第三項に規定する協議は、前項の公示によつてその効力を生ずる。

（一般公共海岸区域の占用）

第三十七条の四　海岸管理者以外の者が一般公共海岸区域（水面を除く。）内において、施設又は工作物を設けて当該一般公共海岸区域を占用しようとするときは、主務省令で定めるところにより、海岸管理者の許可を受けなければならない。

（一般公共海岸区域における行為の制限）

第三十七条の五　一般公共海岸区域内において、次に掲げる行為をしようとする者は、主務省令で定めるところにより、海岸管理者の許可を受けなければならない。ただし、政令で定める行為については、この限りではない。

一　土石を採取すること。

二　水面において施設又は工作物を新設し、又は改築すること。

三　土地の掘削、盛土、切土その他海岸の保全に支障を及ぼすおそれのある行為で政令で定める行為をすること。

第三十七条の六　何人も、一般公共海岸区域（第二号から第四号までにあつては、海岸の利用、地形その他の状況により、海岸の保全上特に必要があると認めて海岸管理者が指定した区域に限る。）内において、みだりに次に掲げる行為をしてはならない。

一　海岸管理者が管理する施設又は工作物を損傷し、又は汚損すること。

二　油その他の通常の管理行為による処理が困難なものとして主務省令で定めるものにより海岸を汚損すること。

三　自動車、船舶その他の物件で海岸管理者が指定したものを入れ、又は放置すること。

四　その他海岸の保全に著しい支障を及ぼすおそれのある行為で政令で定めるものを行うこと。

2　海岸管理者は、前項各号列記以外の部分の規定又は同項第三号の規定による指定をするときは、主務省令で定めるところにより、その旨を公示しなけ

ればならない。これを廃止するときも、同様とする。

3　前項の指定又はその廃止は、同項の公示によつてその効力を生ずる。

（経過措置）

第三十七条の七　一般公共海岸区域に新たに該当することとなつた際現に当該一般公共海岸区域内において権原に基づき施設又は工作物を設置（工事中の場合を含む。）している者は、従前と同様の条件により、当該施設又は工作物の設置について第三十七条の四又は第三十七条の五の規定による許可を受けたものとみなす。一般公共海岸区域に新たに該当することとなつた際現に当該一般公共海岸区域内において権原に基づき同条第一号及び第三号に掲げる行為を行つている者についても、同様とする。

（準用規定）

第三十七条の八　第十条第二項、第十一条、第十二条（第三項を除く。）、第十二条の二、第十六条、第十八条、第二十三条、第二十三条の三から第二十三条の七まで、第二十四条、第二十五条、第二十八条、第三十一条及び第三十四条から第三十七条までの規定は、一般公共海岸区域について準用する。この場合において、第十条第二項、第十一条、第十二条第一項及び第二項並びに第二十三条の七中「第七条第一項」とあるのは「第三十七条の四」と、第十条第二項、第十二条第一項及び第二項並びに第二十三条の七中「第八条第一項」とあるのは「第三十七条の五」と、第十一条中「第八条第一項第一号」とあるのは「第三十七条の五第一号」と、第十二条第一項中「第八条の二第一項第三号」とあるのは「第三十七条の六第一項第三号」と、「第八条の二第一項」とあるのは「第三十七条の六第一項」と、第二十四条中「海岸保全区域台帳」とあるのは「一般公共海岸区域台帳」と読み替えるものとする。

第四章　雑則

（報告の徴収）

第三十八条　主務大臣は、この法律の施行に関し必要があると認めるときは、都道府県知事、市町村長及び海岸管理者に対し報告又は資料の提出を求めることができる。

（許可等の条件）

第三十八条の二　海岸管理者は、この法律の規定による許可又は承認には、海岸の保全上必要な条件を付することができる。

2　前項の条件は、許可又は承認を受けた者に対し、不当な義務を課することとなるものであつてはならない。

（審査請求）

第三十九条　海岸管理者がこの法律の規定によつてした処分（第四十条の四第一項各号に掲げる事務に係るものに限る。）について不服がある者は、主務大臣に対して審査請求をすることができる。

（裁定の申請）

第三十九条の二　次に掲げる処分に不服がある者は、その不服の理由が鉱業、採石業又は砂利採取業との調整に関するものであるときは、公害等調整委員会に対して裁定の申請をすることができる。この場合には、審査請求をすることができない。

一　第七条第一項、第八条第一項、第三十七条の四若しくは第三十七条の五の規定による許可又はこれらの規定による許可を与えないこと。

二　第十二条第一項若しくは第二項（第三十七条の八において準用する場合を含む。）の規定による処分又はこれらの規定による必要な措置の命令

2　行政不服審査法（平成二十六年法律第六十八号）第二十二条の規定は、前項各号の処分につき、処分をした行政庁が誤つて審査請求又は再調査の請求をすることができる旨を教示した場合に準用する。

（主務大臣等）

第四十条　この法律における主務大臣は、次のとおりとする。

一　港湾区域、港湾隣接地域、公告水域及び特定離島港湾区域に係る海岸保全区域に関する事項については、国土交通大臣

二　漁港区域に係る海岸保全区域に関する事項については、農林水産大臣

三　第三条の規定による海岸保全区域の指定の際現に国、都道府県、土地改良区その他の者が土地改良法（昭和二十四年法律第百九十五号）第二条第二項の規定による土地改良事業として管理している施設で海岸保全施設に該当するものの存する地域に係る海岸保全区域及び同法の規定により決定されている土地改良事業計画に基づき海岸保全施設に該当するものを設置しようとする地域に係る海岸保全区域に関する事項については、農林水産大臣

四　第三条の規定による海岸保全区域の指定の際現に都道府県、市町村その

他の者が農地の保全のため必要な事業として管理している施設で海岸保全施設に該当するものの存する地域（前号に規定する地域を除く。）に係る海岸保全区域に関する事項については、農林水産大臣及び国土交通大臣
　五　一般公共海岸区域のうち、第三十七条の三第二項の規定により特定区域の管理者が管理するものに関する事項については、前各号の規定により特定区域に関する事項を所掌する大臣
　六　前各号に掲げる海岸保全区域等以外の海岸保全区域等に関する事項については、国土交通大臣
2　前項の規定にかかわらず、主務大臣を異にする海岸保全区域相互にわたる海岸保全施設で一連の施設として一の主務大臣がその管理を所掌することが適当であると認められるものについては、関係主務大臣が協議して別にその管理の所掌の方法を定めることができる。
3　前項の協議が成立したときは、関係主務大臣は、政令で定めるところにより、成立した協議の内容を公示するとともに、関係都道府県知事及び関係海岸管理者に通知しなければならない。
4　この法律における主務省令は、主務大臣の発する命令とする。

（権限の委任）
第四十条の二　この法律に規定する主務大臣の権限は、政令で定めるところにより、その一部を地方支分部局の長に委任することができる。

（国有財産の無償貸付け）
第四十条の三　国の所有する公共海岸の土地は、国有財産法（昭和二十三年法律第七十三号）第十八条の規定にかかわらず、当該土地の存する海岸保全区域等を管理する海岸管理者の属する地方公共団体に無償で貸し付けられたものとみなす。

（事務の区分）
第四十条の四　この法律の規定により地方公共団体が処理することとされている事務のうち次に掲げるものは、地方自治法（昭和二十二年法律第六十七号）第二条第九項第一号に規定する第一号法定受託事務（次項において単に「第一号法定受託事務」という。）とする。
　一　第二条第一項及び第二項、第二条の三、第三条第一項、第二項及び第四項、第四条第一項、第五条第一項から第五項まで、第七項及び第八項、第

十三条、第十四条の五第一項、第十五条、第十六条第一項、第十七条第一項、第十八条第一項、第二項、第四項、第五項及び第七項、同条第八項において準用する第十二条の二第二項及び第三項、第十九条第一項、第三項及び第四項、第二十条第一項及び第二項、第二十一条第一項から第三項まで、同条第四項において準用する第十二条の二第二項及び第三項、第二十一条の三第一項から第三項まで、同条第四項において準用する第十二条の二第二項及び第三項、第二十二条第二項、同条第三項において準用する漁業法第百七十七条第二項、第三項前段、第四項から第八項まで、第十一項及び第十二項、第二十三条の三第一項、第二項及び第四項、第二十三条の五、第二十三条の六、第二十四条第一項及び第二項、第三十条、第三十一条第一項、第三十二条第三項、第三十三条第一項、第三十五条第一項及び第三項並びに第三十八条の規定により都道府県が処理することとされている事務（第五条第一項から第五項まで、第十四条の五第一項、第十五条、第十六条第一項、第十八条第一項、第二項、第四項、第五項及び第七項、同条第八項において準用する第十二条の二第二項及び第三項、第二十条第一項及び第二項、第二十三条の五、第二十三条の六、第三十条、第三十一条第一項、第三十五条第一項及び第三項並びに第三十八条に規定する事務にあつては、海岸保全施設に関する工事に係るものに限る。）

二　第二条第一項、第二条の三第四項（同条第七項において準用する場合を含む。）、第五条第二項から第五項まで、第十三条、第十四条の五第一項、第十五条、第十六条第一項、第十七条第一項、第十八条第一項、第二項、第四項、第五項及び第七項、同条第八項において準用する第十二条の二第二項及び第三項、第十九条第一項、第三項及び第四項、第二十条第一項及び第二項、第二十一条第一項から第三項まで、同条第四項において準用する第十二条の二第二項及び第三項、第二十一条の三第一項から第三項まで、同条第四項において準用する第十二条の二第二項及び第三項、第二十二条第二項、同条第三項において準用する漁業法第百七十七条第二項、第三項前段、第四項から第八項まで、第十一項及び第十二項、第二十三条の三第一項、第二項及び第四項、第二十三条の五、第二十三条の六、第二十四条第一項及び第二項、第三十条、第三十一条第一項、第三十二条第三項、第三十三条第一項、第三十五条第一項及び第三項並びに第三十八条の規定に

より市町村が処理することとされている事務(第五条第二項から第五項まで、第十四条の五第一項、第十五条、第十六条第一項、第十八条第一項、第二項、第四項、第五項及び第七項、同条第八項において準用する第十二条の二第二項及び第三項、第二十条第一項及び第二項、第二十三条の五、第二十三条の六、第三十条、第三十一条第一項、第三十五条第一項及び第三項並びに第三十八条に規定する事務にあつては、海岸保全施設に関する工事に係るものに限る。)

2 他の法律及びこれに基づく政令の規定により、前項に規定する事務に関して都道府県又は市町村が処理することとされている事務は、第一号法定受託事務とする。

(経過措置)
第四十条の五 この法律の規定に基づき政令又は主務省令を制定し、又は改廃する場合においては、それぞれ、政令又は主務省令で、その制定又は改廃に伴い合理的に必要と判断される範囲内において、所要の経過措置(罰則に関する経過措置を含む。)を定めることができる。

第五章 罰則

(罰則)
第四十一条 次の各号の一に該当する者は、一年以下の懲役又は五十万円以下の罰金に処する。
 一 第七条第一項の規定に違反して海岸保全区域を占用した者
 二 第八条第一項の規定に違反して同項各号の一に該当する行為をした者
 三 第八条の二第一項の規定に違反して海岸管理者が管理する海岸保全施設を損傷し、又は汚損した者

注 第41条中の改正は、刑法等の一部を改正する法律の施行に伴う関係法律の整理等に関する法律(令和4年6月17日法律第68号)により改正され、令和7年6月1日施行

第四十一条 次の各号のいずれかに該当する者は、一年以下の拘禁刑又は五十万円以下の罰金に処する。
 一 第七条第一項の規定に違反して海岸保全区域を占用した者
 二 第八条第一項の規定に違反して同項各号のいずれかに該当する行為をした者
 三 第八条の二第一項の規定に違反して海岸管理者が管理する海岸保全施設を損傷し、又は汚損した者

第四十二条 次の各号の一に該当する者は、六月以下の懲役又は三十万円以下

の罰金に処する。
一　第八条の二第一項の規定に違反して同項各号の一に該当する行為をした者（前条第三号に掲げる者を除く。）
二　第十八条第六項（第三十七条の八において準用する場合を含む。）の規定に違反して土地若しくは水面の立入若しくは一時使用を拒み、又は妨げた者
三　第二十条第一項の規定による報告若しくは資料の提出をせず、又は虚偽の報告若しくは資料の提出をした者
四　第二十条第一項の規定による立入検査を拒み、妨げ、又は忌避した者
五　第三十七条の四の規定に違反して一般公共海岸区域を占用した者
六　第三十七条の五の規定に違反して同条各号の一に該当する行為をした者
七　第三十七条の六第一項の規定に違反して同項各号の一に該当する行為をした者

注　第42条中の改正は、刑法等の一部を改正する法律の施行に伴う関係法律の整理等に関する法律（令和４年６月17日法律第68号）により改正され、令和７年６月１日施行

第四十二条　次の各号のいずれかに該当する者は、六月以下の拘禁刑又は三十万円以下の罰金に処する。
　一　第八条の二第一項の規定に違反して同項各号のいずれかに該当する行為をした者（前条第三号に掲げる者を除く。）
　二　第十八条第六項（第三十七条の八において準用する場合を含む。）の規定に違反して土地若しくは水面の立入り若しくは一時使用を拒み、又は妨げた者
　三　第二十条第一項の規定による報告若しくは資料の提出をせず、又は虚偽の報告若しくは資料の提出をした者
　四　第二十条第一項の規定による立入検査を拒み、妨げ、又は忌避した者
　五　第三十七条の四の規定に違反して一般公共海岸区域を占用した者
　六　第三十七条の五の規定に違反して同条各号のいずれかに該当する行為をした者
　七　第三十七条の六第一項の規定に違反して同項各号のいずれかに該当する行為をした者

（両罰規定）
第四十三条　法人の代表者又は法人若しくは人の代理人、使用人その他の従業者が、その法人又は人の業務に関し、前二条の違反行為をしたときは、行為者を罰するのほか、その法人又は人に対して各本条の罰金刑を科する。

　　附　則（略）〈注〉法律の改正経緯については、５〜12頁参照

○海岸法（制定時）

(昭和三十一年五月十二日　法律第百一号)

目次
第一章　総則（第一条―第四条）
第二章　海岸保全区域に関する管理（第五条―第二十四条）
第三章　海岸保全区域に関する費用（第二十五条―第三十七条）
第四章　雑則（第三十八条―第四十条）
第五章　罰則（第四十一条―第四十三条）
附則

　　　第一章　総則
（目的）
第一条　この法律は、津波、高潮、波浪その他海水又は地盤の変動による被害から海岸を防護し、もつて国土の保全に資することを目的とする。
（定義）
第二条　この法律において「海岸保全施設」とは、次条の規定により指定される海岸保全区域内にある堤防、突堤、護岸、胸壁その他海水の侵入又は海水による侵食を防止するための施設をいう。
2　この法律において「海岸管理者」とは、次条の規定により指定される海岸保全区域について第五条第一項から第四項までの規定によりその管理を行うべき者をいう。
（海岸保全区域の指定）
第三条　都道府県知事は、この法律の目的を達成するため必要があると認めるときは、防護すべき海岸に係る一定の区域を海岸保全区域として指定することができる。ただし、河川法（明治二十九年法律第七十一号）第一条に規定する河川、同法第四条に規定する河川の支川若しくは派川若しくは同法第五条の規定によつて同法が準用される水流、水面若しくは河川（以下これらを「河川」と総称する。）の区域、砂防法（明治三十年法律第二十九号）第二条の規定により指定された土地又は森林法（昭和二十六年法律第二百四十九号）

第二十五条第一項の規定による保安林(以下次項において「保安林」という。)若しくは同法第四十一条の規定による保安施設地区(以下次項において「保安施設地区」という。)については、指定することができない。

2　都道府県知事は、前項ただし書の規定にかかわらず、海岸の保全上特別の必要があると認めるときは、農林大臣に協議して保安林又は保安施設地区の全部又は一部を海岸保全区域として指定することができる。

3　前二項の規定による指定は、この法律の目的を達成するため必要な最小限度の区域に限つてするものとし、陸地においては満潮時(指定の日の属する年の春分の日における満潮時をいう。)の水際線から、水面においては干潮時(指定の日の属する年の春分の日における干潮時をいう。)の水際線からそれぞれ五十メートルをこえてしてはならない。ただし、地形、地質、潮位、潮流等の状況により必要やむを得ないと認められるときは、それぞれ五十メートルをこえて指定することができる。

4　都道府県知事は、第一項又は第二項の規定により海岸保全区域を指定するときは、主務省令で定めるところにより、当該海岸保全区域を公示するとともに、その旨を主務大臣に報告しなければならない。これを廃止するときも、同様とする。

5　海岸保全区域の指定又は廃止は、前項の公示によつてその効力を生ずる。

(指定についての協議)

第四条　都道府県知事は、港湾法(昭和二十五年法律第二百十八号)第二条第三項に規定する港湾区域(以下「港湾区域」という。)、同法第三十七条第一項に規定する港湾隣接地域(以下「港湾隣接地域」という。)若しくは同法第五十六条第一項の規定により都道府県知事が公告した水域(以下「公告水域」という。)又は漁港法(昭和二十五年法律第百三十七号)第五条第一項の規定により農林大臣が指定した漁港の区域(以下「漁港区域」という。)の全部又は一部を海岸保全区域として指定しようとするときは、それぞれ港湾管理者、港湾管理者の長若しくは公告水域を管理する都道府県知事又は農林大臣に協議しなければならない。

2　港湾管理者が前項の規定による協議に応じようとする場合において、当該港湾が港湾法第二条第二項に規定する重要港湾又は同項に規定する地方港湾で政令で定めるものであるときは、港湾管理者は、あらかじめ運輸大臣の同

意を得なければならない。

第二章　海岸保全区域に関する管理

（海岸管理者）

第五条　海岸保全区域の管理は、当該海岸保全区域の存する地域を統括する都道府県知事が行うものとする。

2　前項の規定にかかわらず、市町村長が管理することが適当であると認められる海岸保全区域で都道府県知事が主務大臣の承認を得て指定したものについては、当該海岸保全区域の存する市町村の長がその管理を行うものとする。

3　前二項の規定にかかわらず、海岸保全区域と港湾区域若しくは港湾隣接地域又は漁港区域とが重複して存するときは、その重複する部分については、当該港湾区域若しくは港湾隣接地域の港湾管理者の長又は当該漁港の漁港管理者である地方公共団体の長がその管理を行うものとする。

4　第一項及び第二項の規定にかかわらず、港湾区域若しくは港湾隣接地域又は漁港区域に接する海岸保全区域のうち、港湾管理者の長又は漁港管理者である地方公共団体の長が管理することが適当であると認められ、かつ、都道府県知事と当該港湾管理者の長又は漁港管理者である地方公共団体の長とが協議して定める区域については、当該港湾管理者の長又は漁港管理者である地方公共団体の長がその管理を行うものとする。

5　前四項の規定にかかわらず、海岸管理者を異にする海岸保全区域相互にわたる海岸保全施設で一連の施設として一の海岸管理者が管理することが適当であると認められるものがある場合において、第四十条第二項の規定による関係主務大臣の協議が成立したときは、当該協議に基きその管理を所掌する主務大臣の監督を受ける海岸管理者がその管理を行うものとする。

6　都道府県知事は、第二項の規定による指定をしようとするときは、あらかじめ当該市町村長の意見をきかなければならない。

7　都道府県知事は、第二項の規定により指定をするとき、又は第四項の規定により協議して区域を定めるときは、主務省令で定めるところにより、これを公示するとともに、その旨を主務大臣に報告しなければならない。これを変更するときも、同様とする。

8　第二項に規定する指定及び第四項に規定する協議は、前項の公示によつてその効力を生ずる。

（主務大臣の直轄工事）

第六条　主務大臣は、次の各号の一に該当する場合において、当該海岸保全施設が国土の保全上特に重要なものであると認められるときは、海岸管理者に代つて自ら当該海岸保全施設の新設又は改良に関する工事を施行することができる。この場合においては、主務大臣は、あらかじめ当該海岸管理者の意見をきかなければならない。

一　海岸保全施設の新設又は改良に関する工事の規模が著しく大であるとき。

二　海岸保全施設の新設又は改良に関する工事が高度の技術を必要とするとき。

三　海岸保全施設の新設又は改良に関する工事が高度の機械力を使用して実施する必要があるとき。

四　海岸保全施設の新設又は改良に関する工事が都府県の区域の境界に係るとき。

2　主務大臣は、前項の規定により海岸保全施設の新設又は改良に関する工事を施行する場合においては、政令で定めるところにより、海岸管理者に代つてその権限を行うものとする。

3　主務大臣は、第一項の規定により海岸保全施設の新設又は改良に関する工事を施行する場合においては、主務省令で定めるところにより、その旨を公示しなければならない。

（海岸保全区域の占用）

第七条　海岸管理者以外の者が海岸保全区域（水面及び海岸管理者以外の者がその権原に基き管理する土地（以下次条及び第十一条において「他の土地」という。）を除く。）内において、海岸保全施設以外の施設又は工作物（以下次条、第九条及び第十二条において「他の施設等」という。）を設けて当該海岸保全区域を占用しようとするときは、主務省令で定めるところにより、海岸管理者の許可を受けなければならない。

2　海岸管理者は、前項の規定による許可の申請があつた場合において、その申請に係る事項が海岸の保全に著しい支障を及ぼすおそれがあると認めるときは、これを許可してはならない。

3　海岸管理者は、第一項の許可に海岸の保全上必要な条件を附することがで

きる。
（海岸保全区域における行為の制限）
第八条　海岸保全区域内において、次の各号の一に該当する行為をしようとする者は、主務省令で定めるところにより、海岸管理者の許可を受けなければならない。ただし、政令で定める行為については、この限りでない。
　一　土石（砂を含む。以下同じ。）を採取すること。
　二　水面若しくは他の土地に他の施設等を新設し、又は水面若しくは他の土地にある他の施設等を改築すること。
　三　土地の掘さく、盛土、切土その他政令で定める行為をすること。
２　前条第二項及び第三項の規定は、前項の許可について準用する。
（経過措置）
第九条　第三条の規定による海岸保全区域の指定の際現に当該海岸保全区域内において権原に基き他の施設等を設置（工事中の場合を含む。）している者は、従前と同様の条件により、当該他の施設等の設置について第七条第一項又は前条第一項の規定による許可を受けたものとみなす。第三条の規定による海岸保全区域の指定の際現に当該海岸保全区域内において権原に基き前条第一項第一号及び第三号に掲げる行為を行つている者についても、同様とする。
（許可の特例）
第十条　港湾法第三十七条第一項又は第五十六条第一項の規定による許可を受けた者は、当該許可に係る事項については、第七条第一項又は第八条第一項の規定による許可を受けることを要しない。
２　国、日本専売公社、日本国有鉄道、日本電信電話公社、原子燃料公社又は地方公共団体（港湾法に規定する港務局を含む。以下同じ。）が第七条第一項の規定による占用又は第八条第一項の規定による行為をしようとするときは、あらかじめ海岸管理者に協議することをもつて足りる。
（占用料及び土石採取料）
第十一条　海岸管理者は、主務省令で定める基準に従い、第七条第一項又は第八条第一項第一号の規定による許可を受けた者から占用料又は土石採取料を徴収することができる。ただし、他の土地における土石の採取については、土石採取料を徴収することができない。

（監督処分及び損失補償）

第十二条　海岸管理者は、次の各号の一に該当する者に対して、その許可を取り消し、若しくはその条件を変更し、又はその行為の中止、他の施設等の改築、移転若しくは除却、他の施設等により生ずべき海岸の保全上の障害を予防するために必要な施設をすること若しくは原状回復を命ずることができる。
　一　第七条第一項又は第八条第一項の規定に違反した者
　二　第七条第一項又は第八条第一項の規定による許可に附した条件に違反した者
　三　偽りその他不正な手段により第七条第一項又は第八条第一項の規定による許可を受けた者
2　海岸管理者は、次の各号の一に該当する場合においては、第七条第一項又は第八条第一項の規定による許可を受けた者に対し、前項に規定する処分をし、又は同項に規定する必要な措置を命ずることができる。
　一　海岸保全施設に関する工事のためやむを得ない必要が生じたとき。
　二　海岸の保全上著しい支障が生じたとき。
　三　海岸の保全上の理由以外の理由に基く公益上やむを得ない必要が生じたとき。
3　海岸管理者は、前項の規定による処分又は命令により損失を受けた者に対し通常生ずべき損失を補償しなければならない。
4　前項の規定による損失の補償については、海岸管理者と損失を受けた者とが協議しなければならない。
5　前項の規定による協議が成立しない場合においては、海岸管理者は、自己の見積つた金額を損失を受けた者に支払わなければならない。この場合において、当該金額について不服がある者は、政令で定めるところにより、補償金の支払を受けた日から三十日以内に収用委員会に土地収用法（昭和二十六年法律第二百十九号）第九十四条の規定による裁決を申請することができる。
6　海岸管理者は、第三項の規定による補償の原因となつた損失が第二項第三号の規定による処分又は命令によるものであるときは、当該補償金額を当該理由を生じさせた者に負担させることができる。

（海岸管理者以外の者の施行する工事）

第十三条　海岸管理者以外の者が海岸保全施設に関する工事を施行しようとするときは、あらかじめ当該海岸保全施設に関する工事の設計及び実施計画について海岸管理者の承認を受けなければならない。ただし、第六条第一項の規定による場合は、この限りでない。
2　第十条第二項に規定する者は、前項本文の規定にかかわらず、海岸保全施設に関する工事の設計及び実施計画について海岸管理者に協議することをもつて足りる。
3　海岸管理者は、第一項本文の承認に海岸の保全上必要な条件を附することができる。

（築造の基準）
第十四条　海岸保全施設は、地形、地質、地盤の変動、侵食の状態その他海岸の状況を考慮し、自重、水圧、波力、土圧及び風圧並びに地震、漂流物等による振動及び衝撃に対して安全な構造のものでなければならない。
2　海岸保全施設の形状、構造及び位置は、前項の規定によるほか、次の各号に定めるところによらなければならない。
　一　堤防及び護岸については、
　　イ　高さは、異常高潮位、波高、砕波の状況等を考慮して定めること。
　　ロ　のりこう配及び堤防の天ば幅は、堤体の型式及び地盤並びに使用材料の種類及び性質を考慮して定めること。
　　ハ　堤防又は護岸の表のりは、波力に耐え、海水その他による侵食及びま耗並びに表のり背面の土砂の流失を防止しうる構造とすること。
　　ニ　状況により、堤防及び護岸の表のりには波返工を設け、波の洗掘力に耐えるように充分に根入れをし、又はこれに根固工若しくは波力を減殺する施設を設け、堤防及び護岸の天ばには被覆工を施し、かつ、排水こうを設け、堤防の裏のりには被覆工、のり尻保護工、根留工若しくは水たたき工を施し、又は潮遊びを施すこと。
　二　胸壁については、前号に定めるところに準ずること。
　三　突堤については、潮流、潮位、風速、風向、漂砂、波高、波向等を考慮して定めること。
3　海岸保全施設には、近傍の土地の利用状況により、ひ門、ひ管、陸こう、えい船道その他排水又は通行のための設備を設けなければならない。

4　海岸保全施設の形状、構造及び位置は、状況により、船舶の運航及び船舶による衝撃を考慮して定めなければならない。

（兼用工作物の工事の施行）

第十五条　海岸管理者は、その管理する海岸保全施設が道路、水門、物揚場その他の施設又は工作物（以下これらを「他の工作物」と総称する。）の効用を兼ねるときは、当該他の工作物の管理者との協議によりその者に当該海岸保全施設に関する工事を施行させ、又は当該海岸保全施設を維持させることができる。

（工事原因者の工事の施行）

第十六条　海岸管理者は、その管理する海岸保全施設に関する工事以外の工事（以下「他の工事」という。）又は海岸保全施設に関する工事の必要を生じさせた行為（以下「他の行為」という。）により必要を生じたその管理する海岸保全施設に関する工事を当該他の工事の施行者又は他の行為者に施行させることができる。

2　前項の場合において、他の工事が河川に関する工事又は道路（道路法（昭和二十七年法律第百八十号）による道路をいう。以下同じ。）に関する工事であるときは、当該海岸保全施設に関する工事については、河川法第十一条第二項又は道路法第二十三条第一項の規定を適用する。

（附帯工事の施行）

第十七条　海岸管理者は、その管理する海岸保全施設に関する工事により必要を生じた他の工事又はその管理する海岸保全施設に関する工事を施行するため必要を生じた他の工事をその海岸保全施設に関する工事とあわせて施行することができる。

2　前項の場合において、他の工事が河川に関する工事若しくは道路に関する工事又は砂防工事（砂防法による砂防工事をいう。以下同じ。）であるときは、当該他の工事の施行については、河川法第十一条第一項若しくは道路法第二十二条第一項又は砂防法第八条の規定を適用する。

（土地等の立入及び一時使用並びに損失補償）

第十八条　海岸管理者又はその命じた者若しくはその委任を受けた者は、海岸保全区域に関する調査若しくは測量又は海岸保全施設に関する工事のためやむを得ない必要があるときは、あらかじめその占有者に通知して、他人の占

有する土地若しくは水面に立ち入り、又は特別の用途のない他人の土地を材料置場若しくは作業場として一時使用することができる。ただし、あらかじめ通知することが困難であるときは、通知することを要しない。
2　前項の規定により宅地又はかき、さく等で囲まれた土地若しくは水面に立ち入ろうとするときは、立入の際あらかじめその旨を当該土地又は水面の占有者に告げなければならない。
3　日出前及び日没後においては、占有者の承認があつた場合を除き、前項に規定する土地又は水面に立ち入つてはならない。
4　第一項の規定により土地又は水面に立ち入ろうとする者は、その身分を示す証明書を携帯し、関係人の請求があつたときは、これを提示しなければならない。
5　第一項の規定により特別の用途のない他人の土地を材料置場又は作業場として一時使用しようとするときは、あらかじめ当該土地の占有者及び所有者に通知して、その者の意見をきかなければならない。
6　土地又は水面の占有者又は所有者は、正当な理由がない限り、第一項の規定による立入又は一時使用を拒み、又は妨げてはならない。
7　海岸管理者は、第一項の規定による立入又は一時使用により損失を受けた者に対し通常生ずべき損失を補償しなければならない。
8　第十二条第四項及び第五項の規定は、前項の場合について準用する。
9　第四項の規定による証明書の様式その他証明書に関し必要な事項は、主務省令で定める。

（海岸保全施設の新設又は改良に伴う損失補償）
第十九条　土地収用法第九十三条第一項の規定による場合を除き、海岸管理者が海岸保全施設を新設し、又は改良したことにより、当該海岸保全施設に面する土地又は水面について、通路、みぞ、かき、さくその他の施設若しくは工作物を新築し、増築し、修繕し、若しくは移転し、又は盛土若しくは切土をするやむを得ない必要があると認められる場合においては、海岸管理者は、これらの工事をすることを必要とする者（以下この条において「損失を受けた者」という。）の請求により、これに要する費用の全部又は一部を補償しなければならない。この場合において、海岸管理者又は損失を受けた者は、補償金の全部又は一部に代えて、海岸管理者が当該工事を施行することを要

求することができる。
2　前項の規定による損失の補償は、海岸保全施設に関する工事の完了の日から一年を経過した後においては、請求することができない。
3　第一項の規定による損失の補償については、海岸管理者と損失を受けた者とが協議しなければならない。
4　前項の規定による協議が成立しない場合においては、海岸管理者又は損失を受けた者は、政令で定めるところにより、収用委員会に土地収用法第九十四条の規定による裁決を申請することができる。

（海岸管理者以外の者の管理する海岸保全施設に関する監督）
第二十条　海岸管理者は、その職務の執行に関し必要があると認めるときは、海岸管理者以外の海岸保全施設の管理者に対し報告若しくは資料の提出を求め、又はその命じた者に当該海岸保全施設に立ち入り、これを検査させることができる。
2　前項の規定により立入検査をする者は、その身分を示す証明書を携帯し、関係人の請求があつたときは、これを提示しなければならない。
3　第一項の規定による立入検査の権限は、犯罪捜査のために認められたものと解してはならない。
4　第二項の規定による証明書の様式その他証明書に関し必要な事項は、主務省令で定める。

第二十一条　海岸管理者は、海岸管理者以外の者の管理する海岸保全施設が次の各号の一に該当する場合において、当該海岸保全施設が第十四条の規定に適合しないときは、その管理者に対し改良、補修その他当該海岸保全施設の管理につき必要な措置を命ずることができる。
　一　第十三条第一項本文の規定に違反して工事が施行されたとき。
　二　第十三条第一項本文の規定による承認に附した条件に違反して工事が施行されたとき。
　三　偽りその他不正な手段により第十三条第一項本文の承認を受けて工事が施行されたとき。
2　海岸管理者は、海岸保全施設が前項各号のいずれにも該当しない場合において、当該海岸保全施設が第十四条の規定に適合しなくなり、かつ、海岸の保全上著しい支障があると認められるときは、その管理者に対し前項に規定

する措置を命ずることができる。
3　海岸管理者は、前項の規定による命令により損失を受けた者に対し通常生ずべき損失を補償しなければならない。
4　第十二条第四項及び第五項の規定は、前項の場合について準用する。
5　前三項の規定は、第十条第二項に規定する者の管理する海岸保全施設については、適用しない。
（漁業権の取消等及び損失補償）
第二十二条　都道府県知事は、海岸管理者の申請があつた場合において、海岸保全施設に関する工事を行うため特に必要があるときは、海岸保全区域内の水面に設定されている漁業権を取り消し、変更し、又はその行使の停止を命じなければならない。
2　海岸管理者は、前項の規定による漁業権の取消、変更又はその行使の停止によつて生じた損失を当該漁業権者に対し補償しなければならない。
3　漁業法（昭和二十四年法律第二百六十七号）第三十九条第六項から第十四項まで（公益上の必要による漁業権の変更、取消又は行使の停止）の規定は、前項の規定による損失の補償について準用する。この場合において、同条第九項中「国」とあり、同条第十項中「政府」とあり、又は同条第十二項中「都道府県知事」とあるのは、「海岸管理者」と読み替えるものとする。
（海岸保全施設の整備基本計画）
第二十三条　都道府県知事は、政令で定めるところにより、海岸保全施設の整備に関する基本計画を作成し、これを主務大臣に提出するものとする。これを変更したときも、同様とする。
2　都道府県知事は、前項の規定による基本計画を作成しようとするときは、関係海岸管理者に協議しなければならない。これを変更しようとするときも、同様とする。
（海岸保全区域台帳）
第二十四条　海岸管理者は、海岸保全区域台帳を調製し、これを保管しなければならない。
2　海岸管理者は、海岸保全区域台帳の閲覧を求められたときは、正当な理由がなければこれを拒むことができない。
3　海岸保全区域台帳の記載事項その他その調製及び保管に関し必要な事項

は、主務省令で定める。
　　　　第三章　海岸保全区域に関する費用
（海岸保全区域の管理に要する費用の負担原則）
第二十五条　海岸管理者が海岸保全区域を管理するために要する費用は、この法律及び公共土木施設災害復旧事業費国庫負担法（昭和二十六年法律第九十七号）並びに他の法律に特別の規定がある場合を除き、当該海岸管理者の属する地方公共団体の負担とする。
（主務大臣の直轄工事に要する費用）
第二十六条　第六条第一項の規定により主務大臣が施行する海岸保全施設の新設又は改良に要する費用は、国及び当該海岸管理者の属する地方公共団体がそれぞれその二分の一を負担するものとする。
2　前項の場合において、当該海岸保全施設の新設又は改良によつて他の都府県も著しく利益を受けるときは、主務大臣は、政令で定めるところにより、その利益を受ける限度において、当該海岸保全施設を管理する海岸管理者の属する地方公共団体の負担すべき負担金の一部を著しく利益を受ける他の都府県に分担させることができる。
3　前項の規定により主務大臣が著しく利益を受ける他の都府県に負担金の一部を分担させようとする場合においては、主務大臣は、あらかじめ当該都府県の意見をきかなければならない。
（海岸管理者が管理する海岸保全施設の新設又は改良に要する費用の一部負担）
第二十七条　海岸管理者が管理する海岸保全施設の新設又は改良に関する工事で政令で定めるものに要する費用は、政令で定めるところにより国がその一部を負担するものとする。
2　海岸管理者は、前項の工事を施行しようとするときは、あらかじめ主務大臣の承認を受けなければならない。
3　主務大臣は、前項の承認をする場合には、第一項の規定により国が負担することとなる金額が予算の金額をこえない範囲内でしなければならない。
（市町村の分担金）
第二十八条　前三条の規定により海岸管理者の属する地方公共団体が負担する費用のうち、都道府県である地方公共団体が負担し、かつ、その工事又は維

持が当該都道府県の区域内の市町村を利するものについては、当該工事又は維持による受益の限度において、当該市町村に対し、その工事又は維持に要する費用の一部を負担させることができる。

2　前項の費用について同項の規定により市町村が負担すべき金額は、当該市町村の意見をきいた上、当該都道府県の議会の議決を経て定めなければならない。

（負担金の納付）

第二十九条　主務大臣が海岸保全施設の新設又は改良に関する工事を施行する場合においては、まず全額国費をもつてこれを施行した後、海岸管理者の属する地方公共団体又は負担金を分担すべき他の都府県は、政令で定めるところにより第二十六条第一項又は第二項の規定に基く負担金を国庫に納付しなければならない。

（兼用工作物の費用）

第三十条　海岸管理者の管理する海岸保全施設が他の工作物の効用を兼ねるときは、当該海岸保全施設の管理に要する費用の負担については、海岸管理者と当該他の工作物の管理者とが協議して定めるものとする。

（原因者負担金）

第三十一条　海岸管理者は、他の工事又は他の行為により必要を生じた当該海岸管理者の管理する海岸保全施設に関する工事の費用については、その必要を生じた限度において、他の工事又は他の行為につき費用を負担する者にその全部又は一部を負担させるものとする。

2　前項の場合において、他の工事が河川に関する工事又は道路に関する工事であるときは、当該海岸保全施設に関する工事の費用については、河川法第三十二条第二項又は道路法第五十九条第一項及び第三項の規定を適用する。

（附帯工事に要する費用）

第三十二条　海岸管理者の管理する海岸保全施設に関する工事により必要を生じた他の工事又は当該海岸保全施設に関する工事を施行するため必要を生じた他の工事に要する費用は、第七条第一項及び第八条第一項の規定による許可に附した条件に特別の定がある場合並びに第十条第二項の規定による協議による場合を除き、その必要を生じた限度において、当該海岸管理者の属する地方公共団体がその全部又は一部を負担するものとする。

2　前項の場合において、他の工事が河川に関する工事若しくは道路に関する工事又は砂防工事であるときは、他の工事に要する費用については、河川法第三十二条第一項若しくは道路法第五十八条第一項又は砂防法第十六条の規定を適用する。

3　海岸管理者は、第一項の海岸保全施設に関する工事が他の工事又は他の行為のため必要となつたものである場合においては、同項の他の工事に要する費用の全部又は一部をその必要を生じた限度において、その原因となつた工事又は行為につき費用を負担する者に負担させることができる。

（受益者負担金）

第三十三条　海岸管理者は、その管理する海岸保全施設に関する工事によつて著しく利益を受ける者がある場合においては、その利益を受ける限度において、当該工事に要する費用の一部を負担させることができる。

2　前項の場合において、負担金の徴収を受ける者の範囲及びその徴収方法については、海岸管理者の属する地方公共団体の条例で定める。

3　地方自治法（昭和二十二年法律第六十七号）第二百十七条第三項及び第四項（分担金）の規定は、前項の規定による条例を制定し、又は改正する場合について準用する。

（負担金の通知及び納入手続等）

第三十四条　前三条の規定による負担金の額の通知及び納入手続その他負担金に関し必要な事項は、政令で定める。

（強制徴収）

第三十五条　第十一条の規定に基く占用料及び土石採取料並びに第三十条、第三十一条第一項、第三十二条第三項及び第三十三条第一項の規定に基く負担金（以下この条及び次条においてこれらを「負担金等」と総称する。）を納付しない者があるときは、海岸管理者は、督促状によつて納付すべき期限を指定して督促しなければならない。

2　前項の場合においては、海岸管理者は、主務省令で定めるところにより延滞金を徴収することができる。ただし、延滞金は、百円につき一日四銭の割合を乗じて計算した額をこえない範囲内で定めなければならない。

3　第一項の規定による督促を受けた者がその指定する期限までにその納付すべき金額を納付しないときは、海岸管理者は、国税滞納処分の例により、前

二項に規定する負担金等及び延滞金を徴収することができる。この場合における負担金等及び延滞金の先取特権は、地方税法（昭和二十五年法律第二百二十六号）第一条第一項第十四号に規定する地方公共団体の徴収金以外の地方公共団体の徴収金と同順位とする。

4　延滞金は、負担金等に先だつものとする。

5　負担金等及び延滞金を徴収する権利は、五年間行わないときは、時効により消滅する。

（収入の帰属）

第三十六条　負担金等及び前条第二項の延滞金は、当該海岸管理者の属する地方公共団体に帰属する。

（義務履行のために要する費用）

第三十七条　この法律又はこの法律によつてする処分による義務を履行するために必要な費用は、この法律に特別の規定がある場合を除き、当該義務者が負担しなければならない。

　　　第四章　雑則

（報告の徴収）

第三十八条　主務大臣は、この法律の施行に関し必要があると認めるときは、都道府県知事及び海岸管理者に対し報告又は資料の提出を求めることができる。

（訴願及び裁定）

第三十九条　次に掲げる処分について不服のある者は、処分のあつた日から三十日以内に主務大臣に訴願をすることができる。ただし、第三項の規定により土地調整委員会の裁定を申請することができる処分については、この限りでない。

一　第七条第一項若しくは第八条第一項の規定による許可又はこれらの規定による許可を与えないこと。

二　第十二条第一項又は第二項の規定による処分又はこれらの規定による必要な措置の命令

三　第十三条第一項本文の規定による承認又は同項本文の規定による承認を与えないこと。

四　第十六条第一項の規定による工事の施行命令

五　第二十一条第一項又は第二項の規定による必要な措置の命令
　六　第三十一条第一項、第三十二条第一項若しくは第三項又は第三十三条第一項の規定による負担の決定
2　第二十二条第一項の規定により都道府県知事のする漁業権に関する処分について不服のある者は、処分のあつた日から四十日以内に農林大臣に訴願をすることができる。
3　第一項第一号又は第二号に掲げる処分について不服のある者は、その不服の理由が鉱業、採石業又は砂利採取業との調整に関するものであるときは、その処分につき土地調整委員会の裁定を申請することができる。

（主務大臣等）
第四十条　この法律における主務大臣は、次のとおりとする。
　一　港湾区域、港湾隣接地域及び公告水域に係る海岸保全区域に関する事項については、運輸大臣
　二　漁港区域に係る海岸保全区域に関する事項については、農林大臣
　三　第三条の規定による海岸保全区域の指定の際現に国、都道府県、土地改良区その他の者が土地改良法（昭和二十四年法律第百九十五号）第二条第二項の規定による土地改良事業として管理している施設で海岸保全施設に該当するものの存する地域に係る海岸保全区域及び同法の規定により決定されている土地改良事業計画に基き海岸保全施設に該当するものを設置しようとする地域に係る海岸保全区域に関する事項については、農林大臣
　四　第三条の規定による海岸保全区域の指定の際現に都道府県、市町村その他の者が農地の保全のため必要な事業として管理している施設で海岸保全施設に該当するものの存する地域（前号に規定する地域を除く。）に係る海岸保全区域に関する事項については、農林大臣及び建設大臣
　五　前各号に掲げる海岸保全区域以外の海岸保全区域に関する事項については、建設大　臣
2　前項の規定にかかわらず、主務大臣を異にする海岸保全区域相互にわたる海岸保全施設で一連の施設として一の主務大臣がその管理を所掌することが適当であると認められるものについては、関係主務大臣が協議して別にその管理の所掌の方法を定めることができる。
3　前項の協議が成立したときは、関係主務大臣は、政令で定めるところによ

り、成立した協議の内容を公示するとともに、関係都道府県知事及び関係海岸管理者に通知しなければならない。

　　　第五章　罰則
（罰則）
第四十一条　第七条第一項又は第八条第一項の規定に違反した者は、一年以下の懲役又は十万円以下の罰金に処する。
第四十二条　次の各号の一に該当する者は、六月以下の懲役又は五万円以下の罰金に処する。
　一　第十八条第六項の規定に違反して土地若しくは水面の立入若しくは一時使用を拒み、又は妨げた者
　二　第二十条第一項の規定による報告若しくは資料の提出をせず、又は虚偽の報告若しくは資料の提出をした者
　三　第二十条第一項の規定による立入検査を拒み、妨げ、又は忌避した者
（両罰規定）
第四十三条　法人の代表者又は法人若しくは人の代理人、使用人その他の従業者が、その法人又は人の業務に関し、前二条の違反行為をしたときは、行為者を罰するのほか、その法人又は人に対して各本条の罰金刑を科する。

　　　附　則（抄）
（施行期日）
1　この法律は、公布の日から起算して六月をこえない範囲内において政令で定める日から施行する。
（経過規定）
2　この法律の施行の際現に工事施行中の海岸保全施設に相当する施設の存する地域につき第三条の規定による指定があつた場合において、当該海岸保全区域についての主務大臣たるべき者と現に当該施設の管理を所掌する主務大臣とが異なるときは、第四十条第一項の規定にかかわらず、当該工事の完了するまでの間に限り、現に当該施設の管理を所掌する主務大臣を当該施設についての主務大臣とする。
3　この法律の施行の際現に工事施行中の海岸保全施設に相当する施設の存する地域につき第三条の規定による指定があつた場合において、当該海岸保全

区域についての海岸管理者たるべき者と現に当該施設について工事を施行している地方公共団体の長とが異なるときは、第五条第一項から第四項までの規定にかかわらず、当該工事の完了するまでの間に限り、現に当該施設について工事を施行している地方公共団体の長を当該施設についての海岸管理者とする。

(以下 略)

海岸事業 国費率・補助率一覧表（令和6年4月現在）

事業種別 項目	事業種別 目	事業種別 目細	地域	国費率	根拠法令等
海岸事業費 北海道開発事業費 離島振興事業費 沖縄開発事業費	海岸保全施設整備事業費		北海道	2/3	海岸法26条1項
			離 島	2/3	海岸法26条1項
			奄 美	2/3	海岸法26条1項
			沖 縄	9.5/10	沖縄振興特別措置法施行令32条1項
			その他	2/3	海岸法26条1項
	海岸維持管理費			10/10	海岸法37条の2
	海岸保全施設整備事業費補助	連携事業費補助	北海道	11/20	海岸法施行令8条3項
			離 島	11/20	海岸法施行令8条4項
			奄 美	2/3	奄美群島振興開発特別措置法施行令1条1項
			沖 縄	9/10	沖縄振興特別措置法施行令32条1項
			その他	1/2	海岸法施行令8条1項4号
			都市高潮	2/5	海岸法施行令8条1項5号
		津波対策緊急事業費補助	北海道	11/20	海岸法施行令8条3項
			離 島	11/20	海岸法施行令8条4項
			奄 美	2/3	奄美群島振興開発特別措置法施行令1条1項
			沖 縄	9/10	沖縄振興特別措置法施行令32条1項
			その他	1/2	海岸法施行令8条1項4号
		メンテナンス事業費補助	北海道	11/20	海岸法施行令8条3項
			離 島	11/20	海岸法施行令8条4項
			奄 美	2/3	奄美群島振興開発特別措置法施行令1条1項
			沖 縄	9/10	沖縄振興特別措置法施行令32条1項
			その他	1/2	海岸法施行令8条1項4号
			都市高潮	2/5	海岸法施行令8条1項5号
	後進地域の開発に関する公共事業に係る国の負担割合の特例に関する法律				

＊「地域」欄の"その他"とは、北海道、離島、奄美、沖縄以外の地域をいう。

334 海岸事業 国費率・補助率一覧表

事業種別 項	事業種別 目	事業種別 目細	地域	国費率	根拠法令等
社会資本総合整備事業費 離島振興事業費 北海道開発事業費 沖縄開発事業費 ＊社会資本整備総合交付金交付要綱 ＊農山漁村地域整備交付金交付要綱	社会資本整備総合交付金 防災・安全交付金 農山漁村地域整備交付金	高潮対策事業	北海道	11/20	海岸法施行令8条3項
			離島	11/20	海岸法施行令8条4項
			奄美	2/3	奄美群島振興開発特別措置法施行令1条1項
			沖縄	9/10	沖縄振興特別措置法施行令32条1項
			その他	1/2	海岸法施行令8条1項4号
			都市高潮	2/5	海岸法施行令8条1項5号
		侵食対策事業	北海道	11/20	海岸法施行令8条3項
			離島	11/20	海岸法施行令8条4項
			奄美	2/3	奄美群島振興開発特別措置法施行令1条1項
			沖縄	9/10	沖縄振興特別措置法施行令32条1項
			その他	1/2	海岸法施行令8条1項2号
		海岸耐震対策緊急事業	北海道	11/20	海岸法施行令8条3項
			離島	11/20	海岸法施行令8条4項
			奄美	2/3	奄美群島振興開発特別措置法施行令1条1項
			沖縄	9/10	沖縄振興特別措置法施行令32条1項
			その他	1/2	海岸法施行令8条1項4号
		津波・高潮危機管理対策緊急事業		1/2	海岸法施行令8条4項 津波・高潮危機管理対策緊急事業実施要綱に基づく予算補助（地方財政法16条）（但し、ソフト対策に要する経費は、交付金要綱を参照のこと。）
				2/3	南海トラフ地震に係る地震防災対策の推進に関する特別措置法13条 日本海溝・千島海溝周辺海溝型地震に係る地震防災対策の推進に関する特別措置法12条
		海岸環境整備事業		1/3	海岸環境整備事業実施要綱に基づく予算補助（地方財政法16条）
		海域浄化対策事業		1/3	海域浄化対策事業実施要綱に基づく予算補助（地方財政法16条）

＊「地域」欄の"その他"とは、北海道、離島、奄美、沖縄以外の地域をいう。

事業種別			地域別	補助率	根拠法令等
項	目	目細			
沖縄振興交付金事業推進費 ※沖縄振興公共投資交付金交付要綱	沖縄振興公共投資交付金	高潮対策事業	沖縄	9／10	沖縄振興特別措置法施行令32条1項
		侵食対策事業	沖縄	9／10	沖縄振興特別措置法施行令32条1項
		海岸耐震対策緊急事業	沖縄	9／10	沖縄振興特別措置法施行令32条1項
		海岸堤防等老朽化対策緊急事業	沖縄	9／10	沖縄振興特別措置法施行令32条1項
		津波・高潮危機管理対策緊急事業	沖縄	2／3	沖縄振興特別措置法施行令32条1項 実施要綱に基づく予算補助（地方財政法16条）（但し、ソフト対策に要する経費は、交付金要綱を参照のこと。）
				2／3	南海トラフ地震に係る地震防災対策の推進に関する特別措置法13条 日本海溝・千島海溝周辺海溝型地震に係る地震防災対策の推進に関する特別措置法12条
		海岸環境整備事業	沖縄	1／3	海岸環境整備事業実施要綱に基づく予算補助（地方財政法16条）
		海域浄化対策事業	沖縄	1／3	海域浄化対策事業実施要綱に基づく予算補助（地方財政法16条）

○海岸保全区域等に係る海岸の保全に関する基本的な方針

(令和二年十一月二十日　農林水産省・国土交通省　告示第一号)

　海岸法（昭和三十一年法律第百一号）第二条の二第一項の規定に基づき、海岸保全区域等に係る海岸の保全に関する基本的な方針を次のとおり変更したので、同条第四項において準用する同条第三項の規定により公表する。

　我が国は、四方を海に囲まれ、入り組んだ複雑な海岸線を有することから、海岸の延長は極めて長く約三万五千キロメートルに及ぶ。また、国土狭あいで平野部が限られている我が国では、海岸の背後に、人口、資産、社会資本等が集積している。
　我が国の海岸は、地震や台風、冬期風浪等の厳しい自然条件にさらされており、津波、高潮、波浪等による災害や海岸侵食等に対して脆弱性を有している。このため、海岸の背後に集中している人命や財産を災害から守るとともに国土の保全を図るため海岸整備が進められてきた。また、海岸は、単なる陸域と海域との境界というだけでなく、それらが相接する特色ある空間であり、多様な生物が生息・生育する貴重な場であるとともに、美しい砂浜や荒々しい岩礁等の独特の自然景観を有し、我が国の文化・歴史・風土を形成してきた。しかし、沿岸部の開発等に伴い自然海岸が減少してきている。
　一方、海岸は古くから漁業の場や港としての利用がなされるとともに、干拓による農地の開発等も多く行われ、生産や輸送のための空間としての役割を果たしてきた。さらに、近年では、レジャーやスポーツ、あるいは様々な動植物と触れ合う場としての役割も担ってきている。
　このような中で、防災面では海岸保全施設の整備水準は未だ低く、津波、高潮、波浪等により依然として多くの被害が発生しており、東日本大震災においては、これまでの想定をはるかに超えた巨大な地震・津波により海岸保全施設及びその背後地に甚大な被害を受けた。また、海岸に供給される土砂の減少や海岸部での土砂収支の不均衡等の様々な要因により海岸侵食が進行してきている。さらに、気候変動の影響による平均海面水位の上昇は既に顕在化しつつあり、今後、さらなる平均海面水位の上昇や台風の強大化等による沿岸地域への

影響が懸念されている。環境・利用面では海岸の汚損や海浜への車の乗入れ等無秩序な行為や適正でない行為等により、美しく、豊かな海岸環境が損なわれている。

価値観の多様化や少子・高齢化等が進む中においても、海岸は、大規模な津波、台風等による高潮等に備え、防災・減災対策により災害に対する安全性を確保し、良好な海岸環境の整備と保全が図られ、人々の多様な利用が適正に行われる空間となることが求められている。さらに、海岸保全施設については、急速な老朽化が見込まれており、適切な維持管理・更新を推進することが求められている。

本海岸保全基本方針は、このような認識の下、今後の海岸の望ましい姿の実現に向けた海岸の保全に関する基本的な事項を示すものである。

一　海岸の保全に関する基本的な指針

1　海岸の保全に関する基本理念

海岸は、国土狭あいな我が国にあって、その背後に多くの人口・資産が集中している空間であるとともに、海と陸が接し多様な生物が相互に関係しながら生息・生育している貴重な空間である。また、様々な利用の要請がある一方、人為的な諸活動によって影響を受けやすい空間である。さらに、このような特性を持つ海岸において、安全で活力ある地域社会を実現し、環境意識の高まりや心の豊かさへの要求にも対応する海岸づくりが求められている。

これらのことから、国民共有の財産として「美しく、安全で、いきいきした海岸」を次世代へ継承していくことを、今後の海岸の保全のための基本的な理念とする。

この理念の下、災害からの海岸の防護に加え、海岸環境の整備と保全及び公衆の海岸の適正な利用の確保を図り、これらが調和するよう、総合的に海岸の保全を推進するものとする。また、海岸は地域の個性や文化を育んできていること等から、地域の特性を生かした地域とともに歩む海岸づくりを目指すものとする。

2　海岸の保全に関する基本的な事項

海岸の保全に当たっては、地域の自然的・社会的条件及び海岸環境や海岸利用の状況並びに気候変動の影響による外力の長期変化等を調査、把握

し、それらを十分勘案して、災害に対する適切な防護水準を確保するとともに、海岸環境の整備と保全及び海岸の適正な利用を図るため、施設の整備に加えソフト面の対策を講じ、これらを総合的に推進する。特に、防災上の機能と併せ、環境や利用という観点から良好な空間としての機能を有する砂浜についてその保全に努める。また、海岸保全施設の老朽化が急速に進む中、予防保全の考え方に基づき海岸保全施設の適切な維持管理・更新を図る。

海岸の保全は、国と地方が相互に協力して行うものとする。その際、海岸保全施設の新設又は改良等については、国が最終的な責務を負いつつ国又は地方公共団体が進めていくものとし、それ以外の日常的な海岸管理については、地方公共団体が主体的かつ適切に進めていくものとする。なお、国土保全上極めて重要な海岸で地理的条件等により地方公共団体で管理することが著しく困難又は不適当なものについては、国が直接適切に管理する。

(1) 海岸の防護に関する基本的な事項

我が国は、津波、高潮、波浪等による災害や海岸侵食等の脅威にさらされており、海岸はこれらの災害から背後の人命や財産を防護する役割を担っている。このため、各々の海岸において、気象、海象、地形等の自然条件及び過去の災害発生の状況を分析するとともに、気候変動の影響による外力の長期変化量を適切に推算し、背後地の人口・資産の集積状況や土地利用の状況等を勘案して、所要の安全を適切に確保する防護水準を定める。

津波からの防護を対象とする海岸にあっては、過去に発生した浸水の記録等に基づいて、数十年から百数十年に一度程度発生する比較的発生頻度の高い津波に対して防護することを目標とする。

高潮からの防護を対象とする海岸にあっては、過去の台風等により発生した高潮の記録に基づく既往の最高潮位又は記録や将来予測に基づき適切に推算した潮位に、記録や将来予測に基づき適切に推算した波浪の影響を加え、これらに対して防護することを目標とする。

潮位に比して背後地の地盤高が低いゼロメートル地帯等の地域や三大湾を始めとする背後に人口・資産が特に集積した地域にあっては、過去

の津波、高潮等による災害や気候変動の影響による外力の長期変化を十分勘案し、必要に応じ、より高い安全を確保することを目標とする。

海岸保全施設の整備に当たっては、背後地の状況を考慮しつつ、津波、高潮等から海水の侵入又は海水による侵食を防止するとともに、海水が堤防等を越流した場合にも背後地の被害が軽減されるものとする。

津波、高潮対策については、施設の整備だけでなく、適切な避難のための迅速な情報伝達、地域と協力した防災体制の整備や避難地の確保、土地利用の調整、都市計画等のまちづくりと連携を行うなど、ハード面の対策とソフト面の対策を組み合わせた総合的な対策を行うよう努める。

水門・陸閘（こう）等については、現場操作員の安全を確保したうえで、閉鎖の確実性を向上させるため、操作規則等に基づく平常時の訓練等を実施し、効果的な管理運用体制の構築を図る。

侵食対策については、将来的な気候変動や人為的改変による影響等も考慮し、継続的なモニタリングにより流砂系全体や地先の砂浜の変動傾向を把握し、侵食メカニズムを設定し、将来変化の予測に基づき対策を実施する。さらに、その効果をモニタリングで確認し、次の対策を検討する「予測を重視した順応的砂浜管理」を行う。既に侵食が進行している海岸にあっては、現状の汀（てい）線を保全することを基本的な目標とし、必要な場合には、さらに汀（てい）線の回復を図ることを目標とする。加えて、沿岸漂砂の連続性を勘案し、侵食が進んでいる地域だけでなく、砂の移動する範囲全体において、土砂収支の状況を踏まえた広域的な視点に立った対応を適切に行う。また、領土・領海の保全の観点から重要な岬や離島における侵食対策を推進する。

(2) 海岸環境の整備及び保全に関する基本的な事項

海岸は、陸域と海域とが相接する空間であり、砂浜、岩礁、干潟等生物にとって多様な生息・生育環境を提供しており、そこには、特有の環境に依存した固有の生物も多く存在している。また、白砂青松等の名勝や自然公園等の優れた自然景観の一部を形成することもある。

これら海岸の環境容量は有限であることから、海岸環境に支障を及ぼす行為をできるだけ回避すべきであり、喪失した自然の復元や景観の保

全も含め、自然と共生する海岸環境の保全と整備を図る。

特に、名勝や自然公園等の優れた景観、天然記念物等の学術上貴重な自然、生物の重要な生息・生育地等の優れた自然を有する海岸については、その保全に十分配慮する。また、海岸環境の適切な保全のため、必要に応じ車の乗入れ等の一定の行為を規制するとともに、油流出事故等突発的に生じる環境への影響等に適切に対応する。

海岸保全施設等の整備に当たっては、海岸環境の保全に十分配慮していくとともに、良好な海岸環境の創出を図るため、必要に応じ、砂浜、植栽等を整備する。また、親水護岸、遊歩道等人と海との触れ合いを確保するための施設も必要に応じ整備する。

さらに、海岸環境に関する情報の収集・整理と分析を行い、その結果の提供・公開を通じて関係者間の共有を進めることにより、保全すべき海岸環境について関係者が共通の認識を有するよう努める。

(3) 海岸における公衆の適正な利用に関する基本的な事項

海岸は、古来から地域社会において祭りや行事の場として利用されており、地域文化の形成や継承に重要な役割を果たしてきた。近年は、人々のニーズも社会のあらゆる分野で高度化、多様化しており、海岸も、海水浴等の利用に加え様々なレジャーやスポーツ、体験活動・学習活動の場及び健康増進のための海洋療法や憩いの場などとしての利用がなされてきている。

このため、海岸が有している様々な機能を十分生かし、公衆の適正な利用を確保していくため、海岸の利用の増進に資する施設の整備等を推進するとともに、景観や利便性を著しく損なう施設の汚損、放置船等に適切に対処する。

また、海辺に近づけない海岸等においては、必要に応じ、海との触れ合いの場を確保するため、自然環境の保全に留意しつつ、公衆による海辺へのアクセスの確保に努める。

レジャーやスポーツ等の海洋性レクリエーション等による海岸利用に当たり、自然環境を始め海岸環境へ悪影響を及ぼさないよう、マナーの向上に向けた利用者に対する啓発活動を推進する。

3 海岸保全施設の整備に関する基本的な事項

(1) 海岸保全施設の新設又は改良に関する基本的な事項
　① 安全な海岸の整備
　　　現在、防護が必要な海岸のうち、所要の機能を確保した海岸保全施設の整備は未だ十分でなく、高潮、波浪等による被害は依然として多い。また、大規模地震の発生に伴う津波による災害への懸念も大きい。さらに、今後は、気候変動の影響による平均海面水位の上昇などの外力の長期変化にも対応していく必要がある。
　　　このため、今後とも防護の必要な海岸において施設の計画的な整備を進める。整備に当たっては、堤防や消波工に沖合施設や砂浜等も組み合わせることにより、防護のみならず環境や利用の面からも優れた面的防護方式による整備を推進する。また、背後地の状況等を考慮して、設計の対象を超える津波、高潮等の作用に対して施設の損傷等を軽減するため、粘り強い構造の堤防、胸壁及び津波防波堤の整備を推進する。その際、粘り強い構造の堤防等について、樹林と盛土が一体となって堤防の洗掘や被覆工の流出を抑制する「緑の防潮堤」など多様な構造を含めて検討する。水門・陸閘等については、統廃合又は常時閉鎖を進めるとともに、現場操作員の安全又は利用者の利便性を確保するため必要があるときは、自動化・遠隔操作化の取組を計画的に進める。津波、高潮等による甚大かつ広域的な被害を防ぐため、堤防、護岸、高潮・津波防波堤等の整備を進めるとともに、必要に応じ、それらの施設を複合的かつ効果的に組み合わせた対策を推進する。
　　　侵食対策としては、施設の整備と併せ、広域的な漂砂の動きを考慮して、一連の海岸において堆積箇所から侵食箇所へ砂を補給する等構造物によらない対策も含めて土砂の適切な管理を推進する。
　　　さらに、海岸保全施設の機能や背後地の重要度等を考慮して必要に応じて耐震性の強化を推進する。
　② 自然豊かな海岸の整備
　　　海岸の多様な生態系や美しい景観の保全を図るため、それぞれの海岸の有する自然特性に応じた海岸保全施設の整備を進める。
　　　特に、砂浜は、防災上の機能に加え、白砂青松等の美しい海岸景観の構成要素となるとともに、人と海との触れ合いや海水の浄化の場と

しても重要な役割を果たしており、多様な生物の生息・生育の場ともなっている。このため、砂浜について、その保全と回復を主体とした整備をより一層推進する。

施設の整備に当たっては、優れた海岸景観が損なわれることのないよう、また、海岸を生息・生育や産卵の場とする生物が、その生息環境等を脅かされることのないよう、干潟や藻場を含む自然環境の保全に配慮する。離岸堤や潜堤、人工リーフ等は、多様な生物の生息・生育の場となり得ることから、自然環境に配慮した整備を進める。

③ 親しまれる海岸の整備

海岸保全施設の整備に当たっては、利用者の利便性や地域社会の生活環境の向上に寄与するため、これに配慮した施設の工夫に努める。

特に、堤防等によって、海辺へのアクセスが分断されることのないよう、必要に応じ階段の設置等施設の構造への配慮を行うとともに、さらに、階段護岸や緩傾斜堤防等の整備を推進する。その際、高齢者や障害者等が日常生活の中で海辺に近づき、身近に自然と触れ合えるようにするため、施設のバリアフリー化に努める。

また、海岸の生物の生息・生育や、人々の適正な利用の確保の観点から、既存の施設を環境や利用に配慮した施設に作り変えていくことにも十分配慮する。

(2) 海岸保全施設の維持又は修繕に関する基本的な事項

既存の海岸保全施設の老朽化が進行する中、費用の軽減や平準化を図りつつ、所要の機能を確保する必要がある。

このため、海岸保全施設の構造、修繕の状況、気象・海象の状況等を勘案して、適切な時期に巡視又は点検を実施し、長寿命化計画を作成するなど予防保全の考え方に基づいた計画的かつ効果的な維持又は修繕を推進する。また、海岸保全施設の新設又は改良に関する記録だけでなく、点検又は修繕に関する記録の作成及び保存を適切に行う。

4 海岸の保全に関するその他の重要事項

(1) 広域的・総合的な視点からの取組の推進

一体的に社会経済活動を展開する地域全体の安全の確保、快適性や利便性の向上に資するため、海岸背後地の人口、資産、社会資本等の集積

状況や土地利用の状況、海岸の利用や環境、海上交通、漁業活動等を勘案し、関係する行政機関とより緊密な連携を図り、広域的・総合的な視点からの取組を推進する。

特に、気候変動の影響による平均海面水位の上昇については、長期的視点からこうした取組を進めるうえで目安となる平均海面水位を社会全体で共有するよう努める。

災害に対する安全の確保については、連たんする背後地を一体的に防護する必要がある。このため、海岸だけでなく沿岸部における関連する施設との防護水準の整合の確保等、関係機関との連携の下に、一体的・計画的な防災・減災対策を推進する。その際、必要に応じて協議会を設置し、防災・減災対策に係る事業間調整等について協議を行うものとする。

海岸侵食は、土砂の供給と流出のバランスが崩れることによって発生する。この問題に抜本的に対応していくため、海岸地形のモニタリングの充実や沿岸漂砂による長期的な地形変化に対する全国的な気候変動の影響予測を行いつつ、海岸部において、沿岸漂砂による土砂の収支が適切となるよう構造物の工夫等を含む取組を進めるとともに、海岸部への適切な土砂供給が図られるよう河川の上流から海岸までの流砂系における総合的な土砂管理対策とも連携する等、多様な関係機関との連携の下に広域的・総合的な対策を推進する。

また、海岸は、海と陸が接する独特な空間であることから、様々な利用の可能性を秘めている。海岸の有する特性を更に広く適切に活用していくため、広域的な利用の観点も念頭に置きつつ、レジャーやスポーツの振興、自然体験・学習活動の推進、健康の増進及び自然との共生の促進等のため、海岸及びその周辺で行われる様々な施策との一層の連携を推進する。

さらに、近年、洪水や高潮等により広範囲に大規模な流木等が海岸に漂着し、海岸の保全に支障が生じていることから、こうした問題に対しても適切に対応する。

(2) 地域との連携の促進と海岸愛護の啓発

海岸の保全を適切かつ効果的に進めていくためには、地域の意向に十

分配慮し、地域との連携を図っていくことが不可欠である。

　災害に強い地域づくりを進めるため、海岸保全施設の整備と併せ、関係機関と連携して防災情報の提供や災害時の対応方法の周知に加え、気候変動による地域のリスクの将来変化等の情報提供等、地域住民の防災意識の向上及び防災知識の普及を図る。

　海岸におけるゴミ対策や清掃等による海岸の美化、希少な動植物の保護については、地域住民やボランティア等の協力を得ながら進めるとともに、参加しやすい仕組みづくりに努める。また、無秩序な利用やゴミの投棄等により海岸環境の悪化が進まないよう、モラルの向上を図るための啓発活動の充実に努める。

　適正な利用を促進していくためには、海岸は海への入口であり、時には人命を損なう危険な場所でもあるという認識に立ち、地域特性に応じた海岸利用のルールづくりを推進するとともに、安全で適正な利用に必要な情報を適宜提供していく。海岸の保全のために実施する行為の制限等については、利用者にわかりやすく表示するよう努める。

　こうした地域住民との連携を緊密にしていくため、海岸愛護の思想の普及を図るとともに、環境教育の充実にも努め、地域における愛護活動が推進されるような人材を育成する。

　海岸保全に資する清掃、植栽、希少な動植物の保護、防災・環境教育等の様々な活動を自発的に行い、海岸管理を適正かつ確実に行うことができると認められる法人・団体を海岸協力団体に指定することにより、地域との連携強化を図り、地域の実情に応じた海岸管理の充実を図る。

(3)　調査・研究の推進

　質の高い安全な海岸の実現に向け、効率的な海岸管理を推進するため、海岸に関する基礎的な情報の収集・整理を行いつつ、それらの情報や気候変動の影響による将来予測に関する最新の知見を継続的に共有し、対策に最新の知見を見込むことができるような体制の構築、効果的な防災・減災対策に関する調査研究、広域的な海岸の侵食や影響予測に関する調査研究、適切な維持及び修繕に関する調査研究、生態系等の自然環境に配慮した整備に関する調査研究、新工法等新たな技術に関する研究開発等を推進していく。

また、民間を含めた幅広い分野と情報の共有を図りつつ、互いの技術の連携を推進するとともに、国際的な技術交流等を図り、広くそれらの成果の活用と普及に努める。
　さらに、気候変動の影響による気象・海象の変化や長期的な平均海面水位の上昇は、海岸侵食の進行やゼロメートル地帯の増加、高潮や波浪による被害の激甚化等、海岸のみならず国土保全の観点から深刻な影響を生ずるおそれがあることから、潮位、波浪等についての継続的な監視やデータの蓄積によりその変動を適時適切に把握し、気候変動による影響の予測・評価を踏まえて、適応策の具体化を進める。

二　一の海岸保全基本計画を作成すべき海岸の区分
　一の海岸保全基本計画を作成すべき一体の海岸の区分（沿岸）は、地形・海象面の類似性及び沿岸漂砂の連続性に着目して、できるだけ大括りにするとともに、都府県界も考慮して、別表のとおり定める。

三　海岸保全基本計画の作成に関する基本的な事項
　都道府県においては、本海岸保全基本方針に基づき、地域の意見等を反映して二で定めた沿岸ごとに整合のとれた海岸保全基本計画を作成し、総合的な海岸の保全を実施するものとする。
　また、沿岸が複数の都府県にわたる場合には、原則として関係都府県が共同して計画策定体制を整え、一の海岸保全基本計画を作成するものとする。
　海岸保全基本計画において定めるべき基本的な事項と留意すべき重要事項は、次のとおりである。

1　定めるべき基本的な事項
　(1)　海岸の保全に関する基本的な事項
　　海岸の保全を図っていくに当たっての基本的な事項として定めるものは、次の事項とする。
　　①　海岸の現況及び保全の方向に関する事項
　　　自然的特性や社会的特性等を踏まえ、沿岸の長期的な在り方を定める。
　　②　海岸の防護に関する事項
　　　防護すべき地域、防護水準等の海岸の防護の目標及びこれを達成するために実施しようとする施策の内容を定める。

③　海岸環境の整備及び保全に関する事項

　　海岸環境を整備し、及び保全するために実施しようとする施策の内容を定める。

④　海岸における公衆の適正な利用に関する事項

　　海岸における公衆の適正な利用を促進するために実施しようとする施策の内容を定める。

(2)　海岸保全施設の整備に関する基本的な事項

　沿岸の各地域ごとの海岸において海岸保全施設を整備していくに当たっての基本的な事項として定めるものは次の事項とする。

①　海岸保全施設の新設又は改良に関する事項

　　イ　海岸保全施設を新設又は改良しようとする区域

　　　　一連の海岸保全施設を新設又は改良しようとする区域を定める。

　　ロ　海岸保全施設の種類、規模及び配置

　　　　イの区域ごとに海岸保全施設の種類、規模及び配置について定める。

　　ハ　海岸保全施設による受益の地域及びその状況

　　　　海岸保全施設の新設又は改良によって津波、高潮等による災害や海岸侵食から防護される地域及びその地域の土地利用の状況等を示す。

②　海岸保全施設の維持又は修繕に関する事項

　　イ　海岸保全施設の存する区域

　　　　維持又は修繕の対象となる海岸保全施設が存する区域を定める。

　　ロ　海岸保全施設の種類、規模及び配置

　　　　イの区域ごとに存する海岸保全施設の種類、規模及び配置について定める。

　　ハ　海岸保全施設の維持又は修繕の方法

　　　　ロの海岸保全施設の種類ごとに、海岸保全施設の維持又は修繕の方法について定める。

2　留意すべき重要事項

　海岸保全基本計画を作成するに当たって留意すべき重要事項は次のとおりである。

(1) 関連計画との整合性の確保

　　国土の利用、開発及び保全に関する計画、環境保全に関する計画、国土強靱化に関する計画、地域計画等関連する計画との整合性を確保する。

(2) 関係行政機関との連携調整

　　海岸に関係する行政機関と十分な連携と緊密な調整を図る。特に、地域のリスクについて、気候変動の影響による将来変化も含め、まちづくり関係者等と共有したうえで、連携や調整を図る。

(3) 地域住民の参画と情報公開

　　計画の策定段階で必要に応じ開催される公聴会等だけでなく、計画が実効的かつ効率的に執行できるよう、実施段階においても適宜地域住民の参画を得る。また、計画の策定段階から、計画の実現によりもたらされる防護、環境及び利用に関する状況について必要に応じ示す等、事業の透明性の向上を図るため、海岸に関する情報を広く公開する。

(4) 計画の見直し

　　地域の状況変化や社会経済状況の変化、気候変動の影響に関する見込みの変化等に応じ、計画の基本的事項及び海岸保全施設の整備内容等を点検し、適宜見直しを行う。

別表

沿岸の名称及び区分

都道府県名	沿岸名	区域		摘要
		起点	終点	
北海道	北見	宗谷岬	知床岬	宗谷岬は宗谷港港湾区域の西端とする。
北海道	根室	知床岬	納沙布岬	
北海道	十勝釧路	納沙布岬	襟裳岬	
北海道	日高胆振	襟裳岬	地球岬	
北海道	渡島東	地球岬	恵山岬	
北海道	渡島南	恵山岬	白神岬	
北海道	後志檜山	白神岬	積丹岬	
北海道	石狩湾	積丹岬	雄冬岬	

北海道	天塩	雄冬岬	宗谷岬	宗谷岬は宗谷港港湾区域の西端とする。
青森	下北八戸	岩手県界	北海岬	
青森	陸奥湾	北海岬	根岸	根岸は平舘漁港区域の南端とする。
青森	津軽	根岸	秋田県界	根岸は平舘漁港区域の南端とする。
秋田	秋田	青森県界	山形県界	
山形	山形	秋田県界	新潟県界	
岩手	三陸北	青森県界	鮗ヶ崎	
岩手 宮城	三陸南	鮗ヶ崎	黒崎(牡鹿半島)	
宮城 福島	仙台湾	黒崎(牡鹿半島)	茶屋ヶ岬	
福島	福島	茶屋ヶ岬	茨城県界	
茨城	茨城	福島県界	千葉県界	
千葉	千葉東	茨城県界	洲崎	
千葉 東京 神奈川	東京湾	洲崎	剣崎	
東京	伊豆小笠原諸島	—	—	
神奈川	相模灘	剣崎	静岡県界	
新潟	新潟北	山形県界	鳥ヶ首岬	
新潟	佐渡	—	—	
新潟 富山	富山湾	鳥ヶ首岬	石川県界	
石川	能登半島	富山県界	高岩岬	
石川 福井	加越	高岩岬	越前岬	
静岡	伊豆半島	神奈川県界	大瀬崎	
静岡	駿河湾	大瀬崎	御前崎	
静岡 愛知	遠州灘	御前崎	伊良湖岬	
愛知	三河湾・伊	伊良湖岬	神前崎	

三重	勢湾			
三重 和歌山	熊野灘	神前岬	潮岬	
福井	若狭湾	越前岬	京都府界	
京都	丹後	福井県界	兵庫県界	
兵庫	但馬	京都府界	鳥取県界	
和歌山	紀州灘	潮岬	大阪府界	
兵庫 大阪	大阪湾	和歌山県界	明石市東境界	
兵庫	播磨	明石市東境界	岡山県界	
兵庫	淡路	—	—	
鳥取	鳥取	兵庫県界	島根県界	
島根	島根	鳥取県界	山口県界	
島根	隠岐	—	—	
山口	山口北	島根県界	下関市豊浦町南境界	
山口	山口南	下関市豊浦町南境界	広島県界	
広島	広島	山口県界	岡山県界	
岡山	岡山	広島県界	兵庫県界	
徳島 香川	讃岐阿波	三崎（三豊市）	孫崎（鳴門）	
徳島	紀伊水道西	孫崎（鳴門）	蒲生田岬	
徳島 高知	海部灘	蒲生田岬	室戸岬	
高知	土佐湾	室戸岬	足摺岬	
高知 愛媛	豊後水道東	足摺岬	佐田岬	
愛媛	伊予灘	佐田岬	錨掛ノ鼻	
愛媛 香川	燧灘	錨掛ノ鼻	三崎（三豊市）	
福岡	玄界灘	佐賀県界	北九州市西境界	
福岡	豊前豊後	北九州市西境界	関崎	

大分				
大分	豊後水道西	関崎	宮崎県界	
宮崎	日向灘	大分県界	鹿児島県界	
鹿児島	大隅	宮崎県界	佐多岬	
鹿児島	鹿児島湾	佐多岬	長崎鼻（薩摩半島）	
鹿児島	薩摩	長崎鼻（薩摩半島）	大崎（長島）	黒瀬戸においては黒之瀬戸大橋を境界とする。
鹿児島	薩南諸島	―	―	硫黄鳥島を除く。
熊本 鹿児島	八代海	大崎（長島）	小松崎（天草下島）	本渡瀬戸においては瀬戸大橋を境界とする。 天草松島地域においては天草2号橋から天草4号橋及び合津港港湾区域西端を境界とする。 三角港付近は三角港港湾区域北端を境界とする。
熊本 佐賀 福岡 長崎	有明海	長崎鼻（天草下島）	瀬詰崎	本渡瀬戸においては瀬戸大橋を境界とする。 天草松島地域においては天草2号橋から天草4号橋及び合津港港湾区域西端を境界とする。 三角港付近は三角港港湾区域北端を境界とする。
熊本	天草西	小松崎（天草下島）	長崎鼻（天草下島）	
長崎	橘湾	瀬詰崎	野母崎	
長崎	西彼杵	野母崎	西海橋（西海市側）	
長崎	大村湾	西海橋（西海市側）	西海橋（佐世保市側）	
長崎 佐賀	松浦	西海橋（佐世保市側）	福岡県界	
長崎	五島・壱岐・対馬	―	―	
沖縄	琉球諸島	―	―	硫黄鳥島を含む。

【参考文献】

(公物法全般に関するもの)

・『行政法 Ⅲ 行政組織法［第5版］』（令和3年4月20日、塩野宏 著、(株)有斐閣 発行）
・『行政法概説 Ⅲ 行政組織法／公務員法／公物法［第6版］』（令和6年7月20日、宇賀克也 著、(株)有斐閣 発行）
・『5訂版 里道・水路・海浜—長狭物の所有と管理—』（平成31年3月15日、寶金敏明 著、(株)ぎょうせい 発行）

(海岸法に関するもの)

・『河川全集 海岸法』（昭和32年2月27日、建設省河川研究会 編、(株)港出版合作社 発行）
・『海岸管理の理論と実務』（昭和62年3月30日、海岸法研究会 編著、(株)大成出版社 発行）
・『海岸法の一部を改正する法律』（『河川』〈平成11年6月号〉所収、建設省河川局水政課 著）
・『美しく、安全で、いきいきした海岸を目指して 海岸法の一部を改正する法律』（『時の法令』〈1604号〉所収、建設省河川局水政課 藤原健朗 著）
・『海岸 —50年のあゆみ—』（平成20年3月25日、国土交通省河川局海岸室 監修、(社)全国海岸協会 発行）
・『「海岸法の一部を改正する法律」について』（『河川』〈平成26年9月号〉所収、国土交通省水管理・国土保全局水政課 著）
・『「海岸法の一部を改正する法律」について』（『海岸』〈平成27年 Vol. 52〉所収、国土交通省水管理・国土保全局水政課 寺前大 著）

(関連法律に関するもの)

・『改訂3版［逐条解説］河川法解説』（令和6年3月11日、河川法研究会 編著、(株)大成出版社 発行）

・『逐条解説 低潮線保全法』（平成23年3月3日、低潮線保全法研究会 編、内閣官房総合海洋政策本部事務局・国土交通省港湾局 編、㈱大成出版社 発行）

《監修者》

藤川　眞行　（ふじかわ　まさゆき）
〈略歴〉

昭和45年	三重県松阪市生まれ
平成元年	私立高田高校卒業・東京大学文科Ⅰ類入学
平成 5 年	東京大学法学部卒業・建設省（現・国土交通省）入省（道路局路政課）
平成 6 年	大臣官房公共工事契約指導室
平成 8 年	国土庁土地局土地政策課
平成10年	大臣官房会計課
平成11年	四国地方建設局道路部路政課長
平成12年	経済企画庁総合計画局副計画官（社会資本担当）・PFI推進室副計画官
平成13年	内閣府政策統括官（経済財政―経済社会システム担当）付参事官（社会基盤担当）付参事官補佐
平成14年	総合政策局不動産業課不動産投資市場整備室課長補佐
平成16年	小田原市都市部長
平成19年	小田原市理事・都市政策調整統括監
平成20年	土地・水資源局土地政策課企画専門官、土地政策企画官
平成21年	大臣官房会計課企画専門官
平成22年	（独）高速道路機構総務部総務課長
平成24年	内閣府政策統括官（防災担当）付参事官（総括担当）付企画官・国際防災推進室企画官
平成24年	総合政策局情報政策本部室長（建設経済調査担当）
平成26年	水管理・国土保全局下水道管理指導室長、管理企画指導室長
平成28年	関東地方整備局用地部長 全国用対連事務局長・関東用対連事務局長
平成30年	大臣官房付・（一財）不動産適正取引推進機構研究理事・調査研究部長
令和 2 年	内閣官房水循環政策本部事務局参事官 水管理・国土保全局水資源部水資源政策課長
令和 3 年	不動産・建設経済局総務課長
令和 4 年	首都高速道路（株）経営企画部長
令和 6 年	厚生労働省高齢・障害者雇用開発審議官

〈単編著等〉

- 『新版 公共用地取得・補償の実務—基本から実践まで—』(ぎょうせい)
- 『公共用地補償の最前線』(大成出版社)
- 『公共用地取得・補償の実務—基本から実践まで—』(ぎょうせい)
- 『都市水管理事業の実務ハンドブック—下水道事業の法律・経営・管理に関する制度のすべて—』(日本水道新聞社)
- 『建設経済統計ガイドブック—建設市場・住宅市場・不動産市場の動向分析のための経済データを読む—』(建設物価調査会)
- 『街づくりルール形成の実践ノウハウ(都市計画・景観・屋外広告物)—市町村における街づくりの法政策—』(ぎょうせい)

〈共編著等〉

- 『土地収用法の解説と運用 Q&A 第二次改訂版』(ぎょうせい)
- 『公共用地取得—特別な補償に関する用対連基準の解説と実務—』(大成出版社)
- 『全訂 逐条 特定都市河川浸水被害対策法解説』(大成出版社)
- 『いちからわかる 下水道事業の実務—法律・経営・管理のすべて—』(ぎょうせい)
- 『全訂 事業認定申請マニュアル』(ぎょうせい)
- 『新版 わかりやすい宅地建物取引業法』(大成出版社)
- 『不動産取引における重要事項説明の要点解説』(大成出版社)
- 『紛争事例で学ぶ 不動産取引のポイント』(大成出版社)
- 『逐条解説 下水道法 第四次改訂版』(ぎょうせい)
- 『開発紛争調整と土地利用誘導の実践マニュアル—まちづくりの自治体政策最前線—』(ぎょうせい)
- 『基礎からよくわかる不動産証券化ガイドブック』(ぎょうせい)
- 『開発型不動産証券化の知識と実際』(ぎょうせい)
- 『日本の社会資本—世代を超えるストック—』(財務省印刷局)
- 『土地政策の新たな展開』(ぎょうせい)
- 『建設省直轄工事における工事請負契約書及び土木設計業務等委託契約書の

手引き』(新日本法規出版)
・『建設省直轄工事における新入札・契約制度運用の実務』(大成出版社)
・『道路法解説』(大成出版社)　等

改訂版 逐条 海岸法解説

2020年8月31日　第1版第1刷発行
2025年4月18日　第2版第1刷発行

監　修　藤　川　眞　行
著　　　海岸法制研究会
発行者　箕　浦　文　夫
発行所　株式会社 大成出版社
〒156-0042
東京都世田谷区羽根木1-7-11
電話 03（3321）4131（代）
https://www.taisei-shuppan.co.jp/

©2025 藤川眞行　海岸法制研究会　　印刷　亜細亜印刷
落丁・乱丁はおとりかえいたします。
ISBN978-4-8028-3582-4